普通高等学校"十二五"规划教材

高 等 数 学

（独立院校用）

下 册

主编　李忠定　范瑞琴　徐　红

编者　李忠定　郭志芳　范瑞琴　赵士欣

U0317042

中国铁道出版社有限公司

CHINA RAILWAY PUBLISHING HOUSE CO., LTD.

内 容 简 介

本系列教材的子系列是专门为大学独立院校工科各专业而编写的公共课教材，共 4 册：高等数学（上、下册）、线性代数与几何、概率论与数理统计。编者根据独立院校的教育教学特点及多年的教学经验撰写，**是河北省 2010 年度高等教育教学改革立项项目的研究成果**。本书为高等数学（独立院校用）·下册，内容包括多元函数的微积分学、常微分方程等。

本书以"联系实际，强化概念，加强计算，注重应用"为特色，充分体现"够用为度"的编写原则。

本书适合作为独立院校工科各专业高等数学课程的教材，也可作为一般的本科、大专、函大、夜大及自学考试高等数学课程的教材。

图书在版编目（CIP）数据

高等数学. 下册/李忠定等主编. —北京：中国
铁道出版社，2011.12（2023.12 重印）
普通高等学校"十二五"规划教材. 独立院校用
ISBN 978-7-113-13216-3

Ⅰ.①高… Ⅱ.①李… Ⅲ.①高等数学—高等
学校—教材 Ⅳ.①O13

中国版本图书馆 CIP 数据核字（2011）第 165375 号

书　　名：**高等数学（独立院校用）·下册**
作　　者：李忠定　范瑞琴　徐　红

策　　划：李小军
责任编辑：李小军
编辑助理：李　丹
封面设计：付　巍
封面制作：白　雪
责任印制：樊启鹏

出版发行：中国铁道出版社有限公司(100054，北京市西城区右安门西街 8 号)
网　　址：http://www.tdpress.com/51eds/
印　　刷：三河市宏盛印务有限公司
版　　次：2011 年 12 月第 1 版　　2023 年 12 月第 8 次印刷
开　　本：720mm×960mm　1/16　印张：10.75　　字数：222 千
书　　号：ISBN 978-7-113-13216-3
定　　价：25.00 元

前　　言

进入 21 世纪以来,我国的高等教育经历了扩大招生规模、院校合并等过程,实现了从精英教育到大众化教育的过渡。在这个过程中,原有的大学教育模式就产生了一些问题,尤其是大学数学的教育问题。由于学科特点,数学教育呈现几十年、甚至上百年的一贯制。但大众化教育阶段入学群体的多样化特点使得数学教材也要走上多样化的阶段。按照教育部关于《工科类本科数学基础课程教学基本要求》,根据独立院校学生的特点,经过多年的教学实践,在研究、剖析、对比多种同类教材和广泛征求意见的基础上,由教学经验丰富的教师集体编写了本系列教材。本书以"联系实际,强化概念,加强计算,注重应用"为特色,充分体现了独立院校数学教学"够用为度"的编写原则。在内容编写上,首先从实际问题出发,建立数学模型,抽象出数学概念,然后寻求数学处理方法,进而用数学方法解决实际问题。基本概念、基本定理体现出从特殊到一般,从具体到抽象,深入浅出,难点分散,易于教,便于学的特点。归纳起来,本教材具有以下特色:

1. 高等数学与线性代数相结合,相互渗透,建立新的课程体系

将空间解析几何部分编入《线性代数与几何》教材,用向量、矩阵等代数知识解决多元函数微积分学和常微分方程等中的问题,使表述更简洁易懂。

2. 内容上做了调整

为了其他后续课程的有序设置,使高等数学更好地服务于其他课程,将无穷级数部分编入了上册(第 1~6 章)。

3. 高等数学与初等数学紧密衔接

从以往的教学经验中得知,独立院校的学生与一般大学本科生有一定的差距,因此在编写教材时,对初等数学知识做了较多的介绍,例如,在上册的第 1 章"函数"中对集合、区间、函数等概念进行了回顾总结,并且把函数由单值函数推广到多值函数,以便学生通过复习初等数学知识更顺利地学习高等数学的内容,同时也让学生明白高等数学比初等数学更深更广。

4. 基本概念、基本定理与实际相联系

学生往往认为数学"抽象",尤其是刚入学的大学生学习高等数学时,一般需要一段适应过程。为了缩短这一过程,我们按照"实践—认识—实践"的认识过程编写,做到由特殊到一般,再由一般到特殊。引进重要的数学概念和定理时,在保证数学概念的准确性及基本理论的完善性、系统性的原则下,尽量用几何图形、物理意义来解释这些概念和定理,力求使抽象的数学概念形象化。例如,讲解凑微分法时,首先通过具体例子让学生了解其基本思想和方法,然后再将被积函数换成一般函数,得出凑微分法一般公式。

　　本书为《高等数学(独立院校用)·下册》(第7~10章),由李忠定、范瑞琴、徐红主编,编者有李忠定、郭志芳、范瑞琴、赵士欣。

　　由于编者水平有限,编写时间仓促,教材中难免存在不妥之处,希望广大读者批评指正。

编　者

2011 年 4 月

目　　录

第 7 章

多元函数微分学及其应用

上册中所讨论的函数只有一个自变量,这种函数称为一元函数. 但在很多实际问题中往往牵涉多方面的因素,反映到数学上,就是一个变量依赖于多个变量的情形. 这就提出了多元函数以及多元函数的微分和积分问题. 本章将在一元函数微分学的基础上,以二元函数为主,讨论多元函数的微分法及其应用.

本章内容如下:

与上册的微积分基础知识对应,包括多元函数的基本概念、二元函数的极限及连续性、有界闭区域上连续函数的性质;

与一元函数求导法则对应,包括多元函数求偏导法则、复合函数的链式法则、隐函数(组)求(偏)导数法则、多元函数的全微分,以及多元函数连续性、偏导数存在性、偏导数与可微分的关系;

与一元函数微分学的应用对应,包括多元函数微分学在几何上的应用:求空间曲线的切线、曲面的切平面,求多元函数的极值、最值. 作为偏导数的推广,讨论了方向导数的概念及求法,介绍了梯度的概念.

7.1 多元函数的基本概念

7.1.1 邻域 区域

1. 邻域

设 $P_0(x_0, y_0)$ 是 xOy 平面上的一个点, δ 为正数,与点 $P_0(x_0, y_0)$ 距离小于 δ 的点 $P(x, y)$ 的全体,称为点 P_0 的 δ 邻域,记为 $U(P_0, \delta)$,即

$$U(P_0, \delta) = \{P \mid |PP_0| < \delta\}$$
$$= \{(x, y) \mid \sqrt{(x-x_0)^2 + (y-y_0)^2} < \delta\}.$$

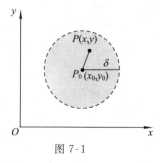

图 7-1

从几何图形上看, $U(P_0, \delta)$ 就是以点 $P_0(x_0, y_0)$ 为中心、以 δ 为半径的圆内部的点 $P(x, y)$ 的全体,如图 7-1 所示. 类似地,可定义点 P_0 的去心 δ 邻域 $\mathring{U}(P_0, \delta)$,即

$$\mathring{U}(P_0, \delta) = \{P \mid 0 < |PP_0| < \delta\}.$$

如果不需要强调邻域半径 δ,则用 $U(P_0)$ 表示 P_0 的 δ 邻域.

2.区域

(1)内点和边界点.设 E 是平面上的一个点集,P 是该平面上的一个点,如果存在点 P 的某一邻域 $U(P)\subset E$,则称 P 为 E 的**内点**,如图 7-2 所示.

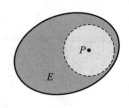

如果点 P 的任一邻域内既有属于 E 的点,又有不属于 E 的点,则称 P 为 E 的**边界点**,如图 7-3 所示.E 的边界点的全体称为 E 的**边界**,记作 ∂E.

图 7-2

例如,点集

$$E_1=\{(x,y)\,|\,1<x^2+y^2\leqslant 4\}$$

的边界为 $x^2+y^2=1$ 和 $x^2+y^2=4$.

注意到:E 的内点必属于 E;E 的边界点可能属于 E,也可能不属于 E.

(2)开集和区域.如果点集 E 的点都是内点,则称 E 为**开集**;如果点集 E 的补集是开集,则称 E 为**闭集**.例如,$E_2=\{(x,y)\,|\,1<x^2+y^2<4\}$ 为开集;$E_3=\{(x,y)\,|\,1\leqslant x^2+y^2\leqslant 4\}$ 为闭集.

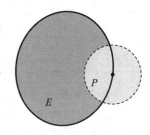

如果对于点集 D 内任何两点,都可用一条完全属于 D 的折线连结起来,则称 D 是**连通**的.

图 7-3

连通的开集称为**开区域**,简称**区域**.例如,$\{(x,y)\,|\,1<x^2+y^2<4\}$ 为区域.

开区域连同它的边界一起称为**闭区域**.例如,$\{(x,y)\,|\,1\leqslant x^2+y^2\leqslant 4\}$ 为闭区域.

设 E 为平面点集,如果存在正数 M,使得对于 E 中的任意点 P 与某一定点 A 的距离不超过 M,即 $|AP|\leqslant M$,则称 E 为**有界点集**,否则称 E 为**无界点集**.

例如,$\{(x,y)\,|\,1\leqslant x^2+y^2\leqslant 4\}$ 是有界闭区域;$\{(x,y)\,|\,x+y>0\}$ 是无界开区域.

(3)n 维空间.设 n 为一个自然数,我们称 n 元数组 $(x_1,x_2,\cdots,x_n)$ 的全体为 **n 维空间**,记为 $\mathbf{R}^n$,而每个 n 元数组 $(x_1,x_2,\cdots,x_n)$ 称为 n 维空间中的一个**点**,数 x_i 称为该点的第 i 个**坐标**.

$\mathbf{R}^n$ 中两点间距离公式:设 $P(x_1,x_2,\cdots,x_n),Q(y_1,y_2,\cdots,y_n)\in\mathbf{R}^n$,则

$$|PQ|=\sqrt{(y_1-x_1)^2+(y_2-x_2)^2+\cdots+(y_n-x_n)^2}.$$

特别地,当 $n=1$、2、3 时,$|PQ|$ 分别为数轴、平面、空间中两点间的距离.

类似地,可定义 n 维空间 $\mathbf{R}^n$ 中的邻域、内点、边界点、区域等概念,如 $\mathbf{R}^n$ 中点 P_0 的 δ 邻域为

$$U(P_0,\delta)=\{P\,|\,|PP_0|<\delta,P\in\mathbf{R}^n\}.$$

7.1.2 二元函数的概念

在实践中,我们常常遇到因变量依赖于多个自变量的情形.

【**例 1**】　底半径为 r，高为 h 的圆柱体的体积 V 的计算公式为

$$V = \pi r^2 h \quad (r > 0, h > 0).$$

其中，底半径 r 与高 h 是相互独立的两个自变量，当它们在 $r > 0$、$h > 0$ 的范围内任意取定一对值后，体积 V 有唯一确定的值与之对应.

【**例 2**】　一定量的理想气体的压强 p 与容器体积 V，绝对温度 T 之间有以下关系：

$$p = \frac{RT}{V} \quad (V > 0, T > 0, R \text{ 为常数}).$$

其中，V 与 T 是相互独立的两个自变量，当它们在 $V > 0$，$T > 0$ 的范围内任意取定一对值后，压强 p 有唯一确定的值与之对应.

以上两例的具体意义虽不同，但它们在数学特征上却有明显的共性，我们将这种共性抽象成二元函数的概念.

定义 7.1　设有变量 x、y 和 z，如果当变量 x、y 在一定范围内任意取定一对值 (x, y) 时，变量 z 按照一定的法则 f，总有唯一确定的数值 (x, y) 对应，则称这个法则 f 为 x、y 的**二元函数**，记作

$$z = f(x, y) (\text{或 } z = z(x, y)).$$

变量 x、y 称为**自变量**，而变量 z 称为**因变量**，自变量 x、y 的变化范围称为函数的**定义域**.

类似地，可定义三元及三元以上函数. 二元及二元以上的函数统称为**多元函数**.

二元函数的定义域是 xOy 平面上的点集，三元函数的定义域是空间内的点集.

【**例 3**】　求函数 $f(x, y) = \ln(x + y)$ 的定义域.

解　当 $x + y > 0$ 时，函数有意义，所以函数的定义域为 $\{(x, y) \mid x + y > 0\}$，如图 7-4 所示.

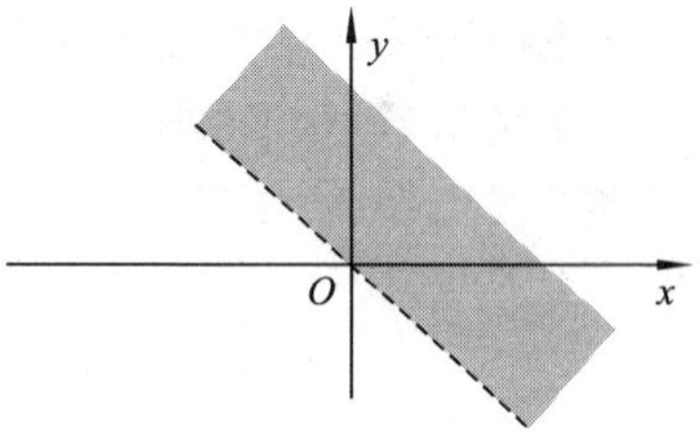

【**例 4**】　求 $f(x, y) = \arcsin(3 - x^2 - y^2)$ 的定义域.

解　由 $|3 - x^2 - y^2| \leqslant 1$ 解得 $2 \leqslant x^2 + y^2 \leqslant 4$，因此，$f(x, y)$ 的定义域（见图 7-5）为

$$D = \{(x, y) \mid 2 \leqslant x^2 + y^2 \leqslant 4\}.$$

图 7-4

设函数 $z = f(x, y)$ 的定义域为 D，则对于 D 中每一点 $P(x, y)$，依照函数关系 f，对应于空间 $\mathbf{R}^3$ 中的点 $M(x, y, f(x, y))$. 当点 $P(x, y)$ 在 D 中变动时，点 $M(x, y, f(x, y))$ 就相应地在空间中变动，一般地，动点 $M(x, y, f(x, y))$ 的轨迹是一个曲面（见图 7-6），这个曲面称为二元函数的**图形**.

例如，由空间解析几何知，二元函数

$$z = 1 - x - y$$

的图形是一个平面，该平面在三坐标轴上的截距均为 1.

又如，二元函数

$$z=\sqrt{a^2-x^2-y^2}$$

表示的曲面是一个中心在原点,半径为 a 的上半球面.

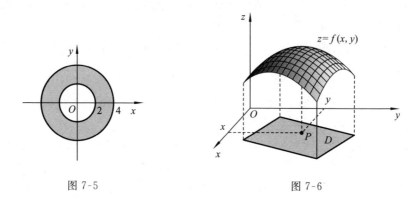

图 7-5   图 7-6

7.1.3 二元函数的极限

现在讨论二元函数 $z=f(x,y)$,当 $(x,y)\to(x_0,y_0)$,即 $P(x,y)\to P_0(x_0,y_0)$ 时的极限,与一元函数的极限概念类似,如果在 $P(x,y)\to P_0(x_0,y_0)$ 的过程中,对应的函数值 $f(x,y)$ 无限接近于一个确定的常数 A,就称 A 是二元函数 $z=f(x,y)$ 当 $(x,y)\to(x_0,y_0)$ 时的**极限**.

下面用"ε-δ"语言描述这个概念.

定义 7.2 设函数 $z=f(x,y)$ 的定义域为 D,$P_0(x_0,y_0)$ 是 $f(x,y)$ 的某个定义区域的内点或边界点.如果存在常数 A,使得对于任意给定的正数 ε,总存在正数 δ,只要 D 内的点 $P(x,y)$ 适合不等式

$$0<|PP_0|=\sqrt{(x-x_0)^2+(y-y_0)^2}<\delta,$$

对应的函数值 $f(x,y)$ 都满足不等式

$$|f(x,y)-A|<\varepsilon,$$

则称 A 为函数 $f(x,y)$ 当 $(x,y)\to(x_0,y_0)$ 时的**极限**,记作

$$\lim_{\substack{x\to x_0\\y\to y_0}}f(x,y)=A \quad (\text{或} \lim_{(x,y)\to(x_0,y_0)}f(x,y)=A),$$

也可记作

$$\lim_{P\to P_0}f(P)=A \quad (\text{或} f(x,y)\to A\ (\rho\to 0)).$$

其中,$\rho=|PP_0|$,而**定义区域**是指包含在定义域内的区域或闭区域. 我们也称上述二元函数的极限为**二重极限**.

注意 二元函数极限定义与一元函数类似,因此二元函数有着与一元函数极限类似的性质及运算法则,如极限的四则运算法则、夹逼准则、无穷小的运算性质等.

【**例 5**】 证明:$\lim\limits_{\substack{x\to 0\\y\to 0}}(x^2+y^2)\sin\dfrac{1}{x^2+y^2}=0.$

证明 方法一:当 $(x,y)\neq(0,0)$ 时,

$$0 \leqslant \left| (x^2+y^2)\sin\frac{1}{x^2+y^2} \right| = |x^2+y^2| \cdot \left| \sin\frac{1}{x^2+y^2} \right| \leqslant x^2+y^2,$$

又因
$$\lim_{\substack{x\to 0 \\ y\to 0}}(x^2+y^2)=0,$$

所以
$$\lim_{\substack{x\to 0 \\ y\to 0}}(x^2+y^2)\sin\frac{1}{x^2+y^2}=0.$$

方法二:令 $\rho=x^2+y^2$,则 $(x,y)\to(0,0)$ 时, $\rho\to 0^+$,因此

$$原式=\lim_{\rho\to 0^+}\rho\sin\frac{1}{\rho}=0 \quad (有界函数乘以无穷小).$$

【例6】 计算: $\displaystyle\lim_{\substack{x\to 0 \\ y\to 0}}\frac{\sin(x^2 y)}{x^2+y^2}$.

解 因为 $(x,y)\neq(0,0)$ 时,

$$0 \leqslant \left| \frac{\sin(x^2 y)}{x^2+y^2} \right| \leqslant \left| \frac{x^2 y}{x^2+y^2} \right| = \frac{|xy|}{x^2+y^2} \cdot |x| \leqslant \frac{1}{2}|x|.$$

而
$$\lim_{\substack{x\to 0 \\ y\to 0}}x=0,$$

所以
$$\lim_{\substack{x\to 0 \\ y\to 0}}\frac{\sin(x^2 y)}{x^2+y^2}=0.$$

按照二元函数极限的定义,二元函数的极限存在是指:点 $P(x,y)$ 以任意方式趋向于 $P_0(x_0,y_0)$ 时,函数值 $f(x,y)$ 都趋向于同一个常数. 由此可以得到确定二重极限 $\displaystyle\lim_{P\to P_0}f(P)$ 不存在的方法:

(1) 选取 $P\to P_0$ 的一种方式,通常取沿某条过 P_0 的直线(或曲线)L 趋向于 P_0 ,按此方式, $\displaystyle\lim_{\substack{P\to P_0 \\ P\in L}}f(P)$ 不存在;

(2) 选取 $P\to P_0$ 的两种不同的方式,通常取沿两条过 P_0 的直线(或曲线)C_1,C_2 趋向于 P_0 的方式,使得

$$\lim_{\substack{P\to P_0 \\ P\in C_1}}f(P)=A_1, \lim_{\substack{P\to P_0 \\ P\in C_2}}f(P)=A_2, A_1\neq A_2.$$

【例7】 讨论下列极限的存在性.

(1) $\displaystyle\lim_{\substack{x\to 0 \\ y\to 0}}\frac{x}{x^2+y^2}$; (2) $\displaystyle\lim_{\substack{x\to 0 \\ y\to 0}}\frac{xy}{x^2+y^2}$.

解 (1) 设 $P(x,y)$ 沿 x 轴趋于点 $(0,0)$,则

$$\lim_{\substack{x\to 0 \\ y=0}}f(x,y)=\lim_{x\to 0}\frac{x}{x^2+0}=\lim_{x\to 0}\frac{1}{x}$$

不存在,故 $\displaystyle\lim_{\substack{x\to 0 \\ y\to 0}}\frac{x}{x^2+y^2}$ 不存在.

(2) 取 $P(x,y)\to O(0,0)$ 的路径为 x 轴所在的直线,则有

$$\lim_{\substack{x\to 0 \\ y=0}}f(x,y)=\lim_{x\to 0}\frac{0}{x^2+0}=0.$$

取 $P(x,y) \to O(0,0)$ 的路径为直线 $y=x$，则有

$$\lim_{\substack{x \to 0 \\ y=x}} f(x,y) = \lim_{x \to 0} \frac{x^2}{x^2 + x^2} = \frac{1}{2}.$$

因此，$\lim\limits_{\substack{x \to 0 \\ y \to 0}} \dfrac{xy}{x^2 + y^2}$ 不存在.

事实上，当点 $P(x,y)$ 沿直线 $y=kx$ 趋向于点 $O(0,0)$ 时，有

$$\lim_{\substack{x \to 0 \\ y=kx}} \frac{xy}{x^2 + y^2} = \lim_{x \to 0} \frac{kx^2}{x^2 + k^2 x^2} = \frac{k}{1+k^2}.$$

该极限值随 k 的不同而不同，即当点 $P(x,y)$ 沿着不同的直线 $y=kx$ 趋向于点 $O(0,0)$ 时，对应的函数值趋向于不同的常数，因此，$\lim\limits_{\substack{x \to 0 \\ y \to 0}} \dfrac{xy}{x^2 + y^2}$ 不存在.

7.1.4　二元函数的连续性

定义 7.3　设二元函数 $f(x,y)$ 的定义域为 D，$P_0(x_0, y_0)$ 是 D 的内点或边界点，且 $P_0 \in D$. 如果

$$\lim_{\substack{x \to x_0 \\ y \to y_0}} f(x,y) = f(x_0, y_0),$$

则称二元函数 $f(x,y)$ 在点 $P_0(x_0, y_0)$ 处**连续**.

类似定义三元函数及三元以上的函数的连续性.

如果 $f(x,y)$ 在点 $P_0(x_0, y_0)$ 处不连续，则称 $P_0(x_0, y_0)$ 是函数 $f(x,y)$ 的**间断点**.

若函数 $f(x,y)$ 在区域 D 内每一点都连续，则称 $f(x,y)$ 在 D 内连续.

【例 8】　讨论函数 $f(x,y) = \begin{cases} \dfrac{xy}{\sqrt{x^2 + y^2}} & 当 x^2 + y^2 \neq 0 \\ 0 & 当 x^2 + y^2 = 0 \end{cases}$ 在 $(0,0)$ 处的连续性.

解　当 $(x,y) \neq (0,0)$ 时，

$$0 \leqslant \left| \frac{xy}{\sqrt{x^2 + y^2}} \right| = \left| \frac{xy}{x^2 + y^2} \sqrt{x^2 + y^2} \right| \leqslant \frac{1}{2} \sqrt{x^2 + y^2},$$

而

$$\lim_{(x,y) \to (0,0)} \frac{1}{2} \sqrt{x^2 + y^2} = 0,$$

因此，由夹逼准则得　$\lim\limits_{(x,y) \to (0,0)} f(x,y) = 0 = f(0,0).$

故函数 $f(x,y)$ 在 $(0,0)$ 处连续.

注意　一元函数中关于连续函数的运算法则，对于多元函数仍适用.

多元初等函数是指由常数、多个自变量及一元基本初等函数经过有限次的四则运算或复合运算，且可以用一个解析式表示的多元函数.

例如 $xy - \dfrac{x}{2y}$，$(x+y) + \arctan\ln(1 + x^2 y)$ 等都是多元初等函数.

结论　一切多元初等函数在其定义区域内都是连续的.

【例 9】 求极限 $\lim\limits_{\substack{x \to 0 \\ y \to 0}} \dfrac{\sqrt{xy+4}-2}{xy}$.

解 原式 $= \lim\limits_{\substack{x \to 0 \\ y \to 0}} \dfrac{xy+4-4}{xy(\sqrt{xy+4}+2)} = \lim\limits_{\substack{x \to 0 \\ y \to 0}} \dfrac{1}{\sqrt{xy+4}+2} = \dfrac{1}{4}$.

以上运算的最后一步用到了二元函数 $\dfrac{1}{\sqrt{xy+4}+2}$ 在点 $(0,0)$ 处的连续性.

与闭区间上一元连续函数的性质类似,在有界闭区域上多元连续函数也有如下性质:

性质 7.1(最大值和最小值定理) 在有界闭区域 D 上连续的多元函数,在 D 上至少取得它的最大值和最小值各一次.

性质 7.2(介值定理) 在有界闭区域 D 上连续的多元函数,必能取到介于函数最大值和最小值之间的任何值至少一次.

习题 7-1

1. 已知函数 $f(x,y) = xy + \dfrac{x}{y}$,求 $f(2,1)$ 和 $f(\sqrt{x}, x+y)$.

2. 已知函数 $f(u,v,w) = u^w + w^{u+v}$,求 $f(x+y, x-y, xy)$.

3. 求下列函数的定义域,并绘出定义域的草图.

(1) $z = \ln(x^2 + 2y - 1)$; (2) $z = \dfrac{1}{\sqrt{x+y}} + \dfrac{1}{\sqrt{x-y}}$;

(3) $z = \dfrac{\sqrt{x}}{\sqrt{1-x^2-y^2}}$; (4) $z = \dfrac{\sqrt{2x-x^2-y^2}}{\sqrt{x^2+y^2-1}}$.

4. 求下列极限:

(1) $\lim\limits_{\substack{x \to 0 \\ y \to 0}} \dfrac{1-\cos\sqrt{x^2+y^2}}{\ln(x^2+y^2+1)}$; (2) $\lim\limits_{\substack{x \to 1 \\ y \to 0}} \dfrac{\sin xy}{y}$;

(3) $\lim\limits_{\substack{x \to 0 \\ y \to 0}} (xy)\cos\dfrac{1}{x^2+y^2}$; (4) $\lim\limits_{\substack{x \to 0 \\ y \to 0}} \dfrac{xy}{x^2+y^2}(\sin x + \sin y)$.

5. 证明 $\lim\limits_{\substack{x \to 0 \\ y \to 0}} \dfrac{x^2 y}{x^4 + y^2}$ 不存在.

6. 讨论函数 $z = \dfrac{x+y}{x-y^2}$ 的连续性.

7. 描绘下列函数的图形:

(1) $z = \sqrt{1-x^2-y^2}$; (2) $z = \sqrt{x^2+y^2}$;

(3) $z = 2 - x^2 - y^2$; (4) $z = xy$.

7.2　偏　导　数

7.2.1　偏导数的概念及其计算

1. 定义

对于一元函数,我们由研究函数的变化率引入了导数的概念,而多元函数同样需要讨论它的变化率. 但多元函数的自变量不止一个,研究起来要复杂得多. 为了方便,我们可以考虑多元函数关于其中一个自变量的变化率.

下面以二元函数 $z = f(x, y)$ 为例,讨论偏导数的概念.首先给出偏增量的定义:

如果 y 保持不变(可看作常数),只有 x 发生变化时,z 可视为关于 x 的一元函数,当 x 取得增量 Δx 时,函数 z 的增量为

$$f(x + \Delta x, y) - f(x, y),$$

称之为函数 $z = f(x, y)$ 在 (x, y) 处关于 x 的**偏增量**,记为 $\Delta_x f(x, y)$(或 $\Delta_x z$),即

$$\Delta_x z = f(x + \Delta x, y) - f(x, y).$$

同理,函数 $z = f(x, y)$ 在 (x, y) 处关于 y 的偏增量为

$$\Delta_y z = f(x, y + \Delta y) - f(x, y).$$

而二元函数 $f(x, y)$ 关于 x 的变化率(偏导数),就是 y 保持不变时,$f(x, y)$ 关于 x 的导数.

定义 7.4　设函数 $z = f(x, y)$ 在点 (x_0, y_0) 的某一邻域内有定义,当 y 固定在 $y = y_0$,而 x 在 x_0 处取到增量 Δx 时,相应地,函数有偏增量:

$$\Delta_x z = f(x_0 + \Delta x, y_0) - f(x_0, y_0).$$

如果

$$\lim_{\Delta x \to 0} \frac{f(x_0 + \Delta x, y_0) - f(x_0, y_0)}{\Delta x}$$

存在,则称此极限为函数 $z = f(x, y)$ 在点 (x_0, y_0) 处对 x 的**偏导数**,记作

$$\frac{\partial z}{\partial x}\bigg|_{(x_0, y_0)}, \frac{\partial f}{\partial x}\bigg|_{(x_0, y_0)}, z_x(x_0, y_0) \text{ 或 } f_x(x_0, y_0),$$

即

$$f_x(x_0, y_0) = \lim_{\Delta x \to 0} \frac{f(x_0 + \Delta x, y_0) - f(x_0, y_0)}{\Delta x}.$$

类似地,函数 $z = f(x, y)$ 在点 (x_0, y_0) 处对 y 的偏导数的定义为

$$\lim_{\Delta y \to 0} \frac{f(x_0, y_0 + \Delta y) - f(x_0, y_0)}{\Delta y},$$

记作　$\dfrac{\partial z}{\partial y}\bigg|_{(x_0, y_0)}, \dfrac{\partial f}{\partial y}\bigg|_{(x_0, y_0)}, z_y(x_0, y_0)$ 或 $f_y(x_0, y_0), f_y'(x_0, y_0)$。

如果函数 $z = f(x, y)$ 在区域 D 内任一点 (x, y) 处对 x 的偏导数 $f_x(x, y)$ 都存在,那么这个偏导数仍是 x、y 的函数,称它为函数 $z = f(x, y)$ 对**自变量** x 的**偏导(函)数**,记作

$$\frac{\partial z}{\partial x}, \frac{\partial f}{\partial x}, z_x \text{ 或 } f_x(x, y), f_x'(x_0, y_0).$$

即
$$f_x(x,y)=\lim_{\Delta x\to 0}\frac{f(x+\Delta x,y)-f(x,y)}{\Delta x}.$$

类似地,函数 $z=f(x,y)$ 对自变量 y 的偏导数为
$$\lim_{\Delta y\to 0}\frac{f(x,y+\Delta y)-f(x,y)}{\Delta y},$$

记作　$\dfrac{\partial z}{\partial y},\dfrac{\partial f}{\partial y},z_y$ 或 $f_y(x,y)$.

与一元函数类似,函数 $z=f(x,y)$ 在 (x_0,y_0) 处对 x 的偏导数 $f_x(x_0,y_0)$,就是偏导函数 $f_x(x,y)$ 在 (x_0,y_0) 处的函数值,而 $f_y(x_0,y_0)$ 就是偏导函数 $f_y(x,y)$ 在 (x_0,y_0) 处的函数值,即 $f_x(x_0,y_0)=f_x(x,y)\Big|_{\substack{x=x_0\\y=y_0}},f_y(x_0,y_0)=f_y(x,y)\Big|_{\substack{x=x_0\\y=y_0}}$.

将二元函数 $f(x,y)$ 关于 x 的偏导数定义式与一元函数 $f(x)$ 的导数定义式比较可得,偏导数 $f_x(x_0,y_0)$ 就是一元函数 $f(x,y_0)$ 关于 x 的导数,即
$$f_x(x_0,y_0)=\frac{\mathrm{d}f(x,y_0)}{\mathrm{d}x}\Big|_{x=x_0}.$$

类似地,
$$f_y(x_0,y_0)=\frac{\mathrm{d}f(x_0,y)}{\mathrm{d}y}\Big|_{y=y_0}.$$

偏导数的定义可以推广到二元以上函数,如三元函数 $u=f(x,y,z)$ 在 (x,y,z) 处的偏导数为
$$f_x(x,y,z)=\lim_{\Delta x\to 0}\frac{f(x+\Delta x,y,z)-f(x,y,z)}{\Delta x},$$
$$f_y(x,y,z)=\lim_{\Delta y\to 0}\frac{f(x,y+\Delta y,z)-f(x,y,z)}{\Delta y},$$
$$f_z(x,y,z)=\lim_{\Delta z\to 0}\frac{f(x,y,z+\Delta z)-f(x,y,z)}{\Delta z}.$$

2.计算

从偏导数的定义可以看出,二元函数 $f(x,y)$ 的偏导数 $\dfrac{\partial z}{\partial x}$ 就是把 $f(x,y)$ 中的变量 y 看作常数时,对自变量 x 的导数. 所以,求多元函数的偏导数相当于求一元函数的导数,在求偏导数时,只要清楚哪些变量暂时作常数处理就够了.

注意　一元函数的求导法则(如四则运算求导法则、复合函数求导法则)和求导公式对多元函数的偏导数仍然适用.

【例 1】　求函数 $f(x,y)=x^2+3xy+y^2+\sin x$ 对 x 和 y 的偏导数.

解　把 y 看作常数,函数 $f(x,y)$ 对 x 求导数,得
$$f_x(x,y)=2x+3y+\cos x,$$
再把 x 看作常数,函数 $f(x,y)$ 对 y 求导数,得
$$f_x(x,y)=3x+2y.$$

【例 2】　求函数 $z=x^2y+\sin(xy)$ 在 $(1,0)$ 处的两个偏导数.

解　$\dfrac{\partial z}{\partial x}=2xy+y\cos(xy)$，　$\dfrac{\partial z}{\partial y}=x^2+x\cos(xy)$，

因此，$\dfrac{\partial z}{\partial x}\Big|_{(1,0)}=2xy+y\cos(xy)\Big|_{(1,0)}=0$，　$\dfrac{\partial z}{\partial y}\Big|_{(1,0)}=x^2+x\cos(xy)\Big|_{(1,0)}=2$.

需要注意，"求某点的偏导数时，先求偏导函数再代值"的方法不一定简便，如下例.

【例 3】　设 $f(x,y)=x\mathrm{e}^{xy}+(x+y)\ln(1+x^2y)$，　求 $\dfrac{\partial f}{\partial x}\Big|_{(1,0)}$.

解　由于 $f(x,y)$ 的表达式很复杂，先求偏导函数再代值计算量大，因此利用"求多元函数的偏导数相当于求一元函数的导数（把其他自变量看成常数）"这一性质，有

$$\frac{\partial f}{\partial x}\Big|_{(1,0)}=\frac{\mathrm{d}f(x,0)}{\mathrm{d}x}\Big|_{x=1},$$

而

$$f(x,0)=x,$$

因此，

$$\frac{\partial f}{\partial x}\Big|_{(1,0)}=1.$$

【例 4】　已知理想气体的状态方程

$$pV=RT(R\text{ 为常数}),$$

证明：$\dfrac{\partial p}{\partial V}\cdot\dfrac{\partial V}{\partial T}\cdot\dfrac{\partial T}{\partial p}=-1$.

证明　由函数 $p=\dfrac{RT}{V}$ 得 $\dfrac{\partial p}{\partial V}=-\dfrac{RT}{V^2}$.

同理，由函数 $V=\dfrac{RT}{p}$ 得 $\dfrac{\partial V}{\partial T}=\dfrac{R}{p}$；由函数 $T=\dfrac{pV}{R}$ 得 $\dfrac{\partial T}{\partial p}=\dfrac{V}{R}$.

所以

$$\frac{\partial p}{\partial V}\cdot\frac{\partial V}{\partial T}\cdot\frac{\partial T}{\partial p}=-\frac{RT}{V^2}\cdot\frac{R}{p}\cdot\frac{V}{R}=-\frac{RT}{pV}=-1.$$

这表明偏导数 $\dfrac{\partial z}{\partial x}$ 是一个整体，不能理解为分子与分母之商，这是与一元函数的导数记号的不同之处.

如果在函数表达式 $f(x,y)$ 中将两个自变量 x,y 对调后，仍为原来的函数，称该函数 $f(x,y)$ 对变量 x,y 具有**对称性**. 若函数对变量 x,y 具有对称性，且已知 $\dfrac{\partial z}{\partial x}$ 的表达式，则只要将 $\dfrac{\partial z}{\partial x}$ 中的 x,y 对调就能得到 $\dfrac{\partial z}{\partial y}$.

例如，函数 $z=x^4+y^4-2x^2y^2$ 对变量 x,y 具有对称性.

【例 5】　设 $z=[\ln(xy)+1]^3$，求 $\dfrac{\partial z}{\partial x},\dfrac{\partial z}{\partial y}$.

解　注意到函数 $z=[\ln(xy)+1]^3$ 对 x,y 具有对称性，

$$\frac{\partial z}{\partial x}=3[\ln(xy)+1]^2\cdot\frac{1}{xy}\cdot y=\frac{3}{x}[\ln(xy)+1]^2,$$

所以利用对称性得

$$\frac{\partial z}{\partial y}=\frac{3}{y}[\ln(xy)+1]^2.$$

3. 偏导数的几何意义

设 $M_0(x_0, y_0, f(x_0, y_0))$ 是曲面 $z = f(x, y)$ 上一点, 过点 M_0 作平面 $y = y_0$, 此平面与曲面相交得到一条曲线 $\begin{cases} z = f(x, y) \\ y = y_0 \end{cases}$, 如图 7-7 所示. 该曲线在平面 $y = y_0$ 上的方程为 $z = f(x, y_0)$, 由导数的几何意义得, 导数 $\dfrac{\mathrm{d}f(x, y_0)}{\mathrm{d}x}\Big|_{x = x_0}$ 表示该曲线在点 M_0 处的切线 $M_0 T_x$ 对 x 轴的斜率, 因此, 偏导数 $f_x(x_0, y_0)$ 的几何意义是: 曲面 $z = f(x, y)$ 与平面 $y = y_0$ 相交所得的曲线 $z = f(x, y_0)$ 在点 M_0 处的切线 $M_0 T_x$ 对 x 轴的斜率. 同样, 偏导数 $f_y(x_0, y_0)$ 表示曲面 $z = f(x, y)$ 与平面 $x = x_0$ 相交所得的曲线 $\begin{cases} z = f(x, y) \\ x = x_0 \end{cases}$ 在点 M_0 处的切线 $M_0 T_y$ 对 y 轴的斜率.

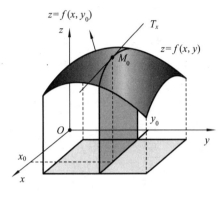

图 7-7

4. 二元函数连续与偏导数存在之间的关系

与一元函数的连续与可导的关系不同, 二元函数的连续与偏导数存在之间无必然联系, 即二元函数在某一点处的偏导数存在并不能保证函数在该点连续; 反之, 二元函数在某一点处连续也不能保证函数在该点处的偏导数存在. 下面两例证实了这一结论.

【**例 6**】　证明: 函数 $f(x, y) = \begin{cases} \dfrac{xy}{x^2 + y^2} & \text{当 } x^2 + y^2 \neq 0 \\ 0 & \text{当 } x^2 + y^2 = 0 \end{cases}$ 在点 $(0, 0)$ 处的偏导数存在, 但不连续.

证明　$f_x(0, 0) = \lim\limits_{x \to 0} \dfrac{f(x, 0) - f(0, 0)}{x} = \lim\limits_{x \to 0} \dfrac{0 - 0}{x} = 0$, 同理可得 $f_y(0, 0) = 0$, 即 $f(x, y)$ 在点 $(0, 0)$ 处偏导数存在.

因极限 $\lim\limits_{\substack{x \to 0 \\ y \to 0}} \dfrac{xy}{x^2 + y^2}$ 不存在, 所以 $f(x, y)$ 在点 $(0, 0)$ 处不连续.

例如, 函数 $f(x, y) = \sqrt{x^2 + y^2}$ 在 $(0, 0)$ 处连续, 但偏导数 $f_x(0, 0), f_y(0, 0)$ 均不存在. 证明从略.

7.2.2　高阶偏导数

设函数 $z = f(x, y)$ 在区域 D 内具有偏导数 $\dfrac{\partial z}{\partial x} = f_x(x, y), \dfrac{\partial z}{\partial y} = f_y(x, y)$, 则在 D 内, $f_x(x, y), f_y(x, y)$ 均为 x, y 的函数, 如果这两个函数的偏导数也存在, 则称它们的偏导数是函数 $z = f(x, y)$ 的**二阶偏导数**. 按自变量求导次序的不同, 可得到四个二阶偏导数, 分别记作

$$\frac{\partial}{\partial x}\left(\frac{\partial z}{\partial x}\right)=\frac{\partial^2 z}{\partial x^2}=f_{xx}(x,y), \quad \frac{\partial}{\partial y}\left(\frac{\partial z}{\partial y}\right)=\frac{\partial^2 z}{\partial y^2}=f_{yy}(x,y),$$

$$\frac{\partial}{\partial y}\left(\frac{\partial z}{\partial x}\right)=\frac{\partial^2 z}{\partial x\partial y}=f_{xy}(x,y), \quad \frac{\partial}{\partial x}\left(\frac{\partial z}{\partial y}\right)=\frac{\partial^2 z}{\partial y\partial x}=f_{yx}(x,y).$$

其中, $\frac{\partial^2 z}{\partial x\partial y}$ 和 $\frac{\partial^2 z}{\partial y\partial x}$ 称为 $f(x,y)$ 的**二阶混合偏导数**. 仿此可得三阶、四阶、……、n 阶偏导数,二阶及二阶以上的偏导数统称为**高阶偏导数**.

【例7】 设 $z=x^3 y+3x^2 y^3-xy+2$,求 $\frac{\partial^2 z}{\partial x^2},\frac{\partial^2 z}{\partial y^2},\frac{\partial^2 z}{\partial x\partial y},\frac{\partial^2 z}{\partial y\partial x}$ 及 $\frac{\partial^3 z}{\partial x^3}$.

解 $\quad \dfrac{\partial z}{\partial x}=3x^2 y+6xy^3-y, \qquad\qquad \dfrac{\partial z}{\partial y}=x^3+9x^2 y^2-x,$

$\dfrac{\partial^2 z}{\partial x^2}=\dfrac{\partial}{\partial x}\left(\dfrac{\partial z}{\partial x}\right)=6xy+6y^3, \qquad\quad \dfrac{\partial^2 z}{\partial y^2}=\dfrac{\partial}{\partial y}\left(\dfrac{\partial z}{\partial y}\right)=18x^2 y,$

$\dfrac{\partial^2 z}{\partial x\partial y}=\dfrac{\partial}{\partial y}\left(\dfrac{\partial z}{\partial x}\right)=3x^2+18xy^2-1, \qquad \dfrac{\partial^2 z}{\partial y\partial x}=\dfrac{\partial}{\partial x}\left(\dfrac{\partial z}{\partial y}\right)=3x^2+18xy^2-1,$

$\dfrac{\partial^3 z}{\partial x^3}=\dfrac{\partial}{\partial x}\left(\dfrac{\partial^2 z}{\partial x^2}\right)=6y.$

【例8】 设 $z=e^{xy}+x^2\sin y$,求函数 z 所有的二阶偏导数.

解 $\quad \dfrac{\partial z}{\partial x}=ye^{xy}+2x\sin y, \qquad\qquad \dfrac{\partial z}{\partial y}=xe^{xy}+x^2\cos y,$

$\dfrac{\partial^2 z}{\partial x^2}=y^2 e^{xy}+2\sin y, \qquad\qquad\quad \dfrac{\partial^2 z}{\partial y^2}=x^2 e^{xy}-x^2\sin y,$

$\dfrac{\partial^2 z}{\partial x\partial y}=(xy+1)e^{xy}+2x\cos y, \qquad \dfrac{\partial^2 z}{\partial y\partial x}=(xy+1)e^{xy}+2x\cos y.$

注意到上面两例中的两个二阶混合偏导数 $\frac{\partial^2 z}{\partial y\partial x}$ 和 $\frac{\partial^2 z}{\partial x\partial y}$ 均是相等的,这并不是偶然的. 我们有下述定理:

定理 7.1 如果函数 $z=f(x,y)$ 的两个二阶混合偏导数 $\frac{\partial^2 z}{\partial y\partial x}$ 及 $\frac{\partial^2 z}{\partial x\partial y}$ 在区域 D 内连续,那么在该区域内,有

$$\frac{\partial^2 z}{\partial y\partial x}=\frac{\partial^2 z}{\partial x\partial y}.$$

这就是说,二阶混合偏导数在连续的条件下与求偏导数的次序无关. 定理的证明从略.

对于二元以上的函数,我们可以类似地定义高阶偏导数,而且高阶混合偏导数在偏导数连续的条件下也与求偏导数的次序无关. 例如,对于三元函数 $u=f(x,y,z)$,若三阶混合偏导数 $\frac{\partial^3 u}{\partial x^2\partial y}$ 与 $\frac{\partial^3 u}{\partial y\partial x^2}$ 均连续,则 $\frac{\partial^3 u}{\partial y\partial x^2}=\frac{\partial^3 u}{\partial x^2\partial y}$.

【例9】 验证:函数 $u(x,y)=\ln\sqrt{x^2+y^2}$ 满足拉普拉斯方程 $\frac{\partial^2 u}{\partial x^2}+\frac{\partial^2 u}{\partial y^2}=0$.

证明 由 $\ln\sqrt{x^2+y^2}=\dfrac{1}{2}\ln(x^2+y^2)$,得

$$\frac{\partial u}{\partial x}=\frac{x}{x^2+y^2},\quad \frac{\partial u}{\partial y}=\frac{y}{x^2+y^2},$$

$$\frac{\partial^2 u}{\partial x^2}=\frac{(x^2+y^2)-x\cdot 2x}{(x^2+y^2)^2}=\frac{y^2-x^2}{(x^2+y^2)^2},$$

$$\frac{\partial^2 u}{\partial y^2}=\frac{(x^2+y^2)-y\cdot 2y}{(x^2+y^2)^2}=\frac{x^2-y^2}{(x^2+y^2)^2}$$

所以

$$\frac{y^2-x^2}{(x^2+y^2)^2}+\frac{x^2-y^2}{(x^2+y^2)^2}=0.$$

证毕.

习题 7-2

1. 求下列函数的一阶导数：

(1) $z=xy^3+x^3y$；　　　　　　(2) $z=\ln\cos(x-2y)$；

(3) $z=\sin(x^2y)+\cos\dfrac{y}{x}$；　　(4) $u=\dfrac{s^2+t}{st}$；

(5) $u=(1+xy)^y$；　　　　　　(6) $u=x^{\frac{y}{z}}$.

2. 设 $f(x,y)=\ln\left(x+\dfrac{y}{2x}\right)$，求 $f_x(1,0),f_y(1,0)$.

3. 设 $f(x,y)=x+(y-1)\arcsin\sqrt{\dfrac{x}{y}}$，求 $f_x(x,1),f_y(1,y)$.

4. 设 $z=xy+xe^{\frac{y}{x}}$，验证：$x\dfrac{\partial z}{\partial x}+y\dfrac{\partial z}{\partial y}=xy+z$.

5. 求下列函数的 $\dfrac{\partial^2 z}{\partial x^2}$、$\dfrac{\partial^2 z}{\partial x\partial y}$、$\dfrac{\partial^2 z}{\partial y^2}$：

(1) $z=x^4+y^4-2x^2y^2$；　　(2) $z=\arctan\dfrac{y}{x}$；　　(3) $z=y^x$.

6. 设 $f(x,y,z)=xy^2+yz^2+zx^2$，求 $f_{xx}(0,0,1),f_{zzx}(2,0,1)$.

7. 设 $u=x\ln(xy)$，求 $\dfrac{\partial^3 u}{\partial x\partial y^2}$.

8. 验证：函数 $r=\sqrt{x^2+y^2+z^2}$ 满足 $\dfrac{\partial^2 r}{\partial x^2}+\dfrac{\partial^2 r}{\partial y^2}+\dfrac{\partial^2 r}{\partial z^2}=\dfrac{2}{r}$.

9. 由偏导数的几何意义，求曲线 $\begin{cases}z=\sqrt{1+x^2+y^2}\\x=1\end{cases}$ 在点 $(1,1,\sqrt{3})$ 处的切线与 y 轴正向所成的倾斜角.

10. 证明：函数 $f(x,y)=\sqrt{x^2+y^2}$ 在 $(0,0)$ 处连续，但偏导数 $f_x(0,0),f_y(0,0)$ 均不存在.

11. 设 $z=f(x,y)=\sqrt{|xy|}$，求 $f_x(0,0),f_y(0,0)$.

7.3 全 微 分

7.3.1 全微分的概念

在第 2 章中我们讨论了一元函数 $y=f(x)$ 用自变量的增量 Δx 的线性函数 $A\Delta x$ 近似代替函数的增量 Δy 的问题,即

$$\Delta y=f(x+\Delta x)-f(x)\approx A\Delta x,$$

现在对于二元函数也要讨论类似的问题. 为此,我们首先给出二元函数的全增量的概念.

如果函数 $z=f(x,y)$ 在点 $P(x,y)$ 的某邻域内有定义,并设 $P'(x+\Delta x,y+\Delta y)$ 为此邻域内的任意一点,则称这两点的函数值之差

$$f(x+\Delta x,y+\Delta y)-f(x,y)$$

为二元函数 $z=f(x,y)$ 在点 P 对应于自变量增量 $\Delta x,\Delta y$ 的**全增量**,记为 Δz,即

$$\Delta z=f(x+\Delta x,y+\Delta y)-f(x,y)$$

一般地,计算二元函数的全增量比较复杂,所以,当 $|\Delta x|$ 和 $|\Delta y|$ 充分小时,与一元函数类似,我们也希望用自变量的增量 Δx 和 Δy 的线性函数来近似代替二元函数的全增量 Δz. 为此,引入二元函数全微分的定义.

定义 7.5 如果函数 $z=f(x,y)$ 在点 $P(x,y)$ 的某邻域内有定义,且其全增量 Δz 可以表示为

$$\Delta z=A(x,y)\Delta x+B(x,y)\Delta y+o(\rho). \tag{7.1}$$

其中,$A(x,y),B(x,y)$ 与 $\Delta x,\Delta y$ 无关,$\rho=\sqrt{(\Delta x)^2+(\Delta y)^2}$,则称函数 $z=f(x,y)$ 在点 $P(x,y)$ 处**可微分**,而

$$A(x,y)\Delta x+B(x,y)\Delta y$$

称为函数 $z=f(x,y)$ 在点 $P(x,y)$ 处的**全微分**,记为 $\mathrm{d}z$,即

$$\mathrm{d}z=A(x,y)\Delta x+B(x,y)\Delta y.$$

称上式中 $A(x,y)\Delta x$ 为函数 $f(x,y)$ 在点 $P(x,y)$ 处对 x 的**偏微分**,$B(x,y)\Delta y$ 为函数 $f(x,y)$ 在点 $P(x,y)$ 处对 y 的**偏微分**.

若函数在区域 D 内每一点处都可微分,则称该函数在 D 内**可微分**.

7.3.2 函数可微分的必要条件和充分条件

在 7.2.1 中,我们研究了二元函数连续与偏导数存在之间的关系. 下面的定理讨论函数 $f(x,y)$ 可微分的必要条件.

定理 7.2 如果函数 $z=f(x,y)$ 在点 (x,y) 处可微分,则函数 $f(x,y)$ 必满足以下两个条件:

(1)在点 (x,y) 处必连续;

（2）在点 (x,y) 处的偏导数 $\dfrac{\partial z}{\partial x}$，$\dfrac{\partial z}{\partial y}$ 必存在，且

$$A(x,y)=\frac{\partial z}{\partial x}, \quad B(x,y)=\frac{\partial z}{\partial y}.$$

从而，函数 $z=f(x,y)$ 在点 (x,y) 处的全微分为

$$\mathrm{d}z=\frac{\partial z}{\partial x}\Delta x+\frac{\partial z}{\partial y}\Delta y.$$

证明　（1）设函数 $z=f(x,y)$ 在点 $P(x,y)$ 处可微分，则对于点 P 某邻域内的任意一点 $P'(x+\Delta x,y+\Delta y)$，(7.1)式总成立，即

$$f(x+\Delta x,y+\Delta y)-f(x,y)=A\Delta x+B\Delta y+o(\rho),$$

因此　$\displaystyle\lim_{\substack{\Delta x\to 0\\ \Delta y\to 0}}f(x+\Delta x,y+\Delta y)=\lim_{\rho\to 0^+}[f(x,y)+A\Delta x+B\Delta y+o(\rho)]=f(x,y),$

从而函数 $z=f(x,y)$ 在点 (x,y) 处连续．

（2）设 $z=f(x,y)$ 在点 $P(x,y)$ 处可微分，则

$$\Delta z=A(x,y)\Delta x+B(x,y)\Delta y+o(\rho) \quad (\rho=\sqrt{(\Delta x)^2+(\Delta y)^2})$$

特别地，取 $\Delta y=0$ 时(3.1)式也成立，该式化为

$$f(x+\Delta x,y)-f(x,y)=A\Delta x+o(|\Delta x|),$$

两边同除以 Δx，并令 $\Delta x\to 0$，得

$$\frac{\partial z}{\partial x}=\lim_{\Delta x\to 0}\frac{f(x+\Delta x,y)-f(x,y)}{\Delta x}=\lim_{\Delta x\to 0}\frac{A(x,y)\Delta x+o(|\Delta x|)}{\Delta x}=A(x,y),$$

类似可得

$$\frac{\partial z}{\partial y}=B(x,y).$$

因此

$$\mathrm{d}z=\frac{\partial z}{\partial x}\Delta x+\frac{\partial z}{\partial y}\Delta y.$$

证毕．

此定理说明以下 3 点：

（1）二元函数 $f(x,y)$ 在点 (x,y) 处可微分的**充分必要条件是**：

当 $\rho\to 0^+$ 时，有

$$f(x+\Delta x,y+\Delta y)-f(x,y)-[f_x(x,y)\Delta x+f_y(x,y)\Delta y]=o(\rho)$$

即　$\displaystyle\lim_{\rho\to 0^+}\frac{f(x+\Delta x,y+\Delta y)-f(x,y)-[f_x(x,y)\Delta x+f_y(x,y)\Delta y]}{\sqrt{(\Delta x)^2+(\Delta y)^2}}=0$

成立；

（2）二元函数 $f(x,y)$ 在点 (x,y) 处不连续或偏导数不存在，则函数在点 (x,y) 处不可微；

（3）此定理的逆命题不成立，即**偏导数存在或连续的函数不一定可微**．下面两例说明了这一论断的正确性．

例如，函数 $f(x,y)=\begin{cases}\dfrac{xy}{x^2+y^2} & \text{当 } x^2+y^2\neq 0\\ 0 & \text{当 } x^2+y^2=0\end{cases}$ 在点 $(0,0)$ 处偏导数存在，但是不可微

(因为 $f(x,y)$ 在点$(0,0)$处不连续).

【例1】 设 $f(x,y)=\begin{cases} \dfrac{xy}{\sqrt{x^2+y^2}} & \text{当 } x^2+y^2\neq0 \\ 0 & \text{当 } x^2+y^2=0 \end{cases}$ ，证明：$f(x,y)$ 在点$(0,0)$处连续，

且偏导数存在，但不可微.

证明 由 7.1.4 节例 8 知，$f(x,y)$ 在点$(0,0)$处连续，又因为

$$f_x(0,0)=\lim_{x\to0}\frac{f(x,0)-f(0,0)}{x}=\lim_{x\to0}\frac{0-0}{x}=0,$$

同理可得 $f_y(0,0)=0$，即 $f(x,y)$ 在点$(0,0)$处偏导数存在.

下面证明函数在点$(0,0)$处不可微.

$$\Delta z-[f_x(0,0)\cdot\Delta x+f_y(0,0)\cdot\Delta y]$$
$$=f(\Delta x,\Delta y)-f(0,0)-[f_x(0,0)\cdot\Delta x+f_y(0,0)\cdot\Delta y]$$
$$=\frac{\Delta x\cdot\Delta y}{\sqrt{(\Delta x)^2+(\Delta y)^2}},$$

所以 $\displaystyle\lim_{\rho\to0^+}\frac{\Delta z-[f_x(0,0)\Delta x+f_y(0,0)\Delta y]}{\sqrt{(\Delta x)^2+(\Delta y)^2}}=\lim_{\rho\to0^+}\frac{\Delta x\cdot\Delta y}{(\Delta x)^2+(\Delta y)^2}.$

注意到此极限不存在，这说明

$$\Delta z-[f_x(0,0)\cdot\Delta x+f_y(0,0)\cdot\Delta y]\neq o(\rho)\ (\rho\to0^+).$$

因此，该函数在点$(0,0)$处不可微.

由定理 7.2 知，函数 $f(x,y)$ 在点(x,y)处的偏导数 $\dfrac{\partial z}{\partial x},\dfrac{\partial z}{\partial y}$ 均存在，不能保证函数在点

(x,y)处可微，但是如果再假定偏导数 $\dfrac{\partial z}{\partial x},\dfrac{\partial z}{\partial y}$ 在点(x,y)处均连续，就可以保证 $f(x,y)$ 在点

(x,y)处可微分.

定理 7.3 如果函数 $z=f(x,y)$ 的偏导数 $f_x(x,y),f_y(x,y)$ 在点(x,y)处均连续，则函数 $f(x,y)$ 在点(x,y)可微分.

证明 分析：由 $f_x(x,y),f_y(x,y)$ 在点(x,y)处均连续知，$f_x(x,y),f_y(x,y)$ 在点(x,y)的某邻域内有定义，即 $f(x,y)$ 在点(x,y)的某邻域内偏导数存在.

设 $P'(x+\Delta x,y+\Delta y)$ 是该邻域内的任一点，则全增量为

$$\Delta z=f(x+\Delta x,y+\Delta y)-f(x,y).$$

只要证 $\dfrac{\Delta z-(f_x(x,y)\Delta x+f_y(x,y)\Delta y)}{\rho}\to o\ (\rho\to0^+)$ 即可.

为此，我们将全增量写成如下形式：

$$\Delta z=[f(x+\Delta x,y+\Delta y)-f(x,y+\Delta y)]+[f(x,y+\Delta y)-f(x,y)].$$

这样，Δz 可以看作两个一元函数的增量. 在表达式

$$f(x+\Delta x,y+\Delta y)-f(x,y+\Delta y)$$

中，$y=y+\Delta y$ 保持不变，可看作 x 的一元函数 $f(x,y+\Delta y)$ 的增量，利用拉格朗日中值

定理,得

$$f(x+\Delta x,y+\Delta y)-f(x,y+\Delta y)=f_x(x+\theta_1\Delta x,y+\Delta y)\Delta x \quad (0<\theta_1<1). \quad (7.2)$$

同理,

$$f(x,y+\Delta y)-f(x,y)=f_y(x,y+\theta_2\Delta y)\Delta y \quad (0<\theta_2<1). \tag{7.3}$$

由 $f_x(x,y),f_y(x,y)$ 在点 (x,y) 处均连续得

$$\lim_{\substack{\Delta x\to 0\\ \Delta y\to 0}}f_x(x+\theta_1\Delta x,y+\Delta y)=f_x(x,y), \quad \lim_{\substack{\Delta x\to 0\\ \Delta y\to 0}}f_y(x,y+\theta_2\Delta y)=f_y(x,y),$$

从而有

$$f_x(x+\theta_1\Delta x,y+\Delta y)=f_x(x,y)+\alpha_1, \quad f_y(x,y+\theta_2\Delta y)=f_y(x,y)+\alpha_2.$$

其中, $\lim_{\rho\to 0^+}\alpha_1=0, \lim_{\rho\to 0^+}\alpha_2=0 \ (\rho=\sqrt{(\Delta x)^2+(\Delta y)^2})$,因此,

$$\Delta z=(f_x(x,y)+\alpha_1)\Delta x+(f_y(x,y)+\alpha_2)\Delta y$$
$$=f_x(x,y)\Delta x+f_y(x,y)\Delta y+\alpha_1\Delta x+\alpha_2\Delta y.$$

于是

$$\left|\frac{\Delta z-(f_x(x,y)\Delta x+f_y(x,y)\Delta y)}{\rho}\right|=\frac{|\alpha_1\Delta x+\alpha_2\Delta y|}{\sqrt{(\Delta x)^2+(\Delta y)^2}}$$
$$\leqslant|\alpha_1|\frac{|\Delta x|}{\sqrt{(\Delta x)^2+(\Delta y)^2}}+|\alpha_2|\frac{|\Delta y|}{\sqrt{(\Delta x)^2+(\Delta y)^2}}\leqslant|\alpha_1|+|\alpha_2|.$$

所以

$$\lim_{\rho\to 0^+}\frac{\Delta z-(f_x(x,y)\Delta x+f_y(x,y)\Delta y)}{\rho}=0.$$

这就证明了函数 $f(x,y)$ 在点 (x,y) 处是可微分的. 证毕.

值得注意的是,偏导数 $f_x(x,y),f_y(x,y)$ 在点 (x,y) 处均连续,不是函数 $f(x,y)$ 可微分的必要条件. 例如,函数

$$f(x,y)=\begin{cases}(x^2+y^2)\sin\dfrac{1}{x^2+y^2} & \text{当 } x^2+y^2\neq 0 \\ 0 & \text{当 } x^2+y^2=0\end{cases}$$

在点 $(0,0)$ 处可微,但是偏导数在点 $(0,0)$ 不连续.

函数连续、偏导数存在、偏导数连续与可微分之间的关系如图 7-8 所示.

习惯上,将自变量的增量 $\Delta x,\Delta y$ 分别记为 $\mathrm{d}x,\mathrm{d}y$,并分别称为自变量 x,y 的**微分**,由此记法,函数 $f(x,y)$ 在点 (x,y) 处的**全微分**为

$$\mathrm{d}z=\frac{\partial z}{\partial x}\mathrm{d}x+\frac{\partial z}{\partial y}\mathrm{d}y.$$

由于二元函数的全微分等于它的两个偏微分之和,我们称这一性质为二元函数的**全微分符合叠加原理**.

以上关于二元函数全微分的定义、可微分的充分条件、必要条件以及全微分存在时的表

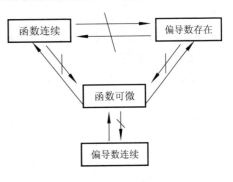

图 7-8

达式,可以完全类似地推广到三元以及三元以上的多元函数. 例如,若三元函数 $u=f(x,y,z)$ 可微分,则一定有

$$\mathrm{d}u=\frac{\partial u}{\partial x}\mathrm{d}x+\frac{\partial u}{\partial y}\mathrm{d}y+\frac{\partial u}{\partial z}\mathrm{d}z.$$

【例2】 求函数 $z=xy$ 在点 $(2,3)$ 处当 $\Delta x=0.1,\Delta y=0.2$ 时的全增量与全微分.

解 $\Delta z=(x+\Delta x)(y+\Delta y)-xy=y\Delta x+x\Delta y+\Delta x\Delta y,$

而 $\mathrm{d}z=\dfrac{\partial z}{\partial x}\Delta x+\dfrac{\partial z}{\partial y}\Delta y=y\Delta x+x\Delta y,$

将 $x=2,y=3,\Delta x=0.1,\Delta y=0.2$ 分别代入上面两式,得

$$\Delta z=0.72,\quad \mathrm{d}z=0.7.$$

【例3】 验证函数 $z=x\mathrm{e}^{xy}+y$ 在点 $(1,1)$ 处可微分,并求全微分 $\mathrm{d}z|_{(1,1)}$.

解 $\dfrac{\partial z}{\partial x}=\mathrm{e}^{xy}(1+xy),\quad \dfrac{\partial z}{\partial y}=x^2\mathrm{e}^{xy}+1,$

显然,$\dfrac{\partial z}{\partial x},\dfrac{\partial z}{\partial y}$ 在点 $(1,1)$ 处连续,从而函数 z 可微分,

所以, $\mathrm{d}z|_{(1,1)}=\mathrm{e}^{xy}(1+xy)|_{(1,1)}\mathrm{d}x+(x^2\mathrm{e}^{xy}+1)|_{(1,1)}\mathrm{d}y=2\mathrm{e}\mathrm{d}x+(\mathrm{e}+1)\mathrm{d}y.$

【例4】 求函数 $u=xy^2z^3$ 的全微分.

解 因为

$$\frac{\partial u}{\partial x}=y^2z^3,\quad \frac{\partial u}{\partial y}=2xyz^3,\quad \frac{\partial u}{\partial z}=3xy^2z^2,$$

所以,

$$\mathrm{d}u=\frac{\partial u}{\partial x}\mathrm{d}x+\frac{\partial u}{\partial y}\mathrm{d}y+\frac{\partial u}{\partial z}\mathrm{d}z=y^2z^3\mathrm{d}x+2xyz^3\mathrm{d}y+3xy^2z^2\mathrm{d}z.$$

7.3.3 全微分在近似计算中的应用

由全微分的定义及可微分的充分条件知,当函数 $z=f(x,y)$ 的偏导数 $f_x(x,y)$,$f_y(x,y)$ 在点 (x_0,y_0) 处均连续,且 $|\Delta x|$,$|\Delta y|$ 都较小时,就有近似式

$$\Delta z\approx\mathrm{d}z=f_x(x_0,y_0)\Delta x+f_y(x_0,y_0)\Delta y.$$

即 $f(x_0+\Delta x,y_0+\Delta y)\approx f(x_0,y_0)+f_x(x_0,y_0)\Delta x+f_y(x_0,y_0)\Delta y.$

利用上面近似式可计算函数的**近似值**.

【例5】 计算 $(1.04)^{2.02}$ 的近似值.

解 分析:计算 $f(x_0+\Delta x,y_0+\Delta y)$ 的近似值时,需要构造函数 $f(x,y)$,并确定点 (x_0,y_0).

取函数 $f(x,y)=x^y$ 及 $x_0=1,y_0=2$,此时 $\Delta x=0.04,\Delta y=0.02$,$f_x(x,y)=yx^{y-1}$,$f_y(x,y)=x^y\ln x$,代入上面的近似公式,得

$$(1.04)^{2.02}\approx 1+2\times0.04+0\times0.02=1.08.$$

习题 7-3

1. 求函数 $z=\dfrac{y}{x}$ 在点 $(2,1)$ 处,当 $\Delta x=0.1,\Delta y=-0.2$ 时的全增量及全微分.

2. 求下列函数的全微分:

(1) $z=xy+\dfrac{x}{y}$;

(2) $z=\ln\sqrt{x^2+y^2}$;

(3) $z=\dfrac{x^2-y^2}{x^2+y^2}$;

(4) $z=\dfrac{\cos x^2}{y}$;

(5) $u=\dfrac{1}{\sqrt{x^2+y^2+z^2}}$;

(6) $u=x+\sin\dfrac{y}{2}+\mathrm{e}^{yz}$.

3. 设函数 $f(x,y,z)=\dfrac{z}{\sqrt{x^2+y^2}}$,求 $\mathrm{d}f(3,4,5)$.

4. 求 $\sqrt{(1.02)^2+(1.97)^2}$ 的近似值.

5. 证明:函数 $f(x,y)=\sqrt{|xy|}$ 在 $O(0,0)$ 处连续,但不可微.

7.4 多元复合函数的求导法则

7.4.1 多元复合函数求导的链式法则

在上册中我们已经学习了一元复合函数求导的链式法则,具体如下:

设 $x=\varphi(t)$ 在点 t 处可导,$y=f(x)$ 在相应的点 x 处可导,则复合函数 $y=f(\varphi(t))$ 在点 t 处可导,且有
$$\frac{\mathrm{d}y}{\mathrm{d}t}=\frac{\mathrm{d}y}{\mathrm{d}x}\cdot\frac{\mathrm{d}x}{\mathrm{d}t}.$$

我们将链式法则推广到多元复合函数的情形.

多元复合函数的求导法则在不同的函数复合情况下,求导公式不同,下面分成三种情形进行讨论.

1. 复合函数的中间变量为一元函数的情形

如果 $u=u(x)$ 及 $v=v(x)$ 都在点 x 处可导,且函数 $z=f(u,v)$ 在对应点 (u,v) 处具有连续偏导数,则复合函数 $z=f(u(x),v(x))$ 在对应点 x 处可导,且有下列公式
$$\frac{\mathrm{d}z}{\mathrm{d}x}=\frac{\partial z}{\partial u}\frac{\mathrm{d}u}{\mathrm{d}x}+\frac{\partial z}{\partial v}\frac{\mathrm{d}v}{\mathrm{d}x}. \tag{7.4}$$

称上式为函数 z 的**全导数**.

证明 设自变量 x 取得增量 Δx,相应地 u,v,z 分别取得增量 $\Delta u,\Delta v,\Delta z$,由于 $z=f(u,v)$ 可微,所以 z 的全增量可表示为
$$\Delta z=\frac{\partial z}{\partial u}\Delta u+\frac{\partial z}{\partial v}\Delta v+o(\rho).$$

将上式两边同除以 Δx，得

$$\frac{\Delta z}{\Delta x}=\frac{\partial z}{\partial u}\frac{\Delta u}{\Delta x}+\frac{\partial z}{\partial v}\frac{\Delta v}{\Delta x}+\frac{o(\rho)}{\Delta x}. \tag{7.5}$$

由于 $\lim\limits_{\Delta x\to 0}\dfrac{\Delta u}{\Delta x}=\dfrac{\mathrm{d}u}{\mathrm{d}x}$，$\lim\limits_{\Delta y\to 0}\dfrac{\Delta v}{\Delta x}=\dfrac{\mathrm{d}v}{\mathrm{d}x}$，$\lim\limits_{\Delta x\to 0}\dfrac{o(\rho)}{\Delta x}=\lim\limits_{\Delta x\to 0}\dfrac{o(\rho)}{\rho}\cdot\dfrac{\sqrt{(\Delta u)^2+(\Delta v)^2}}{\Delta x}=0$，

当 $\Delta x\to 0$ 时，取(7.5)式的极限，得

$$\lim\limits_{\Delta x\to 0}\frac{\Delta z}{\Delta x}=\frac{\mathrm{d}z}{\mathrm{d}x}=\frac{\partial z}{\partial u}\cdot\frac{\mathrm{d}u}{\mathrm{d}x}+\frac{\partial z}{\partial v}\cdot\frac{\mathrm{d}v}{\mathrm{d}x}.$$

证毕.

我们可结合树形图（见图 7-9）加强记忆.

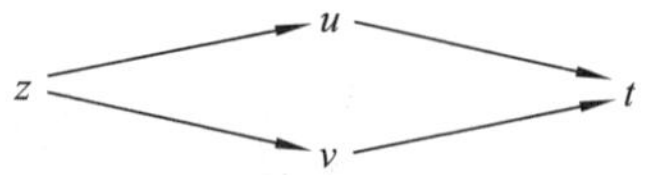

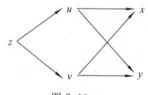

图 7-9

【例 1】 设 $z=u^2v^2+\mathrm{e}^t$，而 $u=\sin t,v=\cos t$，求全导数 $\dfrac{\mathrm{d}z}{\mathrm{d}t}$.

解
$$\begin{aligned}
\frac{\mathrm{d}z}{\mathrm{d}t}&=\frac{\mathrm{d}}{\mathrm{d}t}(u^2v^2)+\frac{\mathrm{d}}{\mathrm{d}t}(\mathrm{e}^t)\\
&=\frac{\partial}{\partial u}(u^2v^2)\cdot\frac{\mathrm{d}u}{\mathrm{d}t}+\frac{\partial}{\partial v}(u^2v^2)\cdot\frac{\mathrm{d}v}{\mathrm{d}t}+\mathrm{e}^t\\
&=2uv^2\cdot\cos t+2u^2v\cdot(-\sin t)+\mathrm{e}^t\\
&=\frac{1}{2}\sin 4t+\mathrm{e}^t.
\end{aligned}$$

2. 复合函数的中间变量为多元函数的情形

如果 $u=u(x,y)$ 及 $v=v(x,y)$ 都在点 (x,y) 处具有对 x 和 y 的偏导数，且函数 $z=f(u,v)$ 在对应点 (u,v) 处具有连续偏导数，则复合函数 $z=f(u(x,y),v(x,y))$ 在对应点 (x,y) 处的两个偏导数存在，且有下列公式：

$$\frac{\partial z}{\partial x}=\frac{\partial z}{\partial u}\frac{\partial u}{\partial x}+\frac{\partial z}{\partial v}\frac{\partial v}{\partial x}, \tag{7.6}$$

$$\frac{\partial z}{\partial y}=\frac{\partial z}{\partial u}\frac{\partial u}{\partial y}+\frac{\partial z}{\partial v}\frac{\partial v}{\partial y}. \tag{7.7}$$

证明从略.

事实上，这里求 $\dfrac{\partial z}{\partial x}$ 时，y 看作常数，因此中间变量 u,v 可看作关于 x 的一元函数，因此可利用公式(7.4). 但由于复合函数

$$z=f(u(x,y),v(x,y))$$

中 u,v 是二元函数，将(7.4)式中的符号 d 改为 ∂，则由公式(7.4)可得公式(7.6)，同理可得公式(7.7).

树形结构如图 7-10 所示.

图 7-10

【例 2】 设 $z=\mathrm{e}^u\sin v$，而 $u=xy,v=x^2+y^2$，求 $\dfrac{\partial z}{\partial x}$ 和 $\dfrac{\partial z}{\partial y}$.

解
$$\frac{\partial z}{\partial x}=\frac{\partial z}{\partial u}\cdot\frac{\partial u}{\partial x}+\frac{\partial z}{\partial v}\cdot\frac{\partial v}{\partial x}=e^u\sin v\cdot y+e^u\cos v\cdot 2x$$
$$=e^{xy}\left[y\sin(x^2+y^2)+2x\cos(x^2+y^2)\right],$$
$$\frac{\partial z}{\partial y}=\frac{\partial z}{\partial u}\cdot\frac{\partial u}{\partial y}+\frac{\partial z}{\partial v}\cdot\frac{\partial v}{\partial y}=e^u\sin v\cdot x+e^u\cos v\cdot 2y$$
$$=e^{xy}\left[x\sin(x^2+y^2)+2y\cos(x^2+y^2)\right].$$

【例3】 求　$z=(3x^2+y^2)^{4x+2y}$ 的偏导数.

解　设　$u=3x^2+y^2,v=4x+2y,$　则 $z=u^v.$

所以
$$\frac{\partial z}{\partial x}=\frac{\partial z}{\partial u}\cdot\frac{\partial u}{\partial x}+\frac{\partial z}{\partial v}\cdot\frac{\partial v}{\partial x}$$
$$=vu^{v-1}\cdot 6x+u^v\ln u\cdot 4$$
$$=6x(4x+2y)(3x^2+y^2)^{4x+2y-1}+4(3x^2+y^2)^{4x+2y}\ln(3x^2+y^2),$$
$$\frac{\partial z}{\partial y}=\frac{\partial z}{\partial u}\cdot\frac{\partial u}{\partial y}+\frac{\partial z}{\partial v}\cdot\frac{\partial v}{\partial y}$$
$$=vu^{v-1}\cdot 2y+u^v\ln u\cdot 2$$
$$=2y(4x+2y)(3x^2+y^2)^{4x+2y-1}+2(3x^2+y^2)^{4x+2y}\ln(3x^2+y^2).$$

3. 复合函数的中间变量既有一元也有多元函数的情形

如果 $u=u(x,y)$ 在点 (x,y) 具有对 x 和 y 的偏导数,$v=v(x)$ 在点 x 处可导,且函数 $z=f(u,v)$ 在对应点 (u,v) 具有连续偏导数,则复合函数 $z=f(u(x,y),v(x))$ 在对应点 (x,y) 的两个偏导数存在,且有下列公式:

$$\frac{\partial z}{\partial x}=\frac{\partial z}{\partial u}\cdot\frac{\partial u}{\partial x}+\frac{\partial z}{\partial v}\cdot\frac{\mathrm{d}v}{\mathrm{d}x},\quad \frac{\partial z}{\partial y}=\frac{\partial f}{\partial u}\cdot\frac{\partial u}{\partial y}. \tag{7.8}$$

证明从略.

树形结构如图 7-11 所示.

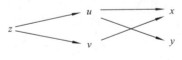

图 7-11

在情形 3 中,常常会遇到某个变量既为中间变量,又为另一中间变量的自变量的情形.

设 $z=f(u,x,y)$ 具有连续偏导数,而 $u=u(x,y)$ 具有偏导数,则 $z=f(u(x,y),x,y)$ 具有对 x 和 y 的偏导数:

$$\frac{\partial z}{\partial x}=\frac{\partial f}{\partial u}\cdot\frac{\partial u}{\partial x}+\frac{\partial f}{\partial x},\quad \frac{\partial z}{\partial y}=\frac{\partial f}{\partial u}\cdot\frac{\partial u}{\partial y}+\frac{\partial f}{\partial y}.$$

注意　等式两边的 $\frac{\partial z}{\partial x}$ 与 $\frac{\partial f}{\partial x}$ 的意义不同:$\frac{\partial z}{\partial x}$ 是指复合函数 $z=f(u(x,y),x,y)$ 中把 y 看作常数对自变量 x 的偏导数;$\frac{\partial f}{\partial x}$ 是指(复合函数 $z=f(u(x,y),x,y)$ 的)外函数 $z=$

$f(u,x,y)$中把 u,y 看作常数,对自变量 x 的偏导数.

$\dfrac{\partial z}{\partial y}$ 与 $\dfrac{\partial f}{\partial y}$ 也有类似的区别.

【例 4】 设 $u=f(x,y,z)=\mathrm{e}^{x^2+y^2+z^2}$,$z=x^2\sin y$,求 $\dfrac{\partial u}{\partial x},\dfrac{\partial u}{\partial y}$.

解
$$\frac{\partial u}{\partial x}=\frac{\partial f}{\partial x}+\frac{\partial f}{\partial z}\cdot\frac{\partial z}{\partial x}=2x\mathrm{e}^{x^2+y^2+z^2}+2z\mathrm{e}^{x^2+y^2+z^2}\cdot 2x\sin y$$
$$=2x(1+2x^2\sin^2 y)\mathrm{e}^{x^2+y^2+x^4\sin^2 y},$$
$$\frac{\partial u}{\partial y}=\frac{\partial f}{\partial y}+\frac{\partial f}{\partial z}\cdot\frac{\partial z}{\partial y}=2y\mathrm{e}^{x^2+y^2+z^2}+2z\mathrm{e}^{x^2+y^2+z^2}\cdot x^2\cos y$$
$$=2(y+x^4\sin y\cos y)\mathrm{e}^{x^2+y^2+x^4\sin^2 y}.$$

公式(7.4)(7.6)(7.7)(7.8)称为求偏导数的**链式法则**.上述链式法则可推广到两个以上的中间变量以及多层复合的情形.

(1) 多个变量.

设 $\qquad z=f(u,v,w)$, $\quad u=u(x,y)$, $\quad v=v(x,y)$, $\quad w=w(x,y)$,

则 $\quad \dfrac{\partial z}{\partial x}=\dfrac{\partial f}{\partial u}\cdot\dfrac{\partial u}{\partial x}+\dfrac{\partial f}{\partial v}\cdot\dfrac{\partial v}{\partial x}+\dfrac{\partial f}{\partial w}\cdot\dfrac{\partial w}{\partial x}$, $\qquad \dfrac{\partial z}{\partial y}=\dfrac{\partial f}{\partial u}\cdot\dfrac{\partial u}{\partial y}+\dfrac{\partial f}{\partial v}\cdot\dfrac{\partial v}{\partial y}+\dfrac{\partial f}{\partial w}\cdot\dfrac{\partial w}{\partial y}$.

(2) 多层复合.

设 $\qquad z=f(u,v)$, $\quad u=u(r,s)$, $\quad v=v(r,s)$, $\quad r=r(x,y)$, $\quad s=s(x,y)$,

则
$$\frac{\partial z}{\partial x}=\frac{\partial f}{\partial u}\cdot\frac{\partial u}{\partial r}\cdot\frac{\partial r}{\partial x}+\frac{\partial f}{\partial u}\cdot\frac{\partial u}{\partial s}\cdot\frac{\partial s}{\partial x}+\frac{\partial f}{\partial v}\cdot\frac{\partial v}{\partial r}\cdot\frac{\partial r}{\partial x}+\frac{\partial f}{\partial v}\cdot\frac{\partial v}{\partial s}\cdot\frac{\partial s}{\partial x},$$
$$\frac{\partial z}{\partial y}=\frac{\partial f}{\partial u}\cdot\frac{\partial u}{\partial r}\cdot\frac{\partial r}{\partial y}+\frac{\partial f}{\partial u}\cdot\frac{\partial u}{\partial s}\cdot\frac{\partial s}{\partial y}+\frac{\partial f}{\partial v}\cdot\frac{\partial v}{\partial r}\cdot\frac{\partial r}{\partial y}+\frac{\partial f}{\partial v}\cdot\frac{\partial v}{\partial s}\cdot\frac{\partial s}{\partial y}.$$

下面是抽象的多元复合函数求偏导数的例题.

外函数为抽象函数的复合函数,称为抽象的**多元复合函数**,如函数 $z=f(x-y,xy^2)$,利用链式法则求偏导数.

令 $\qquad\qquad\qquad\qquad u=x-y$, $\quad v=xy^2$,

则 $\quad \dfrac{\partial z}{\partial x}=\dfrac{\partial f}{\partial u}\cdot\dfrac{\partial u}{\partial x}+\dfrac{\partial f}{\partial v}\cdot\dfrac{\partial v}{\partial x}$, $\qquad \dfrac{\partial z}{\partial y}=\dfrac{\partial z}{\partial u}\cdot\dfrac{\partial u}{\partial y}+\dfrac{\partial z}{\partial v}\cdot\dfrac{\partial v}{\partial y}$.

为方便起见,记
$$f_1'=\frac{\partial f(u,v)}{\partial u}, \qquad f''_{12}=\frac{\partial^2 f(u,v)}{\partial u\partial v}.$$

这里,下标 1 表示 z 对第一个中间变量 u 求偏导,下标 2 表示 z 对第二个中间变量 v 求偏导,同理有 f_2',f''_{11},f''_{22} 等,注意到 f_1',f_2' 仍是多元复合函数,即
$$f_1'=f_1'(x-y,xy^2), \qquad f_2'=f_2'(x-y,xy^2),$$

所以
$$\frac{\partial z}{\partial x}=f_1'\cdot\frac{\partial u}{\partial x}+f_2'\cdot\frac{\partial v}{\partial x}=f_1'+f_2'\cdot y^2,$$
$$\frac{\partial z}{\partial y}=f_1'\cdot\frac{\partial u}{\partial y}+f_2'\cdot\frac{\partial v}{\partial y}=-f_1'+f_2'\cdot 2xy.$$

【例 5】　设 $w=f(x+y+z,xyz)$，f 具有二阶连续偏导数，求 $\dfrac{\partial w}{\partial x}$ 和 $\dfrac{\partial^2 w}{\partial x\partial z}$.

解　利用上述偏导数的简便记法，

$$\frac{\partial w}{\partial x}=f_1'+yzf_2',$$

于是

$$\frac{\partial^2 w}{\partial x\partial z}=\frac{\partial}{\partial z}(f_1'+yzf_2')=\frac{\partial f_1'}{\partial z}+yf_2'+yz\frac{\partial f_2'}{\partial z},$$

这里

$$f_1'=f_1'(x+y+z,xyz),\qquad f_2'=f_2'(x+y+z,xyz),$$

所以

$$\frac{\partial f_1'}{\partial z}=f_{11}''+xyf_{12}'',\qquad \frac{\partial f_2'}{\partial z}=f_{21}''+xyf_{22}'',$$

从而

$$\frac{\partial^2 w}{\partial x\partial z}=(f_{11}''+xyf_{12}'')+yf_2'+yz(f_{21}''+xyf_{22}'')$$

$$=f_{11}''+y(x+z)f_{12}''+xy^2zf_{22}''+yf_2'.$$

最后一步中 $f_{12}''=f_{21}''$，是因为 f 具有二阶连续偏导数.

7.4.2　全微分形式不变性

与一元函数一阶微分形式不变性类似，多元函数也有全微分形式不变性.

现在来求复合函数 $z=f(u(x,y),v(x,y))$ 的全微分.

当 $z=f(u,v)$，$u=u(x,y)$，$v=v(x,y)$ 都具有连续偏导数时，$z=f(u(x,y),v(x,y))$ 可微分，且

$$\mathrm{d}z=\frac{\partial z}{\partial x}\mathrm{d}x+\frac{\partial z}{\partial y}\mathrm{d}y=\left(\frac{\partial f}{\partial u}\cdot\frac{\partial u}{\partial x}+\frac{\partial f}{\partial v}\cdot\frac{\partial v}{\partial x}\right)\mathrm{d}x+\left(\frac{\partial f}{\partial u}\cdot\frac{\partial u}{\partial y}+\frac{\partial f}{\partial v}\cdot\frac{\partial v}{\partial y}\right)\mathrm{d}y$$

$$=\frac{\partial f}{\partial u}\left(\frac{\partial u}{\partial x}\mathrm{d}x+\frac{\partial u}{\partial y}\mathrm{d}y\right)+\frac{\partial f}{\partial v}\left(\frac{\partial v}{\partial x}\mathrm{d}x+\frac{\partial v}{\partial y}\mathrm{d}y\right)$$

即

$$\mathrm{d}z=\frac{\partial f}{\partial u}\mathrm{d}u+\frac{\partial f}{\partial v}\mathrm{d}v.$$

这说明无论 z 是自变量 u,v 的函数还是中间变量 u,v 的函数，它的全微分形式都可用同一个式子

$$\mathrm{d}z=\frac{\partial f}{\partial u}\mathrm{d}u+\frac{\partial f}{\partial v}\mathrm{d}v$$

表示，此性质称为**一阶全微分形式不变性**. 类似地，三元及三元以上的多元函数的全微分也具有这一性质.

与一元函数类似，我们可以利用全微分形式不变性求函数的偏导数及全微分.

【例 6】　已知 $\mathrm{e}^{-xy}-2z+\mathrm{e}^z=0$，求 $\dfrac{\partial z}{\partial x}$ 和 $\dfrac{\partial z}{\partial y}$.

解　方程两边取全微分得

$$\mathrm{d}(\mathrm{e}^{-xy}-2z+\mathrm{e}^z)=0,$$

即

$$\mathrm{e}^{-xy}\mathrm{d}(-xy)-2\mathrm{d}z+\mathrm{e}^z\mathrm{d}z=0,$$

于是
$$dz = \frac{ye^{-xy}}{e^z - 2}dx + \frac{xe^{-xy}}{e^z - 2}dy,$$

又因为
$$dz = \frac{\partial z}{\partial x}dx + \frac{\partial z}{\partial y}dy,$$

从而
$$\frac{\partial z}{\partial x} = \frac{ye^{-xy}}{e^z - 2}, \quad \frac{\partial z}{\partial y} = \frac{xe^{-xy}}{e^z - 2}.$$

习题 7-4

1. 设 $z = u^2v - uv^2$，而 $u = x\cos y$，$v = x\sin y$，求 $\dfrac{\partial z}{\partial x}$，$\dfrac{\partial z}{\partial y}$.

2. 设 $z = \arctan(xy)$，而 $y = e^x$，求 $\dfrac{dz}{dx}$.

3. 设 $z = e^{x-2y}$，而 $y = \sin x$，求 $\dfrac{dz}{dx}$.

4. 求下列函数的一阶偏导数，其中 f 具有一阶连续偏导数：

(1) 设 $z = f(x^2 - y^2, e^{xy})$，求 $\dfrac{\partial z}{\partial x}$，$\dfrac{\partial z}{\partial y}$；

(2) 设 $u = f(x + xy + xyz)$，求 $\dfrac{\partial u}{\partial x}$，$\dfrac{\partial u}{\partial y}$，$\dfrac{\partial u}{\partial z}$；

(3) 设 $w = f\left(\dfrac{x}{y}, \dfrac{y}{z}\right)$，求 $\dfrac{\partial w}{\partial x}$，$\dfrac{\partial w}{\partial y}$，$\dfrac{\partial w}{\partial z}$.

5. 设 $u = f(x^2, xy, xyz)$，其中 f 具有一阶连续偏导数，求全微分 du.

6. 设函数 $z = xy + xF(u)$，其中 $u = \dfrac{y}{x}$，F 为可微函数，求 $x\dfrac{\partial z}{\partial x} + y\dfrac{\partial z}{\partial y}$.

7. 求下列函数的二阶偏导数 $\dfrac{\partial^2 z}{\partial x^2}$，$\dfrac{\partial^2 z}{\partial x \partial y}$，$\dfrac{\partial^2 z}{\partial y^2}$，其中 f 具有二阶连续(偏)导数：

(1) $z = f(x^2 + y^2)$；   (2) $z = f\left(x, \dfrac{x}{y}\right)$；   (3) $z = f(xy^2, x^2 y)$.

8. 设 $z = \dfrac{1}{x}f(xy) + y\varphi(x+y)$，$f, \varphi$ 都具有二阶连续的导数，求 $\dfrac{\partial^2 z}{\partial x \partial y}$.

9. 设 $z = f(x, y)$ 具有一阶连续的导数，$x = \dfrac{s - \sqrt{3}t}{2}$，$y = \dfrac{t + \sqrt{3}s}{2}$，证明：

$$\left(\frac{\partial z}{\partial x}\right)^2 + \left(\frac{\partial z}{\partial y}\right)^2 = \left(\frac{\partial z}{\partial s}\right)^2 + \left(\frac{\partial z}{\partial t}\right)^2.$$

7.5　隐函数微分法

在第 2 章中我们已学习过了隐函数的概念,并且指出了不经显化直接由方程

$$F(x,y)=0$$

求出它所确定的隐函数的导数的方法,但是此微分法有一个前提:方程 $F(x,y)=0$ 能确定函数 $y=f(x)$,且 $f(x)$ 可导. 一般地,方程 $F(x,y)=0$ 未必能确定实函数 $y=f(x)$,如方程 $x^2+y^2+1=0$ 就不能确定任何一个实函数 $y=f(x)$,因此在利用隐函数微分法之前,需验证这个前提是否成立.

问题:当二元函数 $F(x,y)$ 满足什么条件时,方程 $F(x,y)=0$ 能确定隐函数 $y=f(x)$,且 $f(x)$ 可导? 下面的定理 1 做出了回答,并给出了求导公式.

7.5.1　一个方程的情形

1. $F(x,y)=0$

定理 7.4(隐函数存在定理 1)　设函数 $F(x,y)$ 满足:

(1)在点 $P(x_0,y_0)$ 的某一邻域内具有连续的偏导数 $F_x(x,y)$,$F_y(x,y)$;

(2)$F(x_0,y_0)=0$;

(3)$F_y(x_0,y_0)\neq0$.

则方程 $F(x,y)=0$ 在点 $P(x_0,y_0)$ 的某一邻域内能唯一确定一个单值且具有连续导数的隐函数 $y=y(x)$,它满足条件 $y_0=y(x_0)$,且有

$$\frac{\mathrm{d}y}{\mathrm{d}x}=-\frac{F_x}{F_y}. \tag{7.9}$$

注意　若定理中的(3)换成 $F_x(x_0,y_0)\neq0$,则方程 $F(x,y)=0$ 确定隐函数 $x=x(y)$ 在点 (x_0,y_0) 可导,且

$$\frac{\mathrm{d}x}{\mathrm{d}y}=-\frac{F_y}{F_x}.$$

定理的证明从略,仅对公式(7.9)做如下推导.

设方程 $F(x,y)=0$ 在点 $P(x_0,y_0)$ 的某一邻域内确定一个具有连续导数的隐函数 $y=y(x)$,则有恒等式

$$F(x,y(x))\equiv0,$$

两边对 x 求导,得 $F_x+F_y\dfrac{\mathrm{d}y}{\mathrm{d}x}=0$,由 $F_y(x_0,y_0)\neq0$,得

$$\frac{\mathrm{d}y}{\mathrm{d}x}=-\frac{F_x}{F_y}.$$

【例 1】　验证方程 $x^2+y^2-1=0$ 在点 $(0,1)$ 的某邻域内能唯一确定一个单值可导,且 $x=0$ 时 $y=1$ 的隐函数 $y=y(x)$,并求这个函数的一阶和二阶导数在 $x=0$ 的值.

解　令 $F(x,y)=x^2+y^2-1$,则 $F_x=2x$,$F_y=2y$,$F(0,1)=0$,$F_y(0,1)=2\neq0$,依

定理知方程 $x^2+y^2-1=0$ 在点 $(0,1)$ 的某邻域内能唯一确定一个单值可导,且 $x=0$ 时 $y=1$ 的函数 $y=y(x)$,该函数的一阶和二阶导数分别为:

$$\frac{\mathrm{d}y}{\mathrm{d}x}=-\frac{F_x}{F_y}=-\frac{x}{y},$$

$$\frac{\mathrm{d}^2y}{\mathrm{d}x^2}=-\frac{y-xy'}{y^2}=-\frac{y-x\cdot\left(-\dfrac{x}{y}\right)}{y^2}=-\frac{1}{y^3},$$

因此
$$\frac{\mathrm{d}y}{\mathrm{d}x}\bigg|_{x=0}=0,\quad \frac{\mathrm{d}^2y}{\mathrm{d}x^2}\bigg|_{x=0}=-1.$$

【例2】 已知 $xy-\mathrm{e}^x+\mathrm{e}^y=0$,求 $\dfrac{\mathrm{d}y}{\mathrm{d}x}$.

解 令
$$F(x,y)=xy-\mathrm{e}^x+\mathrm{e}^y,$$
则
$$F_x(x,y)=y-\mathrm{e}^x,\quad F_y(x,y)=x+\mathrm{e}^y,$$
所以
$$\frac{\mathrm{d}y}{\mathrm{d}x}=-\frac{F_x}{F_y}=\frac{\mathrm{e}^x-y}{x+\mathrm{e}^y}.$$

与定理 5.1 类似,若三元函数 $F(x,y,z)$ 满足类似的性质,则由方程
$$F(x,y,z)=0$$
能确定偏导数存在的二元函数 $z=z(x,y)$,这就是下面的定理.

2. $F(x,y,z)=0$

定理 7.5(隐函数存在定理 2) 设函数 $F(x,y,z)$ 满足:

(1)在点 $P(x_0,y_0,z_0)$ 的某一邻域内具有连续的偏导数;

(2)$F(x_0,y_0,z_0)=0$;

(3)$F_z(x_0,y_0,z_0)\neq0$.

则方程 $F(x,y,z)=0$ 在点 $P(x_0,y_0,z_0)$ 的某一邻域内能唯一确定一个单值连续且具有连续偏导数的隐函数 $z=z(x,y)$,它满足条件 $z_0=z(x_0,y_0)$,并有

$$\frac{\partial z}{\partial x}=-\frac{F_x}{F_z},\quad \frac{\partial z}{\partial y}=-\frac{F_y}{F_z}. \tag{7.10}$$

定理的证明从略,偏导公式与一元隐函数类似,试自己推导.

【例3】 设 $2x^2+y^2+z^2-2z=0$,求 $\dfrac{\partial z}{\partial x},\dfrac{\partial^2z}{\partial x^2}$.

解 由题意知,方程组确定隐函数 $z=z(x,y)$.

令
$$F(x,y,z)=2x^2+y^2+z^2-2z,$$
则
$$F_x=4x,\quad F_z=2z-2,\quad \frac{\partial z}{\partial x}=-\frac{F_x}{F_z}=\frac{2x}{1-z},$$

$$\frac{\partial^2z}{\partial x^2}=\frac{2(1-z)+2x\dfrac{\partial z}{\partial x}}{(1-z)^2}=\frac{2(1-z)+2x\cdot\dfrac{2x}{1-z}}{(1-z)^2}=\frac{2(1-z)^2+4x^2}{(1-z)^3}.$$

7.5.2 方程组的情形

下面我们讨论由方程组确定隐函数组的问题.

为了叙述方便,引入雅可比(Jacobi)行列式:

$$\frac{\partial(F,G)}{\partial(x,y)}=\begin{vmatrix} F_x & F_y \\ G_x & G_y \end{vmatrix}, \quad \frac{\partial(F,G,H)}{\partial(x,y,z)}=\begin{vmatrix} F_x & F_y & F_z \\ G_x & G_y & G_z \\ H_x & H_y & H_z \end{vmatrix}.$$

1. $\begin{cases} F(x,y,z)=0 \\ G(x,y,z)=0 \end{cases}$

定理 7.6(隐函数存在定理 3)　设 $F(x,y,z)$、$G(x,y,z)$ 满足:

(1)在点 $M_0(x_0,y_0,z_0)$ 的某一邻域内具有对各个变量的一阶连续偏导数;

(2)$F(M_0)=0,G(M_0)=0$;

(3)$\dfrac{\partial(F,G)}{\partial(x,y)}\bigg|_{M_0}\neq 0.$

则方程组 $\begin{cases} F(x,y,z)=0 \\ G(x,y,z)=0 \end{cases}$ 在点 $M_0(x_0,y_0,z_0)$ 的某一邻域内能唯一确定一对单值连续,且

具有连续导数的隐函数组 $\begin{cases} y=y(x) \\ z=z(x) \end{cases}$,它们满足条件 $y_0=y(x_0),z_0=z(x_0)$,并有

$$\frac{dy}{dx}=-\frac{\dfrac{\partial(F,G)}{\partial(x,z)}}{\dfrac{\partial(F,G)}{\partial(y,z)}}=-\frac{\begin{vmatrix} F_x & F_z \\ G_x & G_z \end{vmatrix}}{\begin{vmatrix} F_y & F_z \\ G_y & G_z \end{vmatrix}}, \quad \frac{dz}{dx}=-\frac{\dfrac{\partial(F,G)}{\partial(y,x)}}{\dfrac{\partial(F,G)}{\partial(y,z)}}=-\frac{\begin{vmatrix} F_y & F_x \\ G_y & G_x \end{vmatrix}}{\begin{vmatrix} F_y & F_z \\ G_y & G_z \end{vmatrix}}. \quad (7.11)$$

定理的证明从略,仅推导偏导数公式如下:

设方程组 $\begin{cases} F(x,y,z)=0 \\ G(x,y,z)=0 \end{cases}$ 能确定隐函数组 $\begin{cases} y=y(x) \\ z=z(x) \end{cases}$,则

$$\begin{cases} F(x,y(x),z(x))\equiv 0 \\ G(x,y(x),z(x))\equiv 0 \end{cases},$$

两边对 x 求偏导得 $\begin{cases} F_x+F_y\cdot\dfrac{dy}{dx}+F_z\cdot\dfrac{dz}{dx}=0 \\ G_x+G_y\cdot\dfrac{dy}{dx}+G_z\cdot\dfrac{dz}{dx}=0 \end{cases},$

在点 M_0 的某邻域内,系数行列式 $J=\dfrac{\partial(F,G)}{\partial(x,y)}\neq 0$,解得

$$\frac{dy}{dx}=-\frac{\dfrac{\partial(F,G)}{\partial(x,z)}}{\dfrac{\partial(F,G)}{\partial(y,z)}}=-\frac{\begin{vmatrix} F_x & F_z \\ G_x & G_z \end{vmatrix}}{\begin{vmatrix} F_y & F_z \\ G_y & G_z \end{vmatrix}}, \quad \frac{dz}{dx}=-\frac{\dfrac{\partial(F,G)}{\partial(y,x)}}{\dfrac{\partial(F,G)}{\partial(y,z)}}=-\frac{\begin{vmatrix} F_y & F_x \\ G_y & G_x \end{vmatrix}}{\begin{vmatrix} F_y & F_z \\ G_y & G_z \end{vmatrix}}.$$

求由方程组确定隐函数组的(偏)导数时,通常并不用定理中给出的公式,而是采用上述推导公式时所用的方法直接计算.

【例 4】　设 $\begin{cases} x+y+z=0 \\ x^2+y^2+z^2-1=0 \end{cases}$,求 $\dfrac{dx}{dz},\dfrac{dy}{dz}.$

解 由题意知,方程组确定隐函数组 $x=x(z)$, $y=y(z)$.

方程组两边对 z 求导,得

$$\begin{cases} \dfrac{\mathrm{d}x}{\mathrm{d}z}+\dfrac{\mathrm{d}y}{\mathrm{d}z}+1=0 \\ 2x\dfrac{\mathrm{d}x}{\mathrm{d}z}+2y\dfrac{\mathrm{d}y}{\mathrm{d}z}+2z=0 \end{cases}.$$

当 $y-x\neq 0$ 时,解上面关于 $\dfrac{\mathrm{d}x}{\mathrm{d}z}$, $\dfrac{\mathrm{d}y}{\mathrm{d}z}$ 的线性方程组得

$$\frac{\mathrm{d}x}{\mathrm{d}z}=\frac{y-z}{x-y}, \quad \frac{\mathrm{d}y}{\mathrm{d}z}=\frac{z-x}{x-y}.$$

2. $\begin{cases} F(x,y,u,v)=0 \\ G(x,y,u,v)=0 \end{cases}$

定理 7.7(隐函数存在定理 4) 设 $F(x,y,u,v)$、$G(x,y,u,v)$ 满足:

(1)在点 $M_0(x_0,y_0,u_0,v_0)$ 的某一邻域内具有对各个变量的一阶连续偏导数;

(2)$F(x_0,y_0,u_0,v_0)=0$,$G(x_0,y_0,u_0,v_0)=0$;

(3)$J=\dfrac{\partial(F,G)}{\partial(u,v)}\bigg|_{M_0}\neq 0$.

则方程组 $\begin{cases} F(x,y,u,v)=0 \\ G(x,y,u,v)=0 \end{cases}$ 在点 $P(x_0,y_0,u_0,v_0)$ 的某一邻域内能唯一确定一对单值连

续,且具有连续偏导数的隐函数组 $\begin{cases} u=u(x,y) \\ v=v(x,y) \end{cases}$,它们满足条件 $u_0=u(x_0,y_0)$,$v_0=v(x_0,y_0)$,并有

$$\frac{\partial u}{\partial x}=-\frac{1}{J}\frac{\partial(F,G)}{\partial(x,v)}, \quad \frac{\partial v}{\partial x}=-\frac{1}{J}\frac{\partial(F,G)}{\partial(u,x)},$$

$$\frac{\partial u}{\partial y}=-\frac{1}{J}\frac{\partial(F,G)}{\partial(y,v)}, \quad \frac{\partial v}{\partial y}=-\frac{1}{J}\frac{\partial(F,G)}{\partial(u,y)}. \tag{7.12}$$

定理的证明从略.

【例 5】 设 $\begin{cases} xu-yv=0 \\ yu+xv=1 \end{cases}$,求 $\dfrac{\partial u}{\partial x}$, $\dfrac{\partial u}{\partial y}$, $\dfrac{\partial v}{\partial x}$ 和 $\dfrac{\partial v}{\partial y}$.

解 1 由题意知,方程组确定隐函数组 $\begin{cases} u=u(x,y) \\ v=v(x,y) \end{cases}$,运用公式推导的方法,将方程组的两边对 x 求偏导,并移项得

$$\begin{cases} x\dfrac{\partial u}{\partial x}-y\dfrac{\partial v}{\partial x}=-u \\ y\dfrac{\partial u}{\partial x}+x\dfrac{\partial v}{\partial x}=-v \end{cases},$$

在 $J=\begin{vmatrix} x & -y \\ y & x \end{vmatrix}=x^2+y^2\neq 0$ 的条件下,解得

$$\frac{\partial u}{\partial x}=-\frac{xu+yv}{x^2+y^2},\quad \frac{\partial v}{\partial x}=\frac{yu-xv}{x^2+y^2}.$$

类似地,将方程组的两边对 y 求偏导,可得

$$\frac{\partial u}{\partial y}=\frac{xv-yu}{x^2+y^2},\quad \frac{\partial v}{\partial y}=-\frac{xu+yv}{x^2+y^2}.$$

解 2　(全微分法)

分析:因为方程组确定了隐函数组 $\begin{cases}u=u(x,y)\\ v=v(x,y)\end{cases}$,且函数 $u=u(x,y),v=v(x,y)$ 均

可微,所以 $\mathrm{d}u=\dfrac{\partial u}{\partial x}\mathrm{d}x+\dfrac{\partial u}{\partial y}\mathrm{d}y,\mathrm{d}v=\dfrac{\partial v}{\partial x}\mathrm{d}x+\dfrac{\partial v}{\partial y}\mathrm{d}y$,将方程组两边求全微分,由方程组解出

$\mathrm{d}u,\mathrm{d}v$,由全微分的形式不变性,得到 $\dfrac{\partial u}{\partial x},\dfrac{\partial u}{\partial y},\dfrac{\partial v}{\partial x},\dfrac{\partial v}{\partial y}.$

方程组两边求全微分,得

$$\begin{cases}u\mathrm{d}x+x\mathrm{d}u-v\mathrm{d}y-y\mathrm{d}v=0\\ u\mathrm{d}y+y\mathrm{d}u+v\mathrm{d}x+x\mathrm{d}v=0\end{cases},\quad 即\quad \begin{cases}x\mathrm{d}u-y\mathrm{d}v=-u\mathrm{d}x+v\mathrm{d}y\\ y\mathrm{d}u+x\mathrm{d}v=-v\mathrm{d}x-u\mathrm{d}y\end{cases},$$

解得

$$\begin{cases}\mathrm{d}u=\dfrac{1}{x^2+y^2}[(-xu-yv)\mathrm{d}x+(xv-yu)\mathrm{d}y]\\ \mathrm{d}v=\dfrac{1}{x^2+y^2}[(yu-xv)\mathrm{d}x+(-xu-yv)\mathrm{d}y]\end{cases},$$

所以

$$\frac{\partial u}{\partial x}=-\frac{xu+yv}{x^2+y^2},\quad \frac{\partial u}{\partial y}=\frac{xv-yu}{x^2+y^2},\quad \frac{\partial v}{\partial x}=\frac{yu-xv}{x^2+y^2},\quad \frac{\partial v}{\partial y}=-\frac{xu+yv}{x^2+y^2}.$$

这两种方法的区别在于:

公式推导法中,方程两边求(偏)导数时,需要知道所确定的隐函数中变量之间的关系;全微分法中,方程两边求全微分时,所有的变量均视为自变量.

习题 7-5

1. 求下列隐函数的导数 $\dfrac{\mathrm{d}y}{\mathrm{d}x}$:

(1) $\sin y+\mathrm{e}^x-xy^2=0$;　　　　(2) $\ln \sqrt{x^2+y^2}=\arctan \dfrac{y}{x}.$

2. 求下列隐函数的偏导数 $\dfrac{\partial z}{\partial x},\dfrac{\partial z}{\partial y}$:

(1) $x+2y+z-2\sqrt{xyz}=0$;　　(2) $\dfrac{x}{z}=1+\ln \dfrac{z}{y}.$

3. 设 $x=x(y,z),y=y(x,z),z=z(x,y)$ 都是由方程 $F(x,y,z)=0$ 所确定的具有连续偏导数的函数,证明: $\dfrac{\partial x}{\partial y}\cdot\dfrac{\partial y}{\partial z}\cdot\dfrac{\partial z}{\partial x}=-1.$

4. 设 $z=f(x+y+z,xyz)$,求 $\dfrac{\partial z}{\partial x},\dfrac{\partial x}{\partial y},\dfrac{\partial y}{\partial z}.$

5. 设 $x^2+y^2+z^2-4z=0$，求 $\dfrac{\partial z}{\partial x},\dfrac{\partial^2 z}{\partial x^2}$.

6. 设 $z=f(x,y)$ 是由方程 $z^3-3xyz=a^3$（a 是常数）所确定的函数，求 $\dfrac{\partial z}{\partial x},\dfrac{\partial z}{\partial y}$ 及 $\dfrac{\partial^2 z}{\partial x\partial y}$.

7. 设方程 $x+y+z=\mathrm{e}^z$ 确定了隐函数 $z=z(x,y)$，求 $\dfrac{\partial z}{\partial x},\dfrac{\partial z}{\partial y},\dfrac{\partial^2 z}{\partial x^2},\dfrac{\partial^2 z}{\partial x\partial y},\dfrac{\partial^2 z}{\partial y^2}$.

8. 设 $\begin{cases}x^2+y^2+z^2=50\\x+2y+3z=4\end{cases}$，求 $\dfrac{\mathrm{d}y}{\mathrm{d}x},\dfrac{\mathrm{d}z}{\mathrm{d}x}$.

9. 设 $\begin{cases}u^2+v^2-x^2-y=0\\-u+v-xy+1=0\end{cases}$，求 $\dfrac{\partial x}{\partial u},\dfrac{\partial y}{\partial u}$.

10. 设方程组 $\begin{cases}x=-u^2+v\\y=u+v^2\end{cases}$ 确定了反函数组 $\begin{cases}u=u(x,y)\\v=v(x,y)\end{cases}$，求 $\dfrac{\partial u}{\partial x},\dfrac{\partial v}{\partial x},\dfrac{\partial u}{\partial y},\dfrac{\partial v}{\partial y}$.

7.6 微分法在几何上的应用

在第 2 章中我们学习了平面曲线切线的定义与切线方程的求法,这一节将讨论空间曲线的切线方程及曲面的切平面方程的求法.

7.6.1 空间曲线的切线与法平面

1.切线、切向量、法平面的概念

与平面曲线类似,空间曲线的切线有如下定义:

设在空间曲线 Γ 上有一个定点 M,在其邻近处取 Γ 上另一点 M',并做割线 MM'. 令 M' 沿 Γ 趋近 M,如果割线无限接近于直线 MT,称割线 MM' 的极限位置 MT 是曲线 Γ 在点 M 的**切线**,如图 7-12 所示.

切线的方向向量称为曲线在点 M 处的**切向量**,记为 τ.

过点 M 与切线垂直的平面称为曲线在该点的**法平面**.

2. 空间曲线的切线、法平面方程

下面就曲线方程的三种不同形式进行讨论.

情形 1（参数方程）

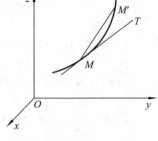

图 7-12

设空间曲线 Γ 的方程为 $\begin{cases}x=\varphi(t)\\y=\psi(t)\\z=\omega(t)\end{cases}$，$\psi(t),\varphi(t),\omega(t)$ 均可导,且导数不全为零,求对应 t_0 的点 $M_0(x_0,y_0,z_0)$ 处的切线方程与法平面方程.

为求得该点处的切线,在 Γ 上任取与 $M_0(x_0,y_0,z_0)$ 邻近的 $t=t_0+\Delta t$ 对应的另一

点 $M(x_0+\Delta x, y_0+\Delta y, z_0+\Delta z)$，则割线 M_0M 的方程是

$$\frac{x-x_0}{\Delta x}=\frac{y-y_0}{\Delta y}=\frac{z-z_0}{\Delta z},$$

或

$$\frac{x-x_0}{\dfrac{\Delta x}{\Delta t}}=\frac{y-y_0}{\dfrac{\Delta y}{\Delta t}}=\frac{z-z_0}{\dfrac{\Delta z}{\Delta t}}.$$

由切线的定义，当 $M\to M_0$ 时，割线方向向量的极限为切向量，此时，$\Delta t\to 0$，因此，曲线在点 $M_0(x_0,y_0,z_0)$ 处的切向量为

$$(\lim_{\Delta t\to 0}\frac{\Delta x}{\Delta t},\lim_{\Delta t\to 0}\frac{\Delta y}{\Delta t},\lim_{\Delta t\to 0}\frac{\Delta z}{\Delta t}),$$

即

$$\boldsymbol{\tau}=(\varphi'(t_0),\psi'(t_0),\omega'(t_0)).$$

所以，曲线在点 $M_0(x_0,y_0,z_0)$ 处的切线方程为

$$\frac{x-x_0}{\varphi'(t_0)}=\frac{y-y_0}{\psi'(t_0)}=\frac{z-z_0}{\omega'(t_0)}.$$

法平面方程为

$$\varphi'(t_0)(x-x_0)+\psi'(t_0)(y-y_0)+\omega'(t_0)(z-z_0)=0.$$

【例1】　求曲线 $\Gamma: x=t, y=t^2, z=t^3$ 在 $t=1$ 对应点处的切线方程和法平面方程.

解　当 $t=1$ 时，$x=1, y=1, z=1$，又

$$x'=1,\quad y'=2t,\quad z'=3t^2,$$

代入得切向量　$\boldsymbol{\tau}=(x'(1),y'(1),z'(1))=(1,2,3).$

因此，切线方程为

$$\frac{x-1}{1}=\frac{y-1}{2}=\frac{z-1}{3},$$

法平面方程为

$$(x-1)+2(y-1)+3(z-1)=0,$$

即

$$x+2y+3z-6=0.$$

【例2】　求曲线 $\Gamma: x=t-\sin t, y=1-\cos t, z=4\sin\dfrac{t}{2}$ 在点 $\left(\dfrac{\pi}{2}-1,1,2\sqrt{2}\right)$ 处的切线方程和法平面方程.

解　点 $\left(\dfrac{\pi}{2}-1,1,2\sqrt{2}\right)$ 对应于 $t=\dfrac{\pi}{2}$，又

$$x'=1-\cos t,\quad y'=\sin t,\quad z'=2\cos\frac{t}{2},$$

切向量为　$\boldsymbol{\tau}=\left(x'\left(\dfrac{\pi}{2}\right),y'\left(\dfrac{\pi}{2}\right),z'\left(\dfrac{\pi}{2}\right)\right)=(1,1,\sqrt{2}),$

切线方程为　$\dfrac{x-\dfrac{\pi}{2}+1}{1}=\dfrac{y-1}{1}=\dfrac{z-2\sqrt{2}}{\sqrt{2}},$

法平面方程为　$\left(x-\dfrac{\pi}{2}+1\right)+(y-1)+\sqrt{2}(z-2\sqrt{2})=0,$

即
$$x+y+\sqrt{2}z-\frac{\pi}{2}-4=0.$$

情形 2

设空间曲线 Γ 方程为：$\begin{cases} y=\phi(x) \\ z=\psi(x) \end{cases}$，$\phi(x),\psi(x)$ 均可导，则 Γ 的参数方程为

$$\begin{cases} x=x \\ y=\varphi(x) \\ z=\psi(x) \end{cases},$$

从而，曲线 Γ 在 $M(x_0,y_0,z_0)$ 处的切线方程为

$$\frac{x-x_0}{1}=\frac{y-y_0}{\varphi'(x_0)}=\frac{z-z_0}{\psi'(x_0)},$$

法平面方程为

$$(x-x_0)+\varphi'(x_0)(y-y_0)+\psi'(x_0)(z-z_0)=0.$$

情形 3(一般式方程)

设空间曲线 Γ 的方程为：$\begin{cases} F(x,y,z)=0 \\ G(x,y,z)=0 \end{cases}$，设 $M_0(x_0,y_0,z_0)$ 是曲线 Γ 上一定点，且

$F(x,y,z),G(x,y,z)$ 在 M_0 的某邻域内都存在一阶连续的偏导数，且 $\begin{vmatrix} F_y & F_z \\ G_y & G_z \end{vmatrix}\neq 0$，下

求点 $M_0(x_0,y_0,z_0)$ 处的切线方程与法平面方程.

由隐函数存在定理知，方程组 $\begin{cases} F(x,y,z)=0 \\ G(x,y,z)=0 \end{cases}$ 可确定一元函数组 $\begin{cases} y=y(x) \\ z=z(x) \end{cases}$，且

$$y'(x)=-\frac{\begin{vmatrix} F_x & F_z \\ G_x & G_z \end{vmatrix}}{\begin{vmatrix} F_y & F_z \\ G_y & G_z \end{vmatrix}}, \quad z'(x)=-\frac{\begin{vmatrix} F_y & F_x \\ G_y & G_x \end{vmatrix}}{\begin{vmatrix} F_y & F_z \\ G_y & G_z \end{vmatrix}}.$$

由情形 2 得，曲线 Γ 在点 $M_0(x_0,y_0,z_0)$ 的切向量为 $\tau=(1,y'(x_0),z'(x_0))$，于是曲线 Γ 在点 $M_0(x_0,y_0,z_0)$ 的切线方程为

$$\frac{x-x_0}{1}=\frac{y-y_0}{-\dfrac{\begin{vmatrix} F_x & F_z \\ G_x & G_z \end{vmatrix}}{\begin{vmatrix} F_y & F_z \\ G_y & G_z \end{vmatrix}}}=\frac{z-z_0}{-\dfrac{\begin{vmatrix} F_y & F_x \\ G_y & G_x \end{vmatrix}}{\begin{vmatrix} F_y & F_z \\ G_y & G_z \end{vmatrix}}}\Bigg|_{M_0},$$

即
$$\frac{x-x_0}{\begin{vmatrix} F_y & F_z \\ G_y & G_z \end{vmatrix}_{M_0}}=\frac{y-y_0}{\begin{vmatrix} F_z & F_x \\ G_z & G_x \end{vmatrix}_{M_0}}=\frac{z-z_0}{\begin{vmatrix} F_x & F_y \\ G_x & G_y \end{vmatrix}_{M_0}},$$

曲线 Γ 在点 $M_0(x_0,y_0,z_0)$ 处的切向量为

$$\tau=\begin{vmatrix} i & j & k \\ F_x & F_y & F_z \\ G_x & G_y & G_z \end{vmatrix}_{M_0};$$

法平面方程为

$$\begin{vmatrix} F_y & F_z \\ G_y & G_z \end{vmatrix}_{M_0}(x-x_0)+\begin{vmatrix} F_z & F_x \\ G_z & G_x \end{vmatrix}_{M_0}(y-y_0)+\begin{vmatrix} F_x & F_y \\ G_x & G_y \end{vmatrix}_{M_0}(z-z_0)=0.$$

【例 3】 求曲线 $\begin{cases} x^2+z^2=10 \\ y^2+z^2=10 \end{cases}$ 在点 $(1,1,3)$ 处的切线方程及法平面方程.

解　令 $F(x,y,z)=x^2+z^2-10$，$G(x,y,z)=y^2+z^2-10$

则　　　　　$F_x=2x,F_y=0,F_z=2z,\quad G_x=0,G_y=2y,G_z=2z,$

故　$\tau=\begin{vmatrix} i & j & k \\ F_x & F_y & F_z \\ G_x & G_y & G_z \end{vmatrix}_{(1,1,3)}=\begin{vmatrix} i & j & k \\ 2 & 0 & 6 \\ 0 & 2 & 6 \end{vmatrix}=(-12,-12,4)$（可化作 $(3,3,-1)$），

故所求的切线方程为

$$\frac{x-1}{3}=\frac{y-1}{3}=\frac{z-3}{-1},$$

法平面方程为

$$3x+3y-z=3.$$

7.6.2　曲面的切平面与法线

1. 切平面法线的概念

设有曲面 $\Sigma:F(x,y,z)=0$（见图 7-13），$M(x_0,y_0,z_0)$ 为 Σ 上的一点，函数 $F(x,y,z)$ 在点 M 的偏导数连续且不全为零，则在曲面 Σ 上的任意一条过点 M 的光滑曲线在点 M 的切线都在同一个平面 π 上，这个平面称为曲面 Σ 在点 M 的**切平面**. 称曲面在点 M 处切平面的法向量为曲面在点 M 处的**法向量**. 过 M 点垂直于切平面的直线，称为曲面 Σ 在点 M 的**法线**.

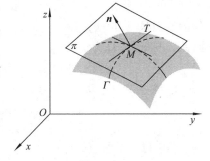

图 7-13

2. 切平面法线方程的求法

下面就曲面方程的两种不同形式进行讨论.

（1）设曲面方程为

$$\Sigma:F(x,y,z)=0,$$

点 $M_0(x_0,y_0,z_0)$ 为 Σ 上任取的一点，函数 $F(x,y,z)$ 在 M_0 处的偏导数连续且不全为零，下求曲面 Σ 在点 M_0 的切平面方程.

分析　只需求曲面的法向量，在曲面 Σ 上任意做一条过 M_0 的曲线

$$\Gamma:\begin{cases} x=x(t) \\ y=y(t) \quad (\alpha\leqslant t\leqslant\beta), \\ z=z(t) \end{cases}$$

其中 $x(t),y(t),z(t)$ 在点 M_0 对应的 t_0 处可导,且导数不同时为零. 因 $\Gamma \subset \Sigma$,所以可以将 Γ 的方程代入曲面方程,即

$$F(x(t),y(t),z(t)) \equiv 0.$$

由 $F(x,y,z)$ 在点 M_0 处的偏导数连续及 $x(t),y(t),z(t)$ 在 t_0 处可导,得

$$\left.\frac{\mathrm{d}F}{\mathrm{d}t}\right|_{t=t_0}=0,$$

即 $$F'_x(M_0)\varphi'(t_0)+F'_y(M_0)\psi'(t_0)+F'_z(M_0)\omega'(t_0)=0.$$

令 $\boldsymbol{n}=(F'_x(M_0),F'_y(M_0),F'_z(M_0))$,而 $\boldsymbol{\tau}=(\varphi'(t_0),\psi'(t_0),\omega'(t_0))$ 是曲线 Γ 在 M_0 处的切向量,上式化为 $\boldsymbol{n} \cdot \boldsymbol{\tau}=0$.

这说明曲面 Σ 上的任意一条过点 M_0 的光滑曲线在点 M_0 的切线均与非零定向量 $\boldsymbol{n}$ 正交,由切平面的定义,$\boldsymbol{n}$ 为曲面 Σ 在 M_0 的法向量,过 M_0 以 $\boldsymbol{n}$ 为法向量的平面为所求的切平面. 因此,法向量为

$$\boldsymbol{n}=(F'_x(M_0),F'_y(M_0),F'_z(M_0)),$$

切平面方程为

$$F'_x(M_0)(x-x_0)+F'_y(M_0)(y-y_0)+F'_z(M_0)(z-z_0)=0.$$

法线方程为

$$\frac{x-x_0}{F'_x(M_0)}=\frac{y-y_0}{F'_y(M_0)}=\frac{z-z_0}{F'_y(M_0)}.$$

(2) 设曲面 Σ 的方程为

$$z=f(x,y).$$

点 $M_0(x_0,y_0,f(x_0,y_0))$ 为 Σ 上任取的一点,若函数 $f(x,y)$ 在点 (x_0,y_0) 处的偏导数连续,下求曲面 Σ 在点 M_0 处的切平面方程.

令 $F(x,y,z)=f(x,y)-z$ 或 $G(x,y,z)=z-f(x,y)$,则曲面 Σ 在 $M_0(x_0,y_0,z_0)$ 处的法向量为 $\boldsymbol{n}=(f'_x(x_0,y_0),f'_y(x_0,y_0),-1)$ 或 $\boldsymbol{n}=(-f'_x(x_0,y_0),-f'_y(x_0,y_0),1)$. 因此,切平面方程为

$$f'_x(x_0,y_0)(x-x_0)+f'_y(x_0,y_0)(y-y_0)-(z-z_0)=0,$$

法线方程为

$$\frac{x-x_0}{f'_x(x_0,y_0)}=\frac{y-y_0}{f'_y(x_0,y_0)}=\frac{z-z_0}{-1}.$$

【例 4】 求曲面 $z-\mathrm{e}^z+2xy=3$ 在点 $(1,2,0)$ 处的切平面方程及法线方程.

解 令 $$F(x,y,z)=z-\mathrm{e}^z+2xy-3,$$

则点 $(1,2,0)$ 处的法向量为

$$\boldsymbol{n}=(F'_x,F'_y,F'_z)|_{(1,2,0)}=(2y,2x,1-\mathrm{e}^z)|_{(1,2,0)}=(4,2,0),$$

因此,切平面方程为

$$4(x-1)+2(y-2)+0 \cdot (z-0)=0,$$

即 $$2x+y-4=0,$$

法线方程为

$$\frac{x-1}{2}=\frac{y-2}{1}=\frac{z}{0}.$$

【例 5】 求圆锥面 $z=\sqrt{x^2+y^2}$ 在点 $(3,4,5)$ 处的切平面方程及法线方程.

解 令 $F(x,y,z)=\sqrt{x^2+y^2}-z$, 则法向量为

$$\boldsymbol{n}\Big|_{(3,4,5)}=\left(\frac{x}{\sqrt{x^2+y^2}},\frac{y}{\sqrt{x^2+y^2}},-1\right)\Big|_{(3,4,5)}=\left(\frac{3}{5},\frac{4}{5},-1\right),$$

切平面方程为

$$3(x-3)+4(y-4)-5(z-5)=0,$$

即

$$3x+4y-5z=0,$$

法线方程为

$$\frac{x-3}{3}=\frac{y-4}{4}=\frac{z-5}{-5}.$$

【例 6】 在曲面 $z=x^2+\dfrac{1}{4}y^2-1$ 上求一点,使得该点的切平面与平面 $2x+y+z=0$ 平行,并求出该点的切平面方程.

解 设曲面上的切点为 (x_0,y_0,z_0),则法向量为

$$\boldsymbol{n}=\left(2x_0,\frac{1}{2}y_0,-1\right),$$

依题意,切平面平行于已知平面,因此有

$$\frac{2x_0}{2}=\frac{\frac{1}{2}y_0}{1}=\frac{-1}{1},$$

即所求切点为

$$(-1,-2,1),$$

切平面方程为

$$2(x+1)+(y+2)+(z-1)=0,$$

即

$$2x+y+z+3=0.$$

7.6.3　全微分的几何意义

设函数 $z=f(x,y)$ 在 $P_0(x_0,y_0)$ 处可微,则曲面 $z=f(x,y)$ 在点 $M_0(x_0,y_0,z_0)$ 处的切平面方程为

$$f'_x(x_0,y_0)(x-x_0)+f'_y(x_0,y_0)(y-y_0)-(z-z_0)=0,$$

即

$$z-z_0=f'_x(x_0,y_0)(x-x_0)+f'_y(x_0,y_0)(y-y_0),$$

注意到,等式左边为切平面上点的竖坐标 z 的增量,等式右边恰为 $z=f(x,y)$ 在点 (x_0,y_0) 的全微分 $\mathrm{d}z$,因此函数 $z=f(x,y)$ 在点 $P_0(x_0,y_0)$ 处的全微分 $\mathrm{d}z$,等于曲面 $z=f(x,y)$ 在点 $M_0(x_0,y_0,z_0)$ 处的切平面在点 $P_0(x_0,y_0)$ 处的竖坐标的增量.

可见,全微分的几何意义与一元函数微分的几何意义类似.

最后,我们介绍一下平面曲线的切向量与法向量.

设平面曲线 L 的方程为 $\begin{cases} x=\varphi(t) \\ y=\psi(t) \end{cases}$ ($\varphi(t),\psi(t)$均可导,且导数不全为零),则对应于 t_0 的点 (x_0,y_0) 处的切向量为 $\boldsymbol{\tau}=(\varphi'(t_0),\psi'(t_0))$,法向量为 $\boldsymbol{n}=(-\psi'(t_0),\varphi'(t_0))$;

设平面曲线 L 的方程为 $F(x,y)=0$($F(x,y)$可微),则点 $P_0(x_0,y_0)$ 处的法向量为 $\boldsymbol{n}=(F_x'(P_0),F_y'(P_0))$,切向量为 $\boldsymbol{\tau}=(-F_y'(P_0),F_x'(P_0))$;特别地,设平面曲线 L 的方程为 $y=f(x)$($f(x)$可导),则点 $(x_0,f(x_0))$ 处的法向量为 $\boldsymbol{n}=(-f'(x_0),1)$,切向量为 $\boldsymbol{\tau}=(1,f'(x_0))$.

习题 7-6

1. 求下列曲线在给定点处的切线方程和法平面方程:

(1) $\begin{cases} x=\cos t \\ y=\sin t \\ z=\tan \dfrac{t}{2} \end{cases}$ 在点 $(0,1,1)$ 处;

(2) $\begin{cases} x=\dfrac{t}{1+t} \\ y=\dfrac{t+1}{t} \\ z=t^2 \end{cases}$ 在对应于 $t_0=1$ 的点处;

(3) $\begin{cases} x^2+y^2+z^2=6 \\ x+y+z=0 \end{cases}$ 在点 $(1,-2,1)$ 处.

2. 求下列曲面在给定点处的切平面方程和法线方程:

(1) $x^2+y^2+z^2=14$ 在点 $(1,2,3)$ 处;

(2) $x^2-xy-8x+z+5=0$ 在点 $(2,-3,1)$ 处;

(3) $z=\arctan\dfrac{y}{x}$ 在点 $\left(1,1,\dfrac{\pi}{4}\right)$ 处.

3. 求出曲线 $\begin{cases} y=-x^2 \\ z=x^3 \end{cases}$ 上一点,使在该点的切线平行于已知平面 $x+2y+z=4$.

4. 在曲面 $z=xy$ 上求一点,使该点的法线垂直于平面 $x+3y+z=-9$,并求出法线方程.

5. 求数 λ,使得平面 $3x+\lambda y-3z+16=0$ 与椭球面 $3x^2+y^2+z^2=16$ 相切.

6. 求曲面 $x^2+2y^2+3z^2=21$ 的平行于平面 $x+4y+6z=0$ 的切平面方程.

7. 试证:曲面 $\sqrt{x}+\sqrt{y}+\sqrt{z}=\sqrt{a}$ $(a>0)$ 在任何点处的切平面在各坐标轴上的截距之和等于 a.

7.7　方向导数与梯度

7.7.1　引例

一块长方形的金属板四个顶点的坐标是$(1,1),(5,1),(1,3),(5,3)$. 在坐标原点处有一个火焰,它使金属板受热. 假定板上任意一点处的温度与该点到原点的距离成反比. 一只蚂蚁在金属板上逃生至点$(3,2)$处,问这只蚂蚁在该点应沿什么方向爬行,才能最快到达较凉快的地点?

分析　金属板的温度函数是二元函数 $T(x,y)=\dfrac{1}{\sqrt{x^2+y^2}}$,其定义域是以$(1,1)$、$(5,1)$、$(1,3)$、$(5,3)$为顶点的矩形区域 D,蚂蚁应沿由热到冷变化最剧烈的方向爬行. 需要求出温度 T 在点$(3,2)$处沿不同方向的变化率,从而确定温度下降最快的方向. 为此,引入方向导数与梯度的概念.

7.7.2　方向导数

1. 方向导数的定义

首先讨论函数 $z=f(x,y)$ 在点 $P_0(x_0,y_0)$ 处沿任意方向的变化率.

设函数 $z=f(x,y)$ 在点 P_0 的某一邻域 $U(P_0)$ 内有定义,自点 P_0 引射线 l,射线 l 的方向角分别为 α,β,如图 7-14 所示,求 $z=f(x,y)$ 沿着射线 l 方向的变化率.

设 $P(x_0+\Delta x,y_0+\Delta y)$ 为射线 l 上的另一点,记 P_0,P 之间的距离为 ρ,则

$$\rho=\sqrt{(\Delta x)^2+(\Delta y)^2}.$$

此时,　　　　$\Delta x=\rho\cos\alpha,\quad \Delta y=\rho\cos\beta.$

函数 $f(x,y)$ 在点 $P_0(x_0,y_0)$ 处的增量为

$$\Delta z=f(x_0+\Delta x,y_0+\Delta y)-f(x_0,y_0),$$

即　　$\Delta z=f(x_0+\rho\cos\alpha,y_0+\rho\cos\beta)-f(x_0,y_0),$

则 Δz 与 ρ 的比值的极限

$$\lim_{\rho\to 0^+}\frac{\Delta z}{\rho}=\lim_{\rho\to 0^+}\frac{f(x_0+\rho\cos\alpha,y_0+\rho\cos\beta)-f(x_0,y_0)}{\rho}$$

就是函数 $z=f(x,y)$ 在点 $P_0(x_0,y_0)$ 处沿着射线 l 方向的变化率.

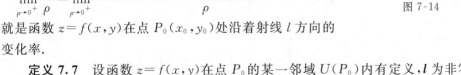

图 7-14

定义 7.7　设函数 $z=f(x,y)$ 在点 P_0 的某一邻域 $U(P_0)$ 内有定义,l 为非零向量,其方向角为 α 和 β,若极限

$$\lim_{\rho\to 0^+}\frac{f(x_0+\rho\cos\alpha,y_0+\rho\cos\beta)-f(x_0,y_0)}{\rho}$$

存在,称此极限为函数 $z=f(x,y)$ 在点 P_0 处沿 l 的**方向导数**,记为 $\dfrac{\partial f}{\partial l}\Big|_{P_0}$,即

$$\frac{\partial f}{\partial l}\Big|_{P_0} = \lim_{\rho\to 0^+}\frac{f(x_0+\rho\cos\alpha,y_0+\rho\cos\beta)-f(x_0,y_0)}{\rho}.$$

注意 (1)方向导数的几何意义.方向导数 $\dfrac{\partial f}{\partial l}\Big|_{P_0}$ 表示函数 $z=f(x,y)$ 在点 P_0 处沿方向 l 的变化率.

(2)方向导数存在性与偏导数存在性之间的关系.若函数 $z=f(x,y)$ 在点 P_0 处的偏导数 f_x,f_y 存在,则函数 $f(x,y)$ 在点 P_0 处沿着 x 轴正向、负向,y 轴正向、负向的方向导数均存在;反之,$z=f(x,y)$ 在点 P_0 处沿任何方向 l 的方向导数都存在并不能保证偏导数 f_x,f_y 存在,如下例.

【例1】 证明函数 $z=\sqrt{x^2+y^2}$ 在 $(0,0)$ 处沿任何方向 l 的方向导数都存在,但偏导数 $\dfrac{\partial z}{\partial x}\Big|_{(0,0)}$ 不存在.

证明 设 l 为任意非零向量,其方向角为 α,β,则

$$f(0+\rho\cos\alpha,0+\rho\cos\beta)-f(0,0)=\sqrt{(\rho\cos\alpha)^2+(\rho\cos\beta)^2}-0=\rho-0,$$

所以 $\dfrac{\partial f}{\partial l}\Big|_{(0,0)}=\lim_{\rho\to 0^+}\dfrac{f(0+\rho\cos\alpha,0+\rho\cos\beta)-f(0,0)}{\rho}=\lim_{\rho\to 0^+}\dfrac{\rho-0}{\rho}=1,$

即函数 $z=\sqrt{x^2+y^2}$ 在点 $(0,0)$ 处沿任何方向 l 的方向导数都存在;而偏导数

$$\frac{\partial z}{\partial x}\Big|_{(0,0)}=\lim_{\Delta x\to 0}\frac{f(\Delta x,0)-f(0,0)}{\Delta x}=\lim_{\Delta x\to 0}\frac{|\Delta x|}{\Delta x}$$

不存在. 证毕.

类似可得三元函数**方向导数**的定义:三元函数 $u=f(x,y,z)$ 在空间一点 $P_0(x_0,y_0,z_0)$ 处沿着方向 l 的方向导数为

$$\frac{\partial f}{\partial l}\Big|_{P_0}=\lim_{\rho\to 0^+}\frac{f(x_0+\rho\cos\alpha,y_0+\rho\cos\beta,z_0+\rho\cos\gamma)-f(x_0,y_0,z_0)}{\rho},$$

其中 α,β,γ 为方向 l 的方向角.

2. 方向导数的计算

定理7.8 如果函数 $z=f(x,y)$ 在点 $P(x,y)$ 处是可微分的,则函数 $z=f(x,y)$ 在点 $P(x,y)$ 处沿任意方向 l 的方向导数都存在,且有

$$\frac{\partial f}{\partial l}=\frac{\partial f}{\partial x}\cdot\cos\alpha+\frac{\partial f}{\partial y}\cdot\cos\beta,$$

其中 α,β 为 l 的方向角.

证明 由函数 $f(x,y)$ 在点 $P(x,y)$ 处可微分知,函数在点 $P(x,y)$ 处的增量可表示为

$$\Delta z=\frac{\partial f}{\partial x}\cdot\Delta x+\frac{\partial f}{\partial y}\cdot\Delta y+o(\rho),$$

其中 $\rho=\sqrt{(\Delta x)^2+(\Delta y)^2}$,特别地 $f(x,y)$ 沿方向 l 的增量为

$$\Delta z = \frac{\partial f}{\partial x} \cdot \rho \cdot \cos \alpha + \frac{\partial f}{\partial y} \cdot \rho \cdot \cos \beta + o(\rho),$$

于是

$$\frac{\Delta z}{\rho} = \frac{\partial f}{\partial x} \cdot \cos \alpha + \frac{\partial f}{\partial y} \cdot \cos \beta + \frac{o(\rho)}{\rho},$$

因此

$$\frac{\partial f}{\partial l}\bigg|_{(0,0)} = \lim_{\rho \to 0^+} \frac{\Delta z}{\rho} = \frac{\partial f}{\partial x} \cdot \cos \alpha + \frac{\partial f}{\partial y} \cdot \cos \beta.$$

证毕.

类似地,如果三元函数 $u = f(x, y, z)$ 在点 $M(x, y, z)$ 处可微分,则 $u = f(x, y, z)$ 在点 $M(x, y, z)$ 处沿方向 l 的方向导数为

$$\frac{\partial u}{\partial l} = \frac{\partial u}{\partial x} \cdot \cos \alpha + \frac{\partial u}{\partial y} \cdot \cos \beta + \frac{\partial u}{\partial z} \cdot \cos \gamma,$$

其中　$l^0 = \frac{1}{|l|} l = (\cos \alpha, \cos \beta, \cos \gamma)$.

需要注意的是,定理中的可微分不是方向导数存在的必要条件.

例如:$z = \sqrt{x^2 + y^2}$ 在点 $(0,0)$ 处沿任意方向 l 的方向导数 $\dfrac{\partial f}{\partial l}\bigg|_{(0,0)} = 1$ 都存在,因偏导数 $\dfrac{\partial z}{\partial x}\bigg|_{(0,0)}$ 不存在,从而不可微.

【例 2】 求函数 $z = xe^{2y}$ 在点 $P(1,0)$ 处沿从点 $P(1,0)$ 到点 $Q(2,2)$ 方向的方向导数:

解　$l = \overrightarrow{PQ} = (1,2)$,故 $l^0 = \dfrac{1}{|l|} l = \left(\dfrac{1}{\sqrt{5}}, \dfrac{2}{\sqrt{5}}\right)$,

$$\frac{\partial z}{\partial x}\bigg|_{(1,0)} = e^{2y}\big|_{(1,0)} = 1, \quad \frac{\partial z}{\partial y}\bigg|_{(1,0)} = 2xe^{2y}\big|_{(1,0)} = 2,$$

所以

$$\frac{\partial z}{\partial l}\bigg|_{(1,0)} = 1 \cdot \frac{1}{\sqrt{5}} + 2 \cdot \frac{2}{\sqrt{5}} = \sqrt{5}.$$

【例 3】 设 n 是椭球面 $2x^2 + 3y^2 + z^2 = 6$ 在点 $P(1,1,1)$ 处的指向外侧的法向量,求函数 $u = \dfrac{1}{z}(6x^2 + 8y^2)^{\frac{1}{2}}$ 在点 $P(1,1,1)$ 处沿方向 n 的方向导数.

解　令　　　　　$F(x, y, z) = 2x^2 + 3y^2 + z^2 - 6$,

则　　　$F_x'|_P = 4x|_P = 4, \quad F_y'|_P = 6y|_P = 6, \quad F_z'|_P = 2z|_P = 2$,

故法向量为

$$\pm (F_x', F_y', F_z')|_P = \pm(4, 6, 2).$$

又　　　　　　　　　$|n| = 2\sqrt{14}$,

因此　　　$n^0 = \frac{1}{|n|} n = (\cos \alpha, \cos \beta, \cos \gamma) = \left(\frac{2}{\sqrt{14}}, \frac{3}{\sqrt{14}}, \frac{1}{\sqrt{14}}\right)$.

又　　$\dfrac{\partial u}{\partial x}\bigg|_P = \dfrac{6x}{z\sqrt{6x^2 + 8y^2}}\bigg|_P = \dfrac{6}{\sqrt{14}}, \quad \dfrac{\partial u}{\partial y}\bigg|_P = \dfrac{8y}{z\sqrt{6x^2 + 8y^2}}\bigg|_P = \dfrac{8}{\sqrt{14}}$,

$$\frac{\partial u}{\partial z}\bigg|_P = -\frac{\sqrt{6x^2+8y^2}}{z^2}\bigg|_P = -\sqrt{14},$$

故
$$\frac{\partial u}{\partial \boldsymbol{n}}\bigg|_P = \left(\frac{\partial u}{\partial x}\cdot\cos\alpha+\frac{\partial u}{\partial y}\cdot\cos\beta+\frac{\partial u}{\partial z}\cdot\cos\gamma\right)\bigg|_P = \frac{11}{7}.$$

7.7.3 梯度

方向导数解决了函数在指定点处沿某个方向的变化率的问题,为求解类似于引例中的问题:函数在指定点处沿哪个方向的变化率最大(小),下面引入梯度的概念.

定义7.7 设函数 $z=f(x,y)$ 在平面区域 D 内具有一阶连续偏导数,则对于每一点 $P(x,y)\in D$,称向量 $\frac{\partial f}{\partial x}\boldsymbol{i}+\frac{\partial f}{\partial y}\boldsymbol{j}$ 为函数 $z=f(x,y)$ 在点 $P(x,y)$ 处的**梯度**,记为 $\mathrm{grad}f(x,y)$,即

$$\mathrm{grad}f(x,y)=\frac{\partial f}{\partial x}\boldsymbol{i}+\frac{\partial f}{\partial y}\boldsymbol{j}=\left(\frac{\partial f}{\partial x},\frac{\partial f}{\partial y}\right).$$

梯度与方向导数的关系如下:

设 $\boldsymbol{l}^0=\cos\alpha\boldsymbol{i}+\cos\beta\boldsymbol{j}$ 是方向 $\boldsymbol{l}$ 上的单位向量,由方向导数公式知

$$\frac{\partial f}{\partial l}=\frac{\partial f}{\partial x}\cos\alpha+\frac{\partial f}{\partial y}\cos\beta=\left(\frac{\partial f}{\partial x},\frac{\partial f}{\partial y}\right)\cdot(\cos\alpha,\cos\beta)$$

$$=\mathrm{grad}f(x,y)\cdot\boldsymbol{l}^0=|\mathrm{grad}f(x,y)|\cos\theta,$$

其中 θ 为 $\mathrm{grad}f(x,y)$ 与 $\boldsymbol{l}^0$ 的夹角.

可见,对于梯度与方向导数的关系有以下结论:

(1)当 $\cos\theta=1$ 时,即 $\boldsymbol{l}$ 与梯度 $\mathrm{grad}f(x,y)$ 的方向一致,方向导数 $\frac{\partial f}{\partial l}$ 取得最大值 $|\mathrm{grad}f(x,y)|$;当 $\cos\theta=-1$ 时,即 $\boldsymbol{l}$ 与梯度 $\mathrm{grad}f(x,y)$ 的方向相反,方向导数 $\frac{\partial f}{\partial l}$ 取得最小值 $-|\mathrm{grad}f(x,y)|$;当 $\cos\theta=0$ 时,即 $\boldsymbol{l}$ 与 $\mathrm{grad}f(x,y)$ 的方向垂直时,方向导数 $\frac{\partial f}{\partial l}=0$.

(2)函数在某点的梯度是这样一个向量:它的方向与取得最大方向导数的方向一致,而它的模为方向导数的最大值,梯度的模为

$$|\mathrm{grad}f(x,y)|=\sqrt{\left(\frac{\partial f}{\partial x}\right)^2+\left(\frac{\partial f}{\partial y}\right)^2}.$$

在几何上, $z=f(x,y)$ 表示一个曲面,曲面被平面 $z=c$ 截得曲线 $\begin{cases} z=f(x,y) \\ z=c \end{cases}$,该曲线在 xOy 平面上投影曲线的方程为 $f(x,y)=c$,称此投影曲线为 $z=f(x,y)$ 的**等高线**,如图7-15所示.

由于等高线 $f(x,y)=c$ 上任一点 (x,y) 处法线

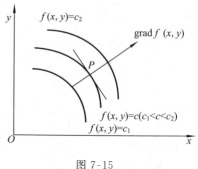

图 7-15

的方向向量为

$$n = \pm(f'_x, f'_y),$$

因此,梯度 $\mathrm{grad} f(x,y) = f'_x \boldsymbol{i} + f'_y \boldsymbol{j}$ 恰为等高线在点 (x,y) 处的一个法向量. 于是,我们得到梯度与等高线的如下关系:

函数 $z = f(x,y)$ 在点 $P(x,y)$ 的**梯度方向**与过点 P 的等高线 $f(x,y) = c$ 在这点的法线的一个方向相同,且从数值较低的等高线指向数值较高的等高线,而**梯度的模**等于函数在这个法线方向的方向导数.

梯度的概念可以推广到三元函数.

三元函数 $u = f(x,y,z)$ 在空间区域 G 内具有一阶连续偏导数,则对于每一点 $P(x,y,z) \in G$,梯度为

$$\mathrm{grad} f(x,y,z) = \frac{\partial f}{\partial x} \cdot \boldsymbol{i} + \frac{\partial f}{\partial y} \cdot \boldsymbol{j} + \frac{\partial f}{\partial z} \cdot \boldsymbol{k}.$$

类似于二元函数,此梯度也是一个向量,其方向与取得最大方向导数的方向一致,其模为方向导数的最大值.

类似地,设曲面 $f(x,y,z) = c$ 为函数 $u = f(x,y,z)$ 的等量面,此函数在点 $P(x,y,z)$ 的梯度的方向与过点 P 的等量面 $f(x,y,z) = c$ 在该点的法线的一个方向相同,且从数值较低的等量面指向数值较高的等量面,而梯度的模等于函数沿这个法线方向的方向导数.

【例 4】 求函数 $u = 2xy - z^2$ 在点 $(2,-1,1)$ 处的梯度,并问该函数在哪些点处梯度为零?

解　由梯度计算公式得

$$\mathrm{grad}\, u(x,y,z) = \frac{\partial u}{\partial x} \cdot \boldsymbol{i} + \frac{\partial u}{\partial y} \cdot \boldsymbol{j} + \frac{\partial u}{\partial z} \cdot \boldsymbol{k} = 2y \cdot \boldsymbol{i} + 2x \cdot \boldsymbol{j} - 2z \cdot \boldsymbol{k},$$

故　　　　　　　　　　$$\mathrm{grad}\, u(2,-1,1) = -2\boldsymbol{i} + 4\boldsymbol{j} - 2\boldsymbol{k},$$

令 $\mathrm{grad}\, u(x,y,z) = 0$,得 $x = y = z = 0$,因此,u 在点 $P_0(0,0,0)$ 处梯度为 **0**.

最后我们求解引例.

【例 5】 一块长方形的金属板,四个顶点的坐标是 $(1,1),(5,1),(1,3),(5,3)$. 在坐标原点处有一个火焰,它使金属板受热. 假定板上任意一点处的温度与该点到原点的距离成反比. 一只蚂蚁在板中逃生至点 $(3,2)$ 处,问这只蚂蚁在该点应沿什么方向爬行,才能最快到达较凉快的地点? 如图 7-16.

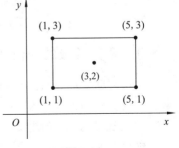

图 7-16

解　考虑二元函数 $T(x,y) = \dfrac{1}{\sqrt{x^2+y^2}}$,其定义域是以 $(1,1)$、$(5,1)$、$(1,3)$、$(5,3)$ 为顶点的矩形区域 D,蚂蚁应在点 $(3,2)$ 处沿由热变冷变化最剧烈的方向爬行,即沿着梯度的相反方向爬行,根据

$$\mathrm{grad}\, T(x,y) = \left(\frac{-x}{\sqrt{(x^2+y^2)^3}}, \frac{-y}{\sqrt{(x^2+y^2)^3}} \right),$$

梯度为 $$\mathrm{grad}\, T(3,2) = \left(\frac{-3}{\sqrt{13^3}}, \frac{-2}{\sqrt{13^3}} \right).$$

所以,这只蚂蚁在该点应沿方向 $\left(\dfrac{3}{\sqrt{13^3}}, \dfrac{2}{\sqrt{13^3}} \right)$ 爬行,才能最快到达较凉快的地点.

习题 7-7

1. 求下列各函数在指定法方向的方向导数:

(1) $f(x,y) = x^2 - xy + y^2$ 在点 $(1,1)$ 处沿 $\boldsymbol{l} = (6,8)$;

(2) $z = x^2 + y^2$ 在点 $P(1,2)$ 处,沿从点 $P(1,2)$ 到点 $Q(2,2+\sqrt{3})$ 的方向;

(3) $u = xy^2 + z^3 - xyz$ 在点 $P(1,1,2)$ 处,沿方向角为 $\alpha = \dfrac{\pi}{3}, \beta = \dfrac{\pi}{4}, \gamma = \dfrac{\pi}{3}$ 的方向;

(4) $z = 1 - \left(\dfrac{x^2}{a^2} + \dfrac{y^2}{b^2} \right)$ 在点 $\left(\dfrac{a}{\sqrt{2}}, \dfrac{b}{\sqrt{2}} \right)$ 处,沿曲线 $\dfrac{x^2}{a^2} + \dfrac{y^2}{b^2} = 1$ 在该点内法线的方向.

2. 求下列各函数在指定点处的梯度:

(1) $z = 4x^2 + 9y^2$ 在点 $(2,1)$ 处;

(2) $u = xy + yz + zx$ 在点 $(1,2,3)$ 处;

(3) $u = \dfrac{1}{\sqrt{x^2+y^2+z^2}}$ 在点 $(1,-1,0)$ 处.

3. 设函数为 $u = \ln(x + \sqrt{y^2+z^2})$,则 u 在点 $(1,0,1)$ 处沿着什么方向的方向导数最大? 其最大方向导数是多少?

4. 一个徒步旅行者爬山,已知山的高度是 $z = 1000 - 2x^2 - 3y^2$,当他在点 $(1,1,995)$ 处时,为了尽可能快地升高,他应沿什么方向爬行?

7.8 多元函数的极值及其求法

7.8.1 多元函数的极值及最值

在实际问题中,往往会遇到多元函数的最大值、最小值问题. 与一元函数类似,多元函数的最大(小)值与极大(小)值有密切关系. 因此,我们先讨论多元函数的极值问题.

1. 二元函数极值的定义

定义 7.8 设点 (x_0, y_0) 是函数 $z = f(x,y)$ 定义域内的点,如果存在点 (x_0, y_0) 的某邻域,使得对于该邻域内任意异于 (x_0, y_0) 的点 (x,y),都满足不等式

$$f(x,y) < f(x_0, y_0),$$

则称函数在点 (x_0, y_0) 有**极大值** $f(x_0, y_0)$;若满足不等式

$$f(x,y)>f(x_0,y_0),$$

则称函数在点 (x_0,y_0) 有**极小值** $f(x_0,y_0)$. 极大值、极小值统称为**极值**,使函数取得极值的点称为**极值点**.

例如,函数 $z=3x^2+4y^2$ 在点 $(0,0)$ 处有极小值;函数 $z=-\sqrt{x^2+y^2}$ 在点 $(0,0)$ 处有极大值;函数 $z=xy$ 在点 $(0,0)$ 处没有极值.

类似地可定义三元函数的极大值和极小值.

2. 多元函数取得极值的条件

多元函数的极值问题一般可用偏导数解决. 以下两个定理讨论了二元函数取得极值的条件.

定理 7.9(必要条件)　设函数 $f(x,y)$ 在点 (x_0,y_0) 处具有偏导数,且在点 (x_0,y_0) 处有极值,则它在该点的偏导数等于零,即

$$f_x(x_0,y_0)=0,\quad f_y(x_0,y_0)=0.$$

证明　不妨设 $f(x,y)$ 在 (x_0,y_0) 处有极大值,由定义知,在点 (x_0,y_0) 的某邻域内的任意点 (x,y),都满足不等式

$$f(x,y)<f(x_0,y_0),$$

特别地,在该邻域内取 $y=y_0,x\neq x_0$ 的点 (x,y_0),应满足

$$f(x,y_0)<f(x_0,y_0),$$

即一元函数 $z=f(x,y_0)$ 在 $x=x_0$ 处取到极大值,所以

$$\left.\frac{\mathrm{d}F(x,y_0)}{\mathrm{d}x}\right|_{x=x_0}=f_x(x_0,y_0)=0.$$

同理可证

$$f_y(x_0,y_0)=0.$$

证毕.

类似地,如果三元函数 $u=f(x,y,z)$ 在点 $P(x_0,y_0,z_0)$ 具有偏导数,则它在点 $P(x_0,y_0,z_0)$ 有极值的必要条件为

$$f_x(x_0,y_0,z_0)=0,\quad f_y(x_0,y_0,z_0)=0,\quad f_z(x_0,y_0,z_0)=0.$$

与一元函数类似,能使多元函数的所有一阶偏导数同时为零的点,称为该函数的**驻点**. 由定理 7.9 知,如果极值点处偏导数存在,则极值点为驻点,但驻点不一定是极值点.

例如,点 $(0,0)$ 是函数 $z=xy$ 的驻点,但不是极值点.

如何判定函数的驻点是否为极值点? 下面的定理给出了驻点是极值点的条件.

定理 7.10(充分条件)　设函数 $f(x,y)$ 在点 (x_0,y_0) 的某邻域内连续,且有一阶及二阶连续偏导数,$f_x(x_0,y_0)=0,f_y(x_0,y_0)=0$,令 $A=f_{xx}(x_0,y_0),B=f_{xy}(x_0,y_0),C=f_{yy}(x_0,y_0)$,则 $f(x,y)$ 在 (x_0,y_0) 处具有以下几种情况:

(1) 当 $AC-B^2>0$ 时具有极值,且当 $A<0$ 时有极大值,当 $A>0$ 时有极小值;

(2) 当 $AC-B^2<0$ 时没有极值;

(3) 当 $AC-B^2=0$ 时可能有极值,也可能没有极值,还需另做讨论.

证明从略.

求具有二阶连续偏导数的函数 $f(x,y)$ 极值的一般步骤如下:

第一步:解方程组 $f_x(x,y)=0,f_y(x,y)=0$,求出实数解,得驻点;

第二步:对于每一个驻点 (x_0,y_0),求出二阶偏导数的值 A、B、C;

第三步:确定 $AC-B^2$ 的符号,再判定 $f(x_0,y_0)$ 是不是极值,是极大值还是极小值.

【例1】 求 $z=x^2+y^2-3x^2y$ 的极值.

解 (1) 令 $f(x,y)=x^2+y^2-3x^2y$,则

$$f_x(x,y)=2x-6xy, \quad f_y(x,y)=2y-3x^2,$$

$$f_{xx}(x,y)=2-6y, \quad f_{xy}(x,y)=-6x, \quad f_{yy}(x,y)=2.$$

(2)解方程组

$$\begin{cases} 2x-6xy=0 \\ 2y-3x^2=0 \end{cases},$$

得驻点 $(0,0)$,$\left(\dfrac{\sqrt{2}}{3},\dfrac{1}{3}\right)$,$\left(-\dfrac{\sqrt{2}}{3},\dfrac{1}{3}\right)$.

(3)关于驻点 $(0,0)$ 有

$$AC-B^2=2 \cdot 2-0^2=4>0, \quad A=2>0,$$

因此,$f(x,y)$ 在点 $(0,0)$ 处取得极小值 $f(0,0)=0$.

关于驻点 $\left(\dfrac{\sqrt{2}}{3},\dfrac{1}{3}\right)$,$\left(-\dfrac{\sqrt{2}}{3},\dfrac{1}{3}\right)$ 均有

$$AC-B^2=-8<0,$$

因此,$f(x,y)$ 在点 $\left(\dfrac{\sqrt{2}}{3},\dfrac{1}{3}\right)$,$\left(-\dfrac{\sqrt{2}}{3},\dfrac{1}{3}\right)$ 处取不到极值.

3. 多元函数的最值

与一元函数类似,我们可以利用多元函数的极值来求函数的最大值、最小值.在 7.1.4 节中指出,如果 $f(x,y)$ 在有界闭区域 D 上连续,则 $f(x,y)$ 在 D 上能取得最大值和最小值.这种使得函数取到最大值和最小值的点可能在 D 的内部,也可能在 D 的边界.因此,求有界闭区域 D 上连续函数 $f(x,y)$ 的最大值和最小值的一般方法是:先求出 $f(x,y)$ 在 D 内的驻点及不可导点(如果有的话)处的函数值,再求出 D 边界上的最大值及最小值,这两类函数值中最大者就是函数在有界闭区域 D 上的**最大值**,最小者是**最小值**.但是,求区域 D 边界上的最大值及最小值,往往是比较复杂的,需要根据具体区域 D 的特点采用相应的方法.

【例2】 求函数 $f(x,y)=x^2-2xy+2y$ 在矩形域 $D=\{(x,y)\,|\,0\leqslant x\leqslant 3,0\leqslant y\leqslant 2\}$ 上的最大值和最小值.

解 首先,求函数 $f(x,y)$ 在 D 内的驻点.由

$$f_x'=2x-2y=0, \quad f_y'=-2x+2=0,$$

求得 $f(x,y)$ 在 D 内的唯一驻点 $(1,1)$,且 $f(1,1)=1$.

其次,求函数 $f(x,y)$ 在 D 边界上的最大值和最小值,如图 7-17 所示.

区域 D 的边界包含四条直线段 L_1,L_2,L_3,L_4.

$$L_1:y=0,0\leqslant x\leqslant 3,$$

此时 $f(x,0)=x^2,0\leqslant x\leqslant 3$,易见,$f$ 在 L_1 上的最大值为 $f(3,0)=9$,最小值为 $f(0,0)=0$.

类似地,在 L_2,L_3 和 L_4 上,$f(x,y)$ 的最大值、最小值分别为:

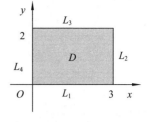

图 7-17

在 L_2 上,$f(3,0)=9,f(3,2)=1$;

在 L_4 上,$f(0,2)=4,f(0,0)=0$;

在 L_3 上,$f(0,2)=4,f(2,2)=0$.

所以,函数在边界上的最大值为 $f(3,0)=9$,最小值为 $f(0,0)=f(2,2)=0$.

$f(1,1)=1$ 与 $f(3,0)=9,f(0,0)=f(2,2)=0$ 比较,得到函数 $f(x,y)$ 在 D 上的最大值为 $f(3,0)=9$,最小值为 $f(0,0)=f(2,2)=0$.

【例3】 求二元函数 $z=f(x,y)=x^2y(4-x-y)$ 在直线 $x+y=6,x$ 轴和 y 轴所围成的闭区域 D(见图 7-18)上的最大值与最小值.

解　先求函数在 D 内的驻点,解方程组

$$\begin{cases} f_x'(x,y)=2xy(4-x-y)-x^2y=0 \\ f_y'(x,y)=x^2(4-x-y)-x^2y=0 \end{cases}$$

得区域 D 内唯一驻点 $(2,1)$,且 $f(2,1)=4$.

再求 $f(x,y)$ 在 D 边界上的最值.

在边界 $x=0$ 和 $y=0$ 上,$f(x,y)=0$.

在边界 $x+y=6$ 上,有 $y=6-x$,于是,令

$$g(x)=f(x,6-x)=x^2(6-x)(-2) \quad (0\leqslant x\leqslant 6).$$

由 $g'(x)=-6x(4-x)=0$ 得驻点 $x_1=0,x_2=4$. 又因为

$$g(0)=0, \quad g(4)=-64, \quad g(6)=0.$$

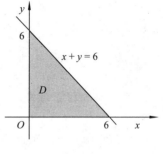

图 7-18

所以,$f(x,y)$ 在 D 边界上的最大值为 0,最小值为 -64.

与 $f(2,1)=4$ 比较可知,$f(x,y)$ 在 D 上的最大值为 $f(2,1)=4$,最小值为 $f(4,2)=-64$.

与一元函数类似,在实际问题中,如果根据问题的性质知函数 $f(x,y)$ 的最大值(最小值)一定在 D 的内部取得,而函数 $f(x,y)$ 在 D 内只有一个驻点,则该驻点就是函数 $f(x,y)$ 在 D 取得最大值(最小值)的点.

【例4】 用铁皮制造一个体积为 $2\ m^3$ 的无盖长方体水箱,问怎样选取它的长、宽、高,才能使所用材料最省?

解　设长方体的长、宽、高分别为 x,y,z,则它的高为 $z=\dfrac{2}{xy}$. 长方体的表面积为

$$S = 2yz + 2xz + xy = 2y \cdot \frac{2}{xy} + 2x \cdot \frac{2}{xy} + xy$$

$$= \frac{4}{y} + \frac{4}{x} + xy(x > 0, y > 0).$$

S 关于 x, y 求偏导,得

$$S'_x = -\frac{4}{x^2} + y, \quad S'_y = -\frac{4}{y^2} + x.$$

令 $S'_x = 0, S'_y = 0$,解得唯一驻点为 $(\sqrt[3]{4}, \sqrt[3]{4})$,此时高为 $\sqrt[3]{\frac{1}{2}}$.

根据实际问题知,最小值在定义域内取到,因此,可断定此唯一驻点就是最小值点,即长、宽均为 $\sqrt[3]{4}$,高为 $\sqrt[3]{\frac{1}{2}}$ 时,所用材料最省.

7.8.2　条件极值、拉格朗日乘数法

前面讨论的函数极值问题,大多数对自变量的要求是:除了规定它们应在一定的区域 D 内取值之外,没有其他的条件限制,这种类型的极值问题称为**无条件极值问题**. 但在许多实际问题中,会遇到对函数的自变量还有某些约束条件的极值问题. 如例 4 中求体积为常数 2 而表面积最小的长方体的问题,即在约束条件 $xyz = 2$ 下,求函数 $S = xy + 2yz + 2xz$ 的最小值问题. 这种对自变量有约束条件的极值问题称为**条件极值问题**. 为方便起见,令 $f(x, y, z) = xy + 2yz + 2xz, \varphi(x, y, z) = xyz - 2$,其中,待求极值的函数 $f(x, y, z) = xy + 2yz + 2xz$ 称为**目标函数**,约束条件 $\varphi(x, y, z) = 0$ 对应的函数 $\varphi(x, y, z) = xyz - 2$ 称为**条件函数**.

如何求解条件极值问题呢?

例 4 中提供了一种方法:将 $z = \frac{2}{xy}$ 代入函数 $S = xy + 2yz + 2xz$,得 $S = \frac{2}{x} + \frac{2}{y} + xy$,这样就化为无条件极值问题,再求解.

上述过程实际上是把约束条件 $xyz = 2$ 看作确定 $z = z(x, y)$ 的隐函数的方程,将隐函数显化并代入目标函数的过程,但隐函数显化往往很困难. 鉴于此,下面介绍一种被广泛利用且不必将隐函数显化而直接求条件极值的方法——拉格朗日乘数法.

我们以目标函数 $z = f(x, y)$ 在约束条件 $\varphi(x, y) = 0$ 下求极值为例,介绍拉格朗日乘数法.

设函数 $z = f(x, y)$ 在点 (x_0, y_0) 取得条件极值,且 $f(x, y)$ 与 $\varphi(x, y)$ 在点 (x_0, y_0) 的某邻域内均具有一阶连续偏导数,$\varphi_y(x_0, y_0) \neq 0$.下面寻找取得条件极值的必要条件.

因为 $z = f(x, y)$ 在点 (x_0, y_0) 取得条件 $\varphi(x, y) = 0$ 下的极值,所以有

$$\varphi(x_0, y_0) = 0. \tag{7.13}$$

由隐函数定理可知:方程 $\varphi(x, y) = 0$ 可以确定一个连续且具有连续导数的函数 $y = y(x)$.

将 $y=y(x)$ 代入 $z=f(x,y)$ 得

$$z=f(x,y(x)). \tag{7.14}$$

函数 $z=f(x,y)$ 在点 (x_0,y_0) 取得条件极值,相当于一元函数 $z=f(x,y(x))$ 在点 $x=x_0$ 处取得极值,所以满足

$$\frac{\mathrm{d}z}{\mathrm{d}x}\bigg|_{x=x_0}=f_x(x_0,y_0)+f_y(x_0,y_0)\cdot\frac{\mathrm{d}y}{\mathrm{d}x}\bigg|_{x=x_0}=0. \tag{7.15}$$

由 $\varphi(x,y)=0$ 可得 $\dfrac{\mathrm{d}y}{\mathrm{d}x}\bigg|_{x=x_0}=-\dfrac{\varphi_x(x_0,y_0)}{\varphi_y(x_0,y_0)}$, 将之代入(7.15)式得

$$f_x(x_0,y_0)-f_y(x_0,y_0)\cdot\frac{\varphi_x(x_0,y_0)}{\varphi_y(x_0,y_0)}=0. \tag{7.16}$$

因此,(7.13)式和(7.16)式就是函数 $z=f(x,y)$ 在条件 $\varphi(x,y)=0$ 下,在点 (x_0,y_0) 处取得极值的必要条件.

为方便起见,记 $\lambda=-\dfrac{f_y(x_0,y_0)}{\varphi_y(x_0,y_0)}$,则上述必要条件就变为

$$\begin{cases} f_x(x_0,y_0)+\lambda\varphi_x(x_0,y_0)=0 \\ f_y(x_0,y_0)+\lambda\varphi_y(x_0,y_0)=0. \\ \varphi(x_0,y_0)=0 \end{cases} \tag{7.17}$$

引入辅助函数

$$L(x,y,\lambda)=f(x,y)+\lambda\varphi(x,y), \tag{7.18}$$

则极值点 (x_0,y_0) 满足

$$\begin{cases} L'_x=f_x(x_0,y_0)+\lambda\varphi_x(x_0,y_0)=0 \\ L'_y=f_y(x_0,y_0)+\lambda\varphi_y(x_0,y_0)=0. \\ L'_\lambda=\varphi(x_0,y_0)=0 \end{cases}$$

即点 (x_0,y_0) 是函数 $z=f(x,y)$ 在约束条件 $\varphi(x,y)=0$ 下的极值点的**必要条件**为:点 (x_0,y_0,λ) 是辅助函数 $L(x,y,\lambda)$ 的驻点. 函数 $L(x,y,\lambda)$ 称为**拉格朗日函数**,参数 λ 称为**拉格朗日乘子**.

综上所述,求条件极值的拉格朗日乘数法拉格朗日乘数法如下:

求函数 $f(x,y)$ 在条件 $\varphi(x,y)=0$ 下的可能极值点. 可按以下步骤进行:

(1)构造拉格朗日函数 $L(x,y,\lambda)=f(x,y)+\lambda\varphi(x,y)$;

(2)令 $\begin{cases} L'_x=f'_x(x,y)+\lambda\varphi'_x(x,y)=0 \\ L'_y=f'_y(x,y)+\lambda\varphi'_y(x,y)=0; \\ L'_\lambda=\varphi(x,y)=0 \end{cases}$

(3)解此方程组求出 x,y,λ,则 x,y 就是可能的条件极值点的坐标.

至于如何确定所求的点是否为极值点,在实际问题中可根据问题本身的性质来判定. 拉格朗日乘数法可推广到多于两个自变量的多元函数及多于一个约束条件的情形.

例如,为求函数 $u=f(x,y,z,t)$ 在条件

$$\varphi(x,y,z,t)=0, \quad \psi(x,y,z,t)=0$$

下的极值,可构造函数

$$L(x,y,z,t,\lambda_1,\lambda_2)=f(x,y,z,t)+\lambda_1\varphi(x,y,z,t)+\lambda_2\psi(x,y,z,t).$$

求 $L(x,y,z,t,\lambda_1,\lambda_2)$ 的各个一阶偏导数,并令它们为零,求解方程组,解出的 x,y,z,t 为可能的极值点的坐标.

【例5】 用拉格朗日乘数法解例4.

解 问题是求表面积函数

$$S=2yz+2xz+xy \quad (x>0,y>0,z>0)$$

在约束条件 $xyz=2$ 下的最小值.作拉格朗日函数

$$L(x,y,z,\lambda)=xy+2yz+2xz+\lambda(xyz-2).$$

令

$$\begin{cases} L'_x=y+2z+\lambda yz=0 \\ L'_y=x+2z+\lambda xz=0 \\ L'_z=2(x+y)+\lambda xy=0 \\ L'_\lambda=xyz-2=0 \end{cases},$$

将第一个方程乘以 x,第二个方程乘以 y,然后相减,得 $2xz-2yz=0$,因此

$$x=y.$$

类似地,可得 $z=\dfrac{1}{2}y$,将 $x=y=2z$ 代入第四个方程得

$$x=y=\sqrt[3]{4}, \quad z=\sqrt[3]{\dfrac{1}{2}}.$$

由问题的实际意义知,S 的最小值一定存在,且在区域 $D:x>0,y>0,z>0$ 内取到,而点 $\left(\sqrt[3]{4},\sqrt[3]{4},\sqrt[3]{\dfrac{1}{2}}\right)$ 是唯一可能的极值点,因此该点就是所求最小值点.

【例6】 求表面积为 a^2 而体积为最大的长方体的体积.

解 设长方体的三棱长为 x,y,z,我们所求的就是在条件

$$\varphi(x,y,z)=2xy+2yz+2xz-a^2=0$$

下,求函数 $V=xyz(x>0,y>0,z>0)$ 的最大值.作拉格朗日函数

$$L(x,y,z,\lambda)=xyz+\lambda(2xy+2yz+2xz-a^2).$$

令

$$\begin{cases} L'_x=yz+2\lambda(y+z)=0 \\ L'_y=xz+2\lambda(x+z)=0 \\ L'_z=xy+2\lambda(y+x)=0 \\ L'_\lambda=2xy+2yz+2xz-a^2=0 \end{cases},$$

即

$$\begin{cases} yz=-2\lambda(y+z) \\ xz=-2\lambda(x+z) \\ xy=-2\lambda(y+x) \\ 2xy+2yz+2xz-a^2=0 \end{cases}.$$

由前三个方程得

$$\frac{x}{y}=\frac{x+z}{y+z},\quad \frac{y}{z}=\frac{x+y}{x+z},$$

因此 $x=y=z$,代入第四个方程得

$$x=y=z=\frac{\sqrt{6}a}{6}.$$

这是唯一可能的极值点，由问题本身意义知，此点就是所求最大值点，即表面积为 a^2 的长方体中，以棱长为 $\frac{\sqrt{6}}{6}a$ 的正方体的体积为最大，最大体积 $V=\frac{\sqrt{6}}{36}a^3$.

习题 7-8

1. 求下列函数的极值：

(1) $f(x,y)=4(x-y)-x^2-y^2$；

(2) $f(x,y)=x^3+8y^3-6xy+5$.

2. 求函数 $f(x,y)=3x^2+3y^2-x^3$ 在闭区域 $D:x^2+y^2\leqslant 16$ 上的最大值和最小值.

3. 求下列函数在指定条件下的条件极值：

(1) $z=x^2+y^2+1$,其中 $x+y-3=0$；

(2) $u=x-2y+2z$,其中 $x^2+y^2+z^2=1$.

4. 将正数 12 分成三个正数 x,y,z 之和,使得 $u=x^3y^2z$ 为最大.

5. 求半径为 a 的球中具有最大体积的内接长方体体积.

6. 抛物面 $z=x^2+y^2$ 被平面 $x+y+z=1$ 截成一椭圆,求原点到这椭圆的最长与最短距离.

7. 在第一卦限内作椭球面 $\frac{x^2}{a^2}+\frac{y^2}{b^2}+\frac{z^2}{c^2}=1$ 的切平面,使切平面与三个坐标面所围成的四面体体积最小,求切点坐标.

小　结

一、二元函数的极限、连续性

1. 二元函数极限的理解.

与一元函数比较：$\lim\limits_{x\to x_0}f(x)$ 是指 x 从 x_0 的两侧趋于 x_0 时 $f(x)$ 的变化趋势, $\lim\limits_{x\to x_0}f(x)$ 存在的充要条件是 $\lim\limits_{x\to x_0^+}f(x)$ 与 $\lim\limits_{x\to x_0^-}f(x)$ 均存在且相等. $\lim\limits_{\substack{x\to x_0\\y\to y_0}}f(x,y)$ 是指点 (x,y) 从点 (x_0,y_0) 的周围趋于 (x_0,y_0) 时 $f(x,y)$ 的变化趋势, $\lim\limits_{\substack{x\to x_0\\y\to y_0}}f(x,y)$ 存在的充要条件是点 (x,y) 从点 (x_0,y_0) 的周围以任意方式趋于 (x_0,y_0) 时, $f(x,y)$ 都趋于同一个常数. 下面几个极限是用放缩法来证明的.

例 证明下列极限成立.

(1) $\lim\limits_{\substack{x\to 0\\y\to 0}}(x^2+y^2)\cdot\sin\dfrac{1}{x^2+y^2}=0$;

(2) $\lim\limits_{\substack{x\to 0\\y\to 0}}\dfrac{\sin(x^2y)}{x^2+y^2}=0$;

(3) $\lim\limits_{\substack{x\to 0\\y\to 0}}\dfrac{xy}{\sqrt{x^2+y^2}}=0$.

2. 证明极限 $\lim\limits_{P\to P_0}f(x,y)$ 不存在的两种常用方法.

(1) 选取 $P\to P_0$ 的一种方式,沿某条过 P_0 的直线或曲线 L 趋向于 P_0,使得 $\lim\limits_{\substack{P\to P_0\\P\in L}}f(x,y)$ 不存在;

(2) 找两种趋近 P_0 的不同方式,取沿两条过 P_0 的直线或两条曲线 C_1 和 C_2 趋向于 P_0,使得

$$\lim\limits_{\substack{P\to P_0\\P\in C_1}}f(x,y)=A_1,\quad \lim\limits_{\substack{P\to P_0\\P\in C_2}}f(x,y)=A_2,\quad A_1\neq A_2.$$

例 证明下列极限不存在.

(1) $\lim\limits_{\substack{x\to 0\\y\to 0}}\dfrac{xy}{x^2+y^2}$;   (2) $\lim\limits_{\substack{x\to 0\\y\to 0}}\dfrac{x-y}{x+y}$.

3. 二元函数的极限、连续性.

与一元函数类似,若 $\lim\limits_{(x,y)\to(x_0,y_0)}f(x,y)=f(x_0,y_0)$,则 $f(x,y)$ 在点 (x_0,y_0) 连续.

二、偏导数的定义、高阶偏导数

1. 偏导数的定义:

$$f_x{}'(x_0,y_0)=\lim\limits_{\Delta x\to 0}\dfrac{f(x_0+\Delta x,y_0)-f(x_0,y_0)}{\Delta x}.$$

需要注意的是,偏导数 $f_x{}'(x_0,y_0)$ 相当于一元函数 $f(x,y_0)$ 在 x_0 处的导数.

2. 偏导数的求法,高阶偏导数(二阶混合偏导数相等的条件).

3. 偏导数存在与连续的关系(与一元函数作比较).

例 讨论函数 $f(x,y)=\sqrt{x^2+y^2}$ 在 $(0,0)$ 处的连续性及偏导数存在性.

三、多元复合函数偏导数的求法

1. 会画出变量复合关系树形图,并利用此图写出相应的求偏导数公式.

2. 外函数是抽象函数的多元复合函数的高阶导数.

四、全微分的概念、计算公式、充分条件、必要条件

1. 可微分的定义.

如果 $f(x+\Delta x,y+\Delta y)-f(x,y)=f_x{}'(x,y)\Delta x+f_y{}'(x,y)\Delta y+o(\rho)$,

其中,$\rho=\sqrt{(\Delta x)^2+(\Delta y)^2}$,称 $f(x,y)$ 在点 (x,y) 处**可微分**,且

$$dz=f_x{}'(x,y)\Delta x+f_y{}'(x,y)\Delta y.$$

2. 函数 $f(x,y)$ 在点 (x_0,y_0) 处可微分的充要条件.

函数 $f(x,y)$ 在点 (x_0,y_0) 处可微 $\Leftrightarrow$ 极限

$$\lim_{\rho \to 0^+} \frac{f(x_0+\Delta x,y_0+\Delta y)-f(x_0,y_0)-\left[f_x(x_0,y_0)\Delta x+f_y(x_0,y_0)\Delta y\right]}{\sqrt{(\Delta x)^2+(\Delta y)^2}}=0$$

成立.

为此,判定 $f(x,y)$ 在点 (x_0,y_0) 的可微性时,应先求出 $f(x_0,y_0)$,$f_x{}'(x_0,y_0)$,$f_y{}'(x_0,y_0)$,再代入极限式,求出极限.

3. 可微分的必要条件.

若 $f(x,y)$ 在点 (x,y) 处可微分,则 $f(x,y)$ 在点 (x,y) 处连续且偏导数存在.

4. 可微分的充分条件.

若 $f(x,y)$ 在点 (x,y) 处偏导数连续,则 $f(x,y)$ 在点 (x,y) 处可微分.

五、由方程(组)所确定的隐函数(组)的类型、求(偏)导数的方法

1. 确定隐函数(组)的类型.

常见的四种类型为:

(1) $F(x,y)=0$ 确定函数 $y=y(x)$;

(2) $F(x,y,z)=0$ 确定函数 $z=z(x,y)$;

(3) $\begin{cases} F(x,y,z)=0 \\ G(x,y,z)=0 \end{cases}$ 确定函数组 $\begin{cases} y=y(x) \\ z=z(x) \end{cases}$;

(4) $\begin{cases} F(x,y,u,v)=0 \\ G(x,y,u,v)=0 \end{cases}$ 确定函数组 $\begin{cases} u=u(x,y) \\ v=v(x,y) \end{cases}$.

做题时,往往根据题目中所求的(偏)导数确定隐函数(组)的类型.

2. 求(偏)导数的方法.

(1) 方程(组)两边同时求(偏)导(要明确所确定的隐函数(组)中变量之间的函数关系).

(2) 方程(组)两边同时求微分(各变量均视为自变量).

(3) 方程所确定的隐函数的(偏)导数可用公式法.

六、空间曲线的切线、曲面的切平面

1. 空间曲线的切向量(空间曲线方程为参数方程或一般方程).

(1) 参数方程. 设 $\Gamma:\begin{cases} x=\varphi(t) \\ y=\varphi(t) \\ z=\omega(t) \end{cases}$,则切向量 $\boldsymbol{\tau}=(\varphi'(t_0),\psi'(t_0),\omega'(t_0))$.

(2) 一般方程. 设 $\Gamma:\begin{cases} F(x,y,z)=0 \\ G(x,y,z)=0 \end{cases}$,则切向量 $\boldsymbol{\tau}=\begin{vmatrix} i & j & k \\ F_x & F_y & F_z \\ G_x & G_y & G_z \end{vmatrix}_{M_0}$.

2. 曲面的法向量(曲面方程为隐式方程或显式方程).

(1) 隐式方程. 设 $\Sigma:F(x,y,z)=0$,则 $\boldsymbol{n}=(F_x'(M_0),F_y'(M_0),F_z'(M_0))$.

(2) 显示方程. 设 $\Sigma: z = f(x,y)$, 则 $\boldsymbol{n} = (f'_x(x_0,y_0), f'_y(x_0,y_0), -1)$.

七、方向导数的概念、计算公式,梯度的概念,方向导数与梯度的关系

1. 方向导数的定义式.

$$\frac{\partial f}{\partial \boldsymbol{l}}\Big|_{P_0} = \lim_{\rho \to 0^+} \frac{f(x_0 + \rho\cos\alpha, y_0 + \rho\cos\beta) - f(x_0, y_0)}{\rho}.$$

2. 方向导数概念的理解.

$\dfrac{\partial f}{\partial \boldsymbol{l}}\Big|_{P_0}$ 是指 $z = f(x,y)$ 在点 $P_0(x_0,y_0)$ 处沿方向 $\boldsymbol{l} = \{\cos\alpha, \cos\beta\}$ 的变化率.

3. 方向导数的计算式.

$$\frac{\partial f}{\partial \boldsymbol{l}} = \frac{\partial f}{\partial x} \cdot \cos\alpha + \frac{\partial f}{\partial y} \cdot \cos\beta.$$

4. 方向导数的存在条件.

如果函数 $f(x,y)$ 在点 $P(x,y)$ 处是可微分的,则函数 $f(x,y)$ 在点 $P(x,y)$ 处沿任意方向 $\boldsymbol{l}$ 的方向导数都存在.

5. 梯度的概念.

$$\operatorname{grad} f(x,y) = \left(\frac{\partial f}{\partial x}, \frac{\partial f}{\partial y}\right).$$

6. 方向导数与梯度的关系.

$$\frac{\partial f}{\partial \boldsymbol{l}} = |\operatorname{grad} f(x,y)| \cdot \cos\theta \quad (\theta \text{ 为 } \operatorname{grad} f(x,y) \text{ 与 } \boldsymbol{l}^0 \text{ 的夹角}).$$

八、极值的必要、充分条件,最值、条件极值的求法

1. 极值的必要条件(与一元函数类似).

2. 极值的充分条件.

3. 最值的求法(与一元函数类似,求区域内部的驻点、不可导点及区域边界的最大值、最小值).

4. 拉格朗日乘数法.

找到目标函数及条件函数,构造拉格朗日函数.

综合习题 7

1. 选择题:

(1) 若 $f\left(x+y, \dfrac{y}{x}\right) = x^2 - y^2$, 则 $f(x,y) = ($ $)$;

A. $(x+y)^2 - \left(\dfrac{y}{x}\right)^2$ B. $x^2 \cdot \dfrac{1-y}{1+y}$

C. $x \cdot \dfrac{1-y}{1+y}$ D. $x^2 - y^2$

(2) 函数 $z = f(x,y)$ 在点 $P_0(x_0,y_0)$ 处间断,则(   );

A. 函数在点 P_0 处无定义

B. 函数在点 P_0 处极限一定不存在

C. 函数在点 P_0 处一定有定义,且有极限,但极限值不等于该点的函数值

D. 函数在点 P_0 处可能无定义,也可能无极限

(3) 二元函数 $f(x,y)=\begin{cases} \dfrac{xy}{x^2+y^2} & 当\ x^2+y^2\neq 0 \\ 0 & 当\ x^2+y^2=0, \end{cases}$ 在点 $(0,0)$ 处(　　);

A. 连续,偏导数存在　　　　　　　　B. 不连续,偏导数存在

C. 连续,偏导数不存在　　　　　　　　D. 不连续,偏导数不存在

(4) 设 $f(x,y)$ 在点 (a,b) 处的偏导数存在,则 $\lim\limits_{x\to 0}\dfrac{f(a+x,b)-f(a-x,b)}{x}=$(　　);

A. $f'_x(a,b)$ 　　　　　　　　　　　　B. $f'_x(2a,b)$

C. $2f'_x(a,b)$ 　　　　　　　　　　　　D. $\dfrac{1}{2}f'_x(a,b)$

(5) 设二元函数为 $f(x,y)=\begin{cases} \dfrac{xy}{\sqrt{x^2+y^2}} & 当\ x^2+y^2\neq 0 \\ 0 & 当\ x^2+y^2=0 \end{cases}$,下列命题中不正确的是(　　);

A. 该函数在点 $(0,0)$ 处连续

B. 该函数在点 $(0,0)$ 处偏导数存在

C. 该函数在点 $(0,0)$ 处可微分

D. 该函数在点 $(0,0)$ 处沿任意方向的方向导数都存在

(6) 设 $f_x(x_0,y_0)=0,f_y(x_0,y_0)=0$,则(　　);

A. (x_0,y_0) 是 $f(x,y)$ 的驻点

B. (x_0,y_0) 是 $f(x,y)$ 的极值点

C. (x_0,y_0) 是 $f(x,y)$ 的最大值点或最小值点

D. (x_0,y_0) 可能是 $f(x,y)$ 的极值点

(7) 曲面 $3x^2+y^2+z^2=12$ 上点 $(-1,0,3)$ 处的切平面与平面 $z=0$ 的夹角为(　　);

A. $\dfrac{\pi}{6}$ 　　　　B. $\dfrac{\pi}{4}$ 　　　　C. $\dfrac{\pi}{3}$ 　　　　D. $\dfrac{\pi}{2}$

(8) 函数 $f(x,y)$ 在点 $P_0(x_0,y_0)$ 处连续,且两个偏导数 $f_x(x_0,y_0),f_y(x_0,y_0)$ 存在是 $f(x,y)$ 在该点可微的(　　).

A. 充分条件,但不是必要条件　　　　B. 必要条件,但不是充分条件

C. 充分必要条件　　　　　　　　　　D. 既不是充分条件也不是必要条件

2. 填空题:

(1) 设 $f(x,y)=\begin{cases} \dfrac{x^3}{x^2+y^2} & 当\ (x,y)\neq(0,0) \\ 0 & 当\ (x,y)=(0,0) \end{cases}$,则 $\dfrac{\partial f}{\partial x}\Big|_{(0,0)}=$(　　);

(2) 设 $z=\ln(\sqrt{x}+2\sqrt{y})$，则 $dz\big|_{(1,1)}=($ ＿＿＿ $)$；

(3) 函数 $f(x,y)=\arctan\dfrac{x}{y}$ 在点 $(0,1)$ 处的梯度为(＿＿＿)；

(4) 函数 $u=\ln(x^2+y^2+z^2)$ 在点 $P_0(1,2,-2)$ 处的方向导数的最大值为(＿＿＿)；

(5) 设 $e^{\frac{x}{z}}+e^{\frac{y}{z}}=2e^2$，则 $\left(x\cdot\dfrac{\partial z}{\partial x}+y\cdot\dfrac{\partial z}{\partial y}\right)\bigg|_{(2,2)}=($ ＿＿＿ $)$.

3. 求函数 $f(x,y)=\dfrac{\sqrt{4x-y^2}}{\ln(1-x^2-y^2)}$ 的定义域，并求 $\lim\limits_{\substack{x\to\frac{1}{2}\\y\to0}}f(x,y)$.

4. 证明：极限 $\lim\limits_{\substack{x\to0\\y\to0}}\dfrac{xy^2}{x^2+y^2}$ 存在.

5. 设 $u=\varphi(e^x,xy)+xf\left(\dfrac{y}{x}\right)$，其中 φ 有一阶连续的偏导数，f 一阶可导，求 $\dfrac{\partial u}{\partial x}$.

6. 设 $u=f(x,y,z)$，$\varphi(x^2,e^y,z)=0$，$y=\sin x$，其中 φ、f 具有一阶连续的偏导数，且 $\varphi_3'\neq0$，求 $\dfrac{du}{dx}$.

7. 设 $z=f(x,y,u)$，$u=xe^y$，其中 f 具有二阶连续的偏导数，求 $\dfrac{\partial^2z}{\partial x\partial y}$.

8. 设 $x=e^u\cos v$，$y=e^u\sin v$，$z=uv$，求 $\dfrac{\partial z}{\partial x}$，$\dfrac{\partial z}{\partial y}$.

9. 求直线 $\begin{cases}y+2=0\\x+2z-7=0\end{cases}$ 上一点，使它到点 $(0,-1,1)$ 的距离最短.

10.* 证明：函数 $f(x,y)=\begin{cases}(x^2+y^2)\sin\dfrac{1}{x^2+y^2} & (x,y)\neq(0,0)\\0 & (x,y)=(0,0)\end{cases}$ 在 $(0,0)$ 处可微

分，但偏导函数 $f_x(x,y)$，$f_y(x,y)$ 在 $(0,0)$ 处不连续.

第8章

重　积　分

在《高等数学(独立院校用)·上册》中,我们讨论了一元函数积分法及其应用.本章我们将利用一元函数积分学解决多元函数积分法及应用问题.也就是先将一元函数问题的积分法推广到多元函数问题上去,得到重积分,然后利用一元函数积分法解决重积分的计算问题.

与定积分类似,重积分的概念也是从实践中抽象出来的,是定积分的推广,其中的数学思想与定积分一样,也是一种"和式的极限".所不同的是:定积分的被积函数是一元函数,积分范围是一个区间;而重积分的被积函数是多元函数,积分范围是平面或空间中的一个区域.

在学习重积分之前,一定要熟练地掌握定积分的基础知识与计算.

8.1　二重积分的概念与性质

我们首先以计算曲顶柱体的体积和平面薄片的质量为例来引导出二重积分的概念.

8.1.1　两个引例

引例 1(曲顶柱体的体积)

所谓**曲顶柱体**是指在空间直角坐标系中以曲面 $z=f(x,y)$($f(x,y) \geqslant 0$,连续)为顶面,以 xOy 平面上的有界闭区域 D 为底面,以区域 D 的边界曲线为准线而母线平行于 z 轴的柱面为侧面的立体,如图 8-1 所示.

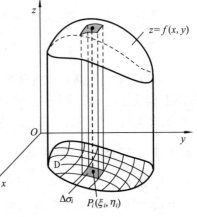

我们知道,对于一个平顶柱体,其体积等于底面积与高的乘积.而曲顶柱体的顶面 $f(x,y)$ 是 x,y 的函数,即高度不是常数,所以不能用计算平顶柱体体积的公式来计算.

在 D 中的一个小的区域内,$f(x,y)$ 的变化不大,于是可仿照定积分中求曲边梯形面积的办法,先求出曲顶柱体体积的近似值,再用求极限的方式得到曲顶柱体的体积.具体过程如下:

图 8-1

(1) 分割. 用任一组曲线网把区域 D 分割为 n 个小区域

$$\Delta\sigma_i(i=1,2,\cdots,n),$$

并且 $\Delta\sigma_i(i=1,2,\cdots,n)$ 也表示该小区域的面积. 每个小区域对应着一个小的曲顶柱体. 小区域 $\Delta\sigma_i$ 上任意两点间距离的最大值,称为该小区域的直径,记为 $d_i(i=1,2,\cdots,n)$.

(2) 近似. 在 $\Delta\sigma_i(i=1,2,\cdots,n)$ 上任取一点 $P_i(\xi_i,\eta_i)$,显然,$f(\xi_i,\eta_i)\Delta\sigma_i$ 表示以 $\Delta\sigma_i$ 为底,$f(\xi_i,\eta_i)$ 为高的平顶柱体的体积. 当 $\Delta\sigma_i$ 的直径不大时,$f(x,y)$ 在 $\Delta\sigma_i$ 上的变化也不大,因此 $f(\xi_i,\eta_i)\Delta\sigma_i$ 是以 $\Delta\sigma_i$ 为底,$z=f(x,y)$ 为顶的小曲顶柱体体积的近似值.

(3) 求和. 由上述步骤,和式 $\sum\limits_{i=1}^{n}f(\xi_i,\eta_i)\Delta\sigma_i$ 是所求曲顶柱体的体积 V 的近似值,即

$$V\approx\sum_{i=1}^{n}f(\xi_i,\eta_i)\Delta\sigma_i.$$

(4) 取极限. 令 $\lambda=\max\limits_{1\leqslant i\leqslant n}\{d_i\}$. 显然,$\lambda\to 0$ 时,曲线网充分细密,极限

$$\lim_{\lambda\to 0}\sum_{i=1}^{n}f(\xi_i,\eta_i)\Delta\sigma_i$$

就给出了体积 V 的精确值,即

$$V=\lim_{\lambda\to 0}\sum_{i=1}^{n}f(\xi_i,\eta_i)\Delta\sigma_i.$$

引例 2(平面薄片的质量)

设平面薄片占据的平面区域为 D,其面密度函数 $\rho(x,y)$ 连续,质量为 M.

将薄片任意分成 n 个直径很小的小块,记第 i 个小块所占据的区域为 $\Delta\sigma_i$(并表示其面积)$(i=1,2,\cdots,n)$. 在 $\Delta\sigma_i$ 上任意取一点 (ξ_i,η_i),如图 8-2 所示,以该点的密度 $\rho(\xi_i,\eta_i)$ 近似作为 $\Delta\sigma_i$ 上各点的密度,于是 $\Delta\sigma_i$ 上的质量为

$$\Delta M_i\approx\rho(\xi_i,\eta_i)\Delta\sigma_i \quad (i=1,2,\cdots,n).$$

于是
$$M=\sum_{i=1}^{n}\Delta M_i\approx\sum_{i=1}^{n}\rho(\xi_i,\eta_i)\Delta\sigma_i.$$

记 $\lambda=\max\limits_{1\leqslant i\leqslant n}\{\Delta\sigma_i\text{的直径}\}$,则

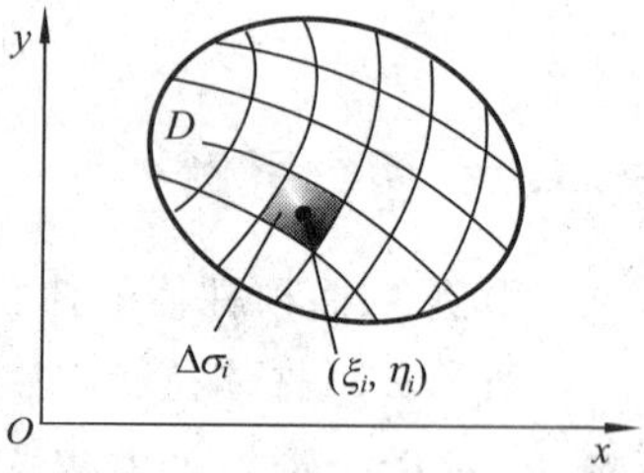

图 8-2

$$M=\lim_{\lambda\to 0}\sum_{i=1}^{n}\rho(\xi_i,\eta_i)\Delta\sigma_i.$$

由以上两个引例得到的体积和质量的表达式可以看出,尽管它们表示的实际意义不同,但表达式的形式却完全相同. 还有很多实际问题,都可归结为上述类型的和式的极限. 于是可得如下二重积分的定义.

8.1.2 二重积分的概念

1. 定义

设函数 $z=f(x,y)$ 在平面有界闭区域 D 上有定义. 将区域 D 任意分成 n 个小区域 $\Delta\sigma_i(i=1,2,\cdots,n)$,其中,$\Delta\sigma_i$ 表示第 i 个小区域,也表示它的面积. 在 $\Delta\sigma_i$ 上任取一点 P_i

(ξ_i, η_i), 作和

$$\sum_{i=1}^{n} f(\xi_1, \eta_i) \Delta\sigma_i.$$

记 $\lambda = \max\limits_{1 \leqslant i \leqslant n} \{d_i \mid d_i$ 为 $\Delta\sigma_i$ 的直径$\}$, 若无论区域 D 的分法如何, 也无论点 $P_i(\xi_i, \eta_i)$ 如何选取, 当 $\lambda \to 0$ 时, 上式总有确定的极限 I, 则称此极限为函数 $f(x, y)$ 在区域 D 上的**二重积分**, 记为 $\iint\limits_{D} f(x, y) \mathrm{d}\sigma$, 即

$$\iint\limits_{D} f(x, y) \mathrm{d}\sigma = \lim_{\lambda \to 0} \sum_{i=1}^{n} f(\xi_i, \eta_i) \Delta\sigma_i.$$

其中, $f(x, y)$ 称为**被积函数**, $f(x, y)\mathrm{d}\sigma$ 称为**被积表达式**, $\mathrm{d}\sigma$ 称为**面积元素**, x, y 称为**积分变量**, D 称为**积分区域**. 如果 $f(x, y)$ 在区域 D 上的积分 $\iint\limits_{D} f(x, y)\mathrm{d}\sigma$ 存在, 我们就说 $f(x, y)$ 在区域 D 上可积.

2. 几何意义

由二重积分的定义, 第 1 个引例中的曲顶柱体的体积 V 就是曲顶 $f(x, y)$ 在底面 D 上的二重积分 $\iint\limits_{D} f(x, y)\mathrm{d}\sigma$. 显然, 当 $f(x, y) \geqslant 0$ 时, 二重积分 $\iint\limits_{D} f(x, y)\mathrm{d}\sigma$ 正是第 1 个引例所示的曲顶柱体的体积; 当 $f(x, y) < 0$ 时, 二重积分 $\iint\limits_{D} f(x, y)\mathrm{d}\sigma$ 等于相应之曲顶柱体体积的负值; 若 $f(x, y)$ 在区域 D 的部分区域上是正的, 在其他区域上是负的, 我们可以把 xOy 平面上方的柱体体积取成正, xOy 平面下方的柱体体积取成负, 则二重积分 $\iint\limits_{D} f(x, y)\mathrm{d}\sigma$ 等于这些区域上曲顶柱体体积的代数和. 这就是二重积分的**几何意义**.

可以证明, 有界闭区域上的连续函数在该区域上可积; 当 $f(x, y)$ 在区域 D 上有界, 且只在有限个点或有限条曲线上不连续时, $f(x, y)$ 在区域 D 上可积.

8.1.3 二重积分的性质

1. 基本性质

性质 8.1(线性运算性质)

① 若 $f(x, y)$ 和 $g(x, y)$ 在 D 上可积, 则 $f(x, y) + g(x, y)$ 在 D 上可积, 且

$$\iint\limits_{D} (f + g)\mathrm{d}\sigma = \iint\limits_{D} f\mathrm{d}\sigma + \iint\limits_{D} g\mathrm{d}\sigma.$$

② 若 $f(x, y)$ 在 D 上可积, 则对任何常数 λ, 有 $\lambda f(x, y)$ 在 D 上可积, 且

$$\iint\limits_{D} \lambda f\mathrm{d}\sigma = \lambda \iint\limits_{D} f\mathrm{d}\sigma.$$

性质 8.2(对区域的可加性) 若 $f(x, y)$ 在 D 上可积, 且 $D = D_1 + D_2$, 则有

$$\iint\limits_{D} f(x, y)\mathrm{d}\sigma = \iint\limits_{D_1} f(x, y)\mathrm{d}\sigma + \iint\limits_{D_2} f(x, y)\mathrm{d}\sigma.$$

性质 8.3 若 $f(x,y)$ 在 D 上可积,且 $f(x,y) \geqslant 0,(x,y) \in D$,则有

$$\iint\limits_{D} f(x,y) \mathrm{d}\sigma \geqslant 0.$$

推论 若 $f(x,y)$ 和 $g(x,y)$ 在 D 上可积,且 $f(x,y) \leqslant g(x,y),(x,y) \in D$,则有

$$\iint\limits_{D} f(x,y) \mathrm{d}\sigma \leqslant \iint\limits_{D} g(x,y) \mathrm{d}\sigma.$$

性质 8.4 若 $f(x,y)$ 在 D 上可积,则 $|f(x,y)|$ 在 D 上可积,且有

$$\left| \iint\limits_{D} f(x,y) \mathrm{d}\sigma \right| \leqslant \iint\limits_{D} |f(x,y)| \mathrm{d}\sigma.$$

性质 8.5(二重积分中值定理) 设 $f(x,y)$ 在闭区域 D 上连续,则存在 $(\xi,\eta) \in D$,使得

$$\iint\limits_{D} f(x,y) \mathrm{d}\sigma = f(\xi,\eta) S_D.$$

【例 1】 比较二重积分 $\iint\limits_{D} (x+y)^2 \mathrm{d}\sigma$ 与二重积分 $\iint\limits_{D} (x+y)^3 \mathrm{d}\sigma$,其中

$$D:(x-2)^2 + (y-1)^2 \leqslant 2.$$

解 所给区域 D 在直线 $x+y=1$ 右上方,即 D 在 $x+y \geqslant 1$ 的半平面内,因此在 D 上 $x+y \geqslant 1$,从而在 D 上有

$$(x+y)^2 \leqslant (x+y)^3.$$

由性质 3 的推论知

$$\iint\limits_{D} (x+y)^2 \mathrm{d}\sigma \leqslant \iint\limits_{D} (x+y)^3 \mathrm{d}\sigma.$$

2. 二重积分的对称性

性质 8.6 若积分区域 D 关于 x 轴对称,D_1 为 D 在 x 轴以上的部分,则

$$\iint\limits_{D} f(x,y) \mathrm{d}\sigma = \begin{cases} 2\iint\limits_{D_1} f(x,y) \mathrm{d}\sigma & \text{当 } f(x,-y) = f(x,y) \\ 0 & \text{当 } f(x,-y) = -f(x,y) \end{cases}.$$

性质 8.7 若积分区域 D 关于 y 轴对称,D_1 为 D 在 y 轴以右的部分,则

$$\iint\limits_{D} f(x,y) \mathrm{d}\sigma = \begin{cases} 2\iint\limits_{D_1} f(x,y) \mathrm{d}\sigma & \text{当 } f(-x,y) = f(x,y) \\ 0 & \text{当 } f(-x,y) = -f(x,y) \end{cases}.$$

性质 8.8 若积分区域 D 具有轮换对称性,即将 x 和 y 互换,D 不变(D 关于直线 $y=x$ 对称),则

$$\iint\limits_{D} f(x,y) \mathrm{d}\sigma = \iint\limits_{D} f(y,x) \mathrm{d}\sigma = \frac{1}{2}\left[\iint\limits_{D} f(x,y) \mathrm{d}\sigma + \iint\limits_{D} f(y,x) \mathrm{d}\sigma \right].$$

利用二重积分的对称性,可以有效地提高二重积分的计算速度和准确程度,甚至可

以解决很棘手的问题.但这些结果掌握和使用起来比较困难,因此要尽可能地从二重积分的定义及几何意义上理解和使用它们,而不能死记硬背地照抄照搬.

【例 2】 设 $D: x^2 + y^2 \leqslant 2y$,函数 $f(x)$ 连续,计算

$$I = \iint\limits_D [1 + xy f(x^2 + y^2)] \mathrm{d}\sigma.$$

解 将所给区域化为 $D: x^2 + (y-1)^2 \leqslant 1$,可见 D 是关于 y 轴对称的圆域.令

$$\varphi(x, y) = xy f(x^2 + y^2),$$

则函数 $\varphi(x, y)$ 连续,从而可积.由 $\varphi(-x, y) = -\varphi(x, y)$ 知 $\varphi(x, y)$ 是关于 x 的奇函数,故

$$I = \iint\limits_D 1 \mathrm{d}\sigma + \iint\limits_D xy f(x^2 + y^2) \mathrm{d}\sigma = S_D + 0 = \pi.$$

习题 8-1

1. 比较积分:

$$I_1 = \iint\limits_D \ln(x+y) \mathrm{d}\sigma, \quad I_2 = \iint\limits_D (x+y)^2 \mathrm{d}\sigma, \quad I_3 = \iint\limits_D (x+y) \mathrm{d}\sigma$$

的大小,其中 D 是由 $x=0, y=0, x+y=\dfrac{1}{2}$ 和 $x+y=1$ 所围成的区域.

2. 估计下列积分的值:

(1) $\displaystyle\iint\limits_D \sin^2 x \sin^2 y \mathrm{d}\sigma$,其中 $D = \{(x, y) \mid 0 \leqslant x \leqslant \pi, 0 \leqslant y \leqslant \pi\}$;

(2) $\displaystyle\iint\limits_D (x^2 + y^2) \mathrm{d}\sigma$,其中 $D = \{(x, y) \mid 2x \leqslant x^2 + y^2 \leqslant 4x\}$;

(3) $\displaystyle\iint\limits_D (x^2 + 4y^2 + 9) \mathrm{d}\sigma$,其中 $D = \{(x, y) \mid x^2 + y^2 \leqslant 4\}$.

3. 利用二重积分的几何意义求下列积分值:

(1) $\displaystyle\iint\limits_D \sqrt{R^2 - x^2 - y^2} \mathrm{d}\sigma$,其中 $D = \{(x, y) \mid x^2 + y^2 \leqslant R^2\}$;

(2) $\displaystyle\iint\limits_D 2 \mathrm{d}\sigma$,其中 $D = \{(x, y) \mid x + y \leqslant 1, y - x \leqslant 1, y \geqslant 0\}$.

4. 设 $f(x, y)$ 是连续函数,求极限 $\displaystyle\lim_{t \to 0^+} \frac{1}{t} \iint\limits_{x^2 + y^2 \leqslant t} f(x, y) \mathrm{d}\sigma$.

8.2   二重积分的计算

由二重积分的定义知,二重积分是一个特殊和式的极限.用定义计算通常会带来许多不便.事实上,二重积分的计算可以通过两次定积分来实现,一般称为**累次积分法**.

8.2.1 在直角坐标系下计算二重积分

在二重积分的定义中对区域 D 的划分是任意的,因此,在直角坐标系中可以用平行于坐标轴的直线网来划分区域 D,则除了包括边界点的一些小区域外,其余的小闭区域都是矩形小区域,如图 8-3 所示.因此,面积元素 $\mathrm{d}\sigma$ 可记作 $\mathrm{d}x\mathrm{d}y$,于是二重积分可表示为

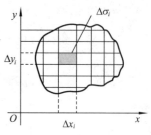

$$\iint_D f(x,y)\mathrm{d}\sigma = \iint_D f(x,y)\mathrm{d}x\mathrm{d}y.$$

1. 先 y 后 x 的二次积分

设 $f(x,y)\geqslant 0$,积分区域为

$$D=\{(x,y)\,|\,a\leqslant x\leqslant b,\varphi_1(x)\leqslant y\leqslant\varphi_2(x)\},$$

称图 8-4 所示的积分区域为 x—型区域.

图 8-3

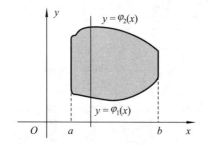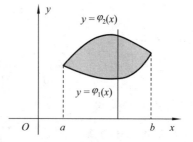

图 8-4

在 $[a,b]$ 上任取一点 x,作平行于 yOz 的平面,此平面与曲顶柱体相交,截面是一个以区间 $[\varphi_1(x),\varphi_2(x)]$ 为底,曲线 $z=f(x,y)$ 为曲边的曲边梯形(图 8-5 中阴影部分).

根据定积分中"计算平行截面面积为已知的立体的体积"的方法,设该曲边梯形的面积为 $A(x)$,由于 x 的变化范围是 $a\leqslant x\leqslant b$,则所求的曲顶柱体体积为

$$V=\int_a^b A(x)\mathrm{d}x,$$

由定积分的意义知 $A(x)=\displaystyle\int_{\varphi_1(x)}^{\varphi_x(x)}f(x,y)\mathrm{d}y$. 于是

$$V=\int_a^b A(x)\mathrm{d}x=\int_a^b\left[\int_{\varphi_1(x)}^{\varphi_2(x)}f(x,y)\mathrm{d}y\right]\mathrm{d}x.$$

即

$$\iint_D f(x,y)\mathrm{d}\sigma=\int_a^b\left[\int_{\varphi_1(x)}^{\varphi_2(x)}f(x,y)\mathrm{d}y\right]\mathrm{d}x.$$

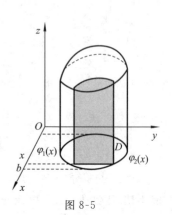

这就是直角坐标系下二重积分的计算公式,它把二重积分化为二(累)次积分.在该类积分区域下,它是一个**先 y 后 x 的二次积分**.上面公式还常记为

图 8-5

$$\iint\limits_{D} f(x,y)\mathrm{d}\sigma = \int_a^b \mathrm{d}x \int_{\varphi_1(x)}^{\varphi_2(x)} f(x,y)\mathrm{d}y.$$

在上述讨论中,我们假定 $f(x,y) \geqslant 0$,可以证明,公式的成立并不受此限制.

2. 先 x 后 y 的二次积分

若积分区域为

$$D = \{(x,y) \,|\, c \leqslant y \leqslant d, \psi_1(y) \leqslant x \leqslant \psi_2(y)\}.$$

称图 8-6 所示的积分区域为 y—型区域.

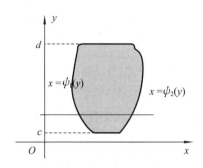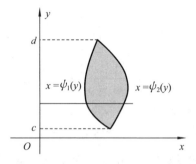

图 8-6

类似地,可得公式

$$\iint\limits_{D} f(x,y)\mathrm{d}\sigma = \int_c^d \left[\int_{\psi_1(y)}^{\psi_2(y)} f(x,y)\mathrm{d}x\right]\mathrm{d}y = \int_c^d \mathrm{d}y \int_{\psi_1(y)}^{\psi_2(y)} f(x,y)\mathrm{d}x.$$

这是一个**先 x 后 y 的二次积分**.

若积分区域 D 既是 x—型区域又是 y—型区域.显然,

$$\iint\limits_{D} f(x,y)\mathrm{d}\sigma = \int_a^b \mathrm{d}x \int_{\varphi_1(x)}^{\varphi_2(x)} f(x,y)\mathrm{d}y = \int_c^d \mathrm{d}y \int_{\psi_1(y)}^{\psi_2(y)} f(x,y)\mathrm{d}x.$$

若积分区域 D 既非 x—型区域又非 y—型区域.此时,需用平行于 x 轴或 y 轴的直线将区域 D 划分成 x—型区域或 y—型区域.图 8-7 中,D 分割成了 D_1,D_2,D_3 三个 x—型小区域.

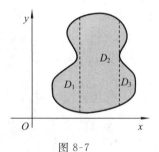

图 8-7

在实际计算中,化二重积分为二次积分,选用何种积分次序,不但要考虑积分区域 D 的类型,还要考虑被积函数的特点.

【例 1】 计算二重积分:

$$\iint\limits_{D}(x+y+3)\mathrm{d}x\mathrm{d}y, \quad D = \{(x,y) \,|\, -1 \leqslant x \leqslant 1, 0 \leqslant y \leqslant 1\}.$$

解 积分区域 D 是矩形域,既是 x—型区域又是 y—型区域,如图 8-8 所示.若按 x—型区域积分,则将二重积分化为先 y 后 x 的二次积分:

$$\iint\limits_{D}(x+y+3)\mathrm{d}x\mathrm{d}y = \int_{-1}^{1}\mathrm{d}x\int_{0}^{1}(x+y+3)\mathrm{d}y$$

$$= \int_{-1}^{1}\left(xy+\frac{y^2}{2}+3y\right)\Big|_{0}^{1}\mathrm{d}x = \int_{-1}^{1}\left(x+\frac{7}{2}\right)\mathrm{d}x = 7.$$

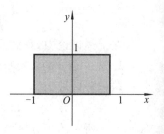

若按 y—型区域积分,则二重积分化为先 x 后 y 的二次积分:

图 8-8

$$\iint\limits_{D}(x+y+3)\mathrm{d}x\mathrm{d}y = \int_{0}^{1}\mathrm{d}y\int_{-1}^{1}(x+y+3)\mathrm{d}x$$

$$= \int_{0}^{1}\left(\frac{x^2}{2}+xy+3x\right)\Big|_{-1}^{1}\mathrm{d}y = 2\int_{0}^{1}(y+3)\mathrm{d}y = 7.$$

两种积分的结果是相同的.

本例说明:两个不同积分次序的二次积分相等.这个结果使我们在具体计算一个二重积分时,可以有选择地将其化为其中一种二次积分,以使计算更为简单.

【例 2】 计算 $\iint\limits_{D}(x^2+y^2-y)\mathrm{d}x\mathrm{d}y,D$ 是由 $y=x,y=\frac{1}{2}x,y=2$ 所围成的区域,如图 8-9 所示.

解 若先对 y 积分,则 D 需分成两个区域.这里先对 x 积分,则

$$\iint\limits_{D}(x^2+y^2-y)\mathrm{d}x\mathrm{d}y$$

$$= \int_{0}^{2}\mathrm{d}y\int_{y}^{2y}(x^2+y^2-y)\mathrm{d}x$$

$$= \int_{0}^{2}\left(\frac{1}{3}x^3+xy^2-yx\right)\Big|_{y}^{2y}\mathrm{d}y$$

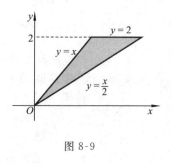

图 8-9

$$= \int_{0}^{2}\left(\frac{10}{3}y^3-y^2\right)\mathrm{d}y = \frac{32}{3}.$$

【例 3】 计算二重积分 $I = \iint\limits_{D}x^2\mathrm{e}^{-y^2}\mathrm{d}x\mathrm{d}y$,其中 D 是由直线 $x=0,y=1,y=x$ 围成的区域,如图 8-10 所示.

解 这个区域既可以看作 x—型区域也可以看作 y—区域,但若先对 y 积分,$\int \mathrm{e}^{-y^2}\mathrm{d}y$ 无法积出,因此只能先对 x 积分.

因为 $\qquad I = \int_{0}^{1}\mathrm{d}y\int_{0}^{y}x^2\mathrm{e}^{-y^2}\mathrm{d}x,$

所以 $\qquad I = \iint\limits_{D}x^2\mathrm{e}^{-y^2}\mathrm{d}x\mathrm{d}y = \frac{1}{6}-\frac{1}{3\mathrm{e}}.$

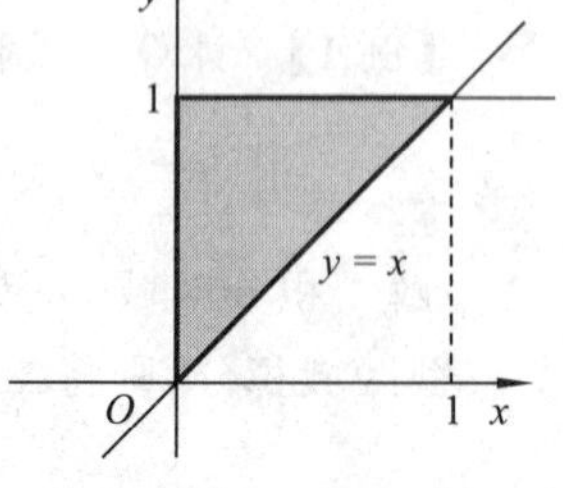

本例说明:合理选择二次积分的次序以简化二重积分的

图 8-10

计算是我们常常要考虑的问题,其中,既要考虑积分区域的形状,又要考虑被积函数的特性.

【例4】 交换下列积分的积分次序.

(1) $\int_a^b dy \int_a^y f(x,y)dx$;

(2) $\int_0^1 dy \int_0^{2y} f(x,y)dx + \int_1^3 dy \int_0^{3-y} f(x,y)dx$.

解 (1) 已知是先 x 后 y 的积分,积分区域为
$$\{(x,y) \mid a \leqslant x \leqslant y,\ a \leqslant y \leqslant b\},$$
该区域又可表示为 $D = \{(x,y) \mid a \leqslant x \leqslant b, x \leqslant y \leqslant b\}$,于是可得先 y 后 x 的积分为 $\int_a^b dx \int_x^b f(x,y)dy$.

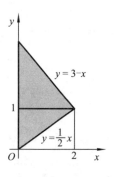

图 8-11

(2) 已知是先 x 后 y 的积分,积分区域为

$\{(x,y) \mid 0 \leqslant x \leqslant 2y, 0 \leqslant y \leqslant 1\} \bigcup \{(x,y) \mid 0 \leqslant x \leqslant 3-y, 1 \leqslant y \leqslant 3\}$. 该

区域(见图 8-11)又可表示为
$$D = \left\{(x,y) \mid 0 \leqslant x \leqslant 2, \frac{x}{2} \leqslant y \leqslant 3-x \right\},$$

于是可得先 y 后 x 的积分为 $\int_0^2 dx \int_{\frac{x}{2}}^{3-x} f(x,y)dy$.

交换累次积分的积分次序时,积分限并不是简单的交换,而是要重新配置. 其步骤为:

(1) 将所给累次积分写成二重积分;

(2) 根据所给累次积分的上、下限列出积分区域 D 的联立不等式,并作出 D 的图形;

(3) 写出与另一个积分次序相应的 D 的联立不等式;

(4) 化二重积分为另一个累次积分.

8.2.2 在极坐标系下计算二重积分

有些二重积分的积分区域 D 的边界曲线用极坐标方程来表示比较方便,且被积函数用极坐标变量 r、θ 来表达比较简单,如图 8-12 所示. 这时我们就可以考虑利用极坐标来计算二重积分 $\iint\limits_D f(x,y)d\sigma$.

由二重积分的定义知

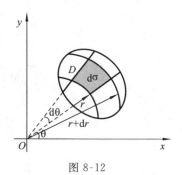

$$\iint\limits_D f(x,y)d\sigma = \lim_{\lambda \to 0} \sum_{i=1}^n f(\xi_i,\eta_i)\Delta\sigma_i.$$

图 8-12

下面我们来研究这个和的极限在极坐标系中的形式.

因为 $\begin{cases} x=r\cos\theta, \\ y=r\sin\theta \end{cases}$ $d\sigma=rd\theta \cdot dr=rdrd\theta$ （见图 8-10），

所以 $f(x,y)d\sigma=f(r\cos\theta,r\sin\theta)rdrd\theta.$

【例 5】 计算积分 $\iint\limits_{D}e^{-x^2-y^2}dxdy$，$D$ 是圆心在原点，半径

为 R 的闭区域圆.

解 这里 $D=\{(x,y)\,|\,x^2+y^2\leqslant R^2\}$（见图 8-13），在极

坐标系中可表示为

$$D^*=\{(r,\theta)\,|\,0\leqslant r\leqslant R,0\leqslant\theta\leqslant 2\pi\},$$

且 $x^2+y^2=r^2$，于是 $\iint\limits_{D}e^{-x^2-y^2}dxdy$ 为

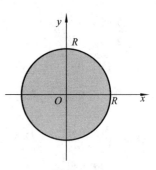

图 8-13

$$\iint\limits_{D^*}e^{-r^2} \cdot rdrd\theta = \int_0^{2\pi}d\theta\int_0^R re^{-r^2}dr = 2\pi\left(-\frac{1}{2}e^{-r^2}\right)\Big|_0^R = \pi(1-e^{-R^2}).$$

【例 6】 计算二重积分 $\iint\limits_{D}x^2dxdy$，D 是由圆 $x^2+y^2=1$ 及

$x^2+y^2=4$ 所围成的环形区域，如图 8-14 所示.

解 环区域 D 在极坐标系中可表示为

$$D^*=\{(r,\theta)\,|\,1\leqslant r\leqslant 2,0\leqslant\theta\leqslant 2\pi\},$$

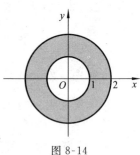

所以 $\iint\limits_{D}x^2dxdy=\iint\limits_{D}r^2\cos^2\theta \cdot rdrd\theta=\int_0^{2\pi}\cos^2\theta d\theta\int_1^2 r^3dr=\frac{15}{4}\pi.$

图 8-14

【例 7】 计算 $\iint\limits_{D}xydxdy$，其中

$$D=\{(x,y)\,|\,y>0,1\leqslant x^2+y^2\leqslant 2x\}.$$

解 区域 D（见图 8-15 中阴影部分）在极坐标中可

表示为

$$D^*=\left\{(r,\theta)\,|\,1\leqslant r\leqslant 2\cos\theta,0\leqslant\theta\leqslant\frac{\pi}{3}\right\},$$

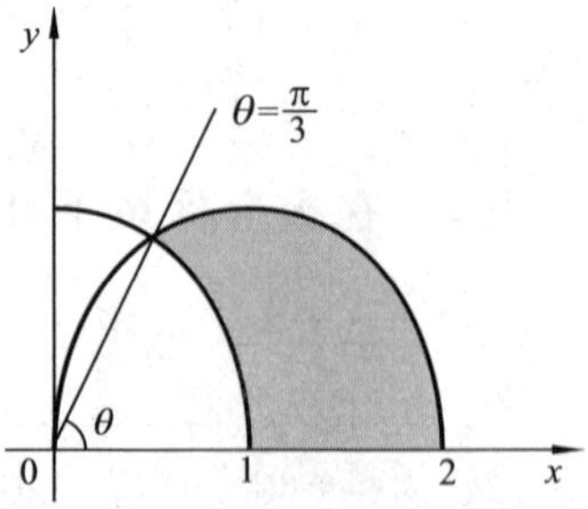

于是 $\iint\limits_{D}xydxdy=\iint\limits_{D^*}r\cos\theta \cdot r\sin\theta \cdot rdrd\theta$

$$=\int_0^{\frac{\pi}{3}}d\theta\int_1^{2\cos\theta}r^3\cos\theta\sin\theta dr$$

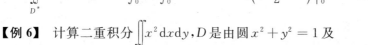

图 8-15

$$=\int_0^{\frac{\pi}{3}}\cos\theta\sin\theta\left(\frac{1}{4}r^4\right)\Big|_1^{2\cos\theta}d\theta=\int_0^{\frac{\pi}{3}}\cos\theta\sin\theta\left(4\cos^4\theta-\frac{1}{4}\right)d\theta$$

$$=-\int_0^{\frac{\pi}{3}}(4\cos^5\theta-\frac{1}{4}\cos\theta)\mathrm{d}\cos\theta=\left(\frac{1}{8}\cos^2\theta-\frac{4}{6}\cos^6\theta\right)\Big|_0^{\frac{\pi}{3}}=\frac{9}{16}.$$

【例 8】 利用二重积分证明 $\int_0^{+\infty}\mathrm{e}^{-x^2}\mathrm{d}x=\frac{\sqrt{\pi}}{2}$.

证明 记 $I_a=\int_0^a\mathrm{e}^{-x^2}\mathrm{d}x$ $(a>0)$，D：$0\leqslant x\leqslant a,0\leqslant y\leqslant a$. 则

$$I_a^2=\int_0^a\mathrm{e}^{-x^2}\mathrm{d}x\int_0^a\mathrm{e}^{-y^2}\mathrm{d}y=\iint_D\mathrm{e}^{-x^2-y^2}\mathrm{d}x\mathrm{d}y.$$

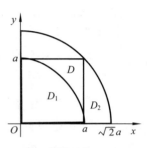

图 8-16

设 　　$D_1:x^2+y^2\leqslant a^2$ 　 $(x\geqslant 0,y\geqslant 0)$，

　　　　$D_2:x^2+y^2\leqslant 2a^2$ 　 $(x\geqslant 0,y\geqslant 0)$，

如图 8-16 所示，则有

$$\iint_{D_1}\mathrm{e}^{-x^2-y^2}\mathrm{d}x\mathrm{d}y=\int_0^{\frac{\pi}{2}}\mathrm{d}\theta\int_0^a\mathrm{e}^{-r^2}\cdot r\mathrm{d}r=\frac{\pi}{4}(1-\mathrm{e}^{-a^2}),$$

$$\iint_{D_2}\mathrm{e}^{-x^2-y^2}\mathrm{d}x\mathrm{d}y=\int_0^{\frac{\pi}{2}}\mathrm{d}\theta\int_0^{\sqrt{2}a}\mathrm{e}^{-r^2}\cdot r\mathrm{d}r=\frac{\pi}{4}(1-\mathrm{e}^{-2a^2}).$$

于是，有

$$\iint_{D_1}\mathrm{e}^{-x^2-y^2}\mathrm{d}x\mathrm{d}y\leqslant\iint_D\mathrm{e}^{-x^2-y^2}\mathrm{d}x\mathrm{d}y\leqslant\iint_{D_2}\mathrm{e}^{-x^2-y^2}\mathrm{d}x\mathrm{d}y,$$

即 　　　　　　　　$\dfrac{\pi}{4}(1-\mathrm{e}^{-a^2})\leqslant I_a^2\leqslant\dfrac{\pi}{4}(1-\mathrm{e}^{-2a^2}).$

令 $a\rightarrow+\infty$，可得 $\lim\limits_{a\rightarrow+\infty}I_a^2=\dfrac{\pi}{4}$，即 $\int_0^{+\infty}\mathrm{e}^{-x^2}\mathrm{d}x=\dfrac{\sqrt{\pi}}{2}$.

利用本例结果可证概率论与数理统计中标准正态分布的概率密度函数 $f(x)=\dfrac{1}{\sqrt{2\pi}}\mathrm{e}^{-\frac{x^2}{2}}$ 的广义积分 $\int_{-\infty}^{+\infty}f(x)\mathrm{d}x=1$. 故也称 $\int_0^{+\infty}\mathrm{e}^{-x^2}\mathrm{d}x=\dfrac{\sqrt{\pi}}{2}$ 为**概率积分**.

【例 9】 设有二重积分 $I=\iint_D f(x,y)\mathrm{d}x\mathrm{d}y$，其中 D 是单位圆 $x^2+y^2\leqslant 1$ 在第一象限部分（见图 8-17 中阴影部分），将它化为如下的累次积分是否正确？为什么？

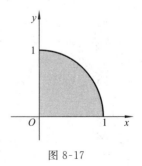

图 8-17

$(1)I=\int_0^1\mathrm{d}x\int_0^{\sqrt{1-y^2}}f(x,y)\mathrm{d}y;$

$(2)I=\int_0^{\sqrt{1-y^2}}\mathrm{d}x\int_0^{\sqrt{1-x^2}}f(x,y)\mathrm{d}y;$

$(3)I=\int_0^1\mathrm{d}x\int_0^1 f(x,y)\mathrm{d}y;$

$(4)I=\int_0^{\frac{\pi}{2}}\mathrm{d}\theta\int_0^1 f(r\cos\theta,r\sin\theta)\mathrm{d}r;$

$(5)I = \int_0^1 d\theta \int_0^1 f(x,y)r dr;$

$(6)I = \int_0^1 dx \int_0^{\sqrt{1-x^2}} f(x,y)dy;$

$(7)I = \int_0^{\frac{\pi}{2}} d\theta \int_0^1 f(r\cos\theta, r\sin\theta)r dr.$

解　上面给出的 7 个累次积分,前 5 个都是错误的,只有(6),(7)是正确的.

(1) 先对 y 积分时,积分上限应是 x 的函数而不是 y 的函数;

(2) 后对 x 积分时,积分上限应是常数而不是函数;

(3) 先对 y 积分时,积分上限应是 $y=\sqrt{1-x^2}$ 而不是 $y=1$;

(4) 在极坐标系中计算时,面积微元 $d\sigma$ 应是 $r dr d\theta$ 而不是 $dr d\theta$,这种丢掉 r 因子的错误在计算中是很容易出现的;

(5) 在极坐标系中计算时,被积函数 $f(x,y)$ 应用极坐标变量 r,θ 表示.

习题 8-2

1. 改变下列积分的积分次序:

$(1) \int_0^1 dy \int_y^{\sqrt{y}} f(x,y)dx;$ 　　　　$(2) \int_1^e dx \int_0^{\ln x} f(x,y)dy;$

$(3) \int_0^1 dx \int_0^{x^2} f(x,y)dy + \int_1^3 dx \int_0^{\frac{1}{2}(3-x)} f(x,y)dy;$

$(4) \int_0^{2\pi} dx \int_0^{\sin x} f(x,y)dy.$

2. 计算下列二重积分:

$(1) \iint_D xy dx dy$,其中 D 是由 $y=x$ 与 $y=x^2$ 所围成的区域;

$(2) \iint_D (2x+3y)dx dy$,其中 $D: |x|+|y| \leqslant 1$;

$(3) \iint_D (x^2+y^2)dx dy$,其中 D 是由 $y=x, y=x+a, y=a$ 和 $y=3a(a>0)$ 所围成的区域;

$(4) \iint_D \cos(x+y)dx dy$,其中 D 是由 $y=x, y=\pi$ 和 $x=0$ 所围成的区域;

$(5) \iint_D \frac{x^2}{y} dx dy$,其中 D 由直线 $y=2, y=x$ 和曲线 $xy=1$ 所围成.

3. 计算下列二次积分:

(1) $\int_{\pi}^{2\pi}\mathrm{d}y\int_{y-\pi}^{\pi}\dfrac{\sin x}{x}\mathrm{d}x$;   (2) $\int_{0}^{\sqrt[3]{\pi}}\mathrm{d}y\int_{y^2}^{\sqrt[3]{\pi^2}}\sin\sqrt{x^3}\mathrm{d}x$;

(3) $\int_{0}^{1}\mathrm{d}x\int_{x^2}^{1}\dfrac{xy}{\sqrt{1+y^3}}\mathrm{d}y$.

4. 用极坐标计算下列二重积分:

(1) $\iint\limits_{D}\sqrt{R^2-x^2-y^2}\mathrm{d}x\mathrm{d}y$,其中 $D:x^2+y^2\leqslant R^2,0\leqslant y\leqslant x,x\geqslant 0$,如下边左图所示;

(2) $\iint\limits_{D}\arctan\dfrac{y}{x}\mathrm{d}\sigma$,其中 D 是由 $x^2+y^2=4,x^2+y^2=1,y=0,y=x$ 所围成的第一象限内的区域如下边右图所示;

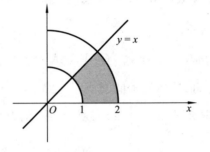

第 4(1) 题图   第 4(2) 题图

(3) $\iint\limits_{D}\sin\sqrt{x^2+y^2}\mathrm{d}x\mathrm{d}y$,其中 $D:\pi^2\leqslant x^2+y^2\leqslant 4\pi^2$;

(4) $\iint\limits_{D}\sqrt{x^2+y^2}\mathrm{d}x\mathrm{d}y$,其中 $D:|x|\leqslant a,|y|\leqslant a$;

(5) $\iint\limits_{D}|x^2+y^2-4|\mathrm{d}x\mathrm{d}y$,其中 $D:x^2+y^2\leqslant 9$;

(6) $\iint\limits_{D}\ln(1+x^2+y^2)\mathrm{d}x\mathrm{d}y$,其中 $D:x^2+y^2\leqslant 1$.

5. 设 $f(x,y)$ 连续,且 $f(x,y)=xy+\iint\limits_{D}f(x,y)\mathrm{d}x\mathrm{d}y$,其中 D 由 $y=0,y=x^2$ 及 $x=1$ 所围成,求 $f(x,y)$.

6. 设 $f(u)$ 连续,D 由 $y=x^3,y=1$ 及 $x=-1$ 所围成,计算二重积分

$$\iint\limits_{D}x[1+yf(x^2+y^2)]\mathrm{d}x\mathrm{d}y.$$

8.3 三重积分的概念与计算

三重积分的概念与性质和二重积分类似.

8.3.1 三重积分的概念

1. 引例

设有一物体占有空间闭区域 Ω,物体的体密度 $\rho = \rho(x, y, z) \geqslant 0$ 在区域 Ω 上连续,求此物体质量 M 的过程如下:

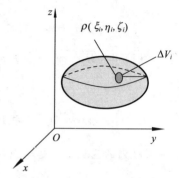

图 8-18

(1)分割. 用曲面网分割区域 Ω 为空间的 n 个小区域: $\Delta V_1, \Delta V_2, \cdots, \Delta V_n$(见图 8-18),其中 ΔV_i 既表示第 i 个小区域,又表示第 i 个小区域的体积,则物体的质量为:

$$M = \sum_{i=1}^{n} \Delta M_i;$$

(2)近似. $\forall (\xi_i, \eta_i, \zeta_i) \in \Delta V_i, \Delta M_i \approx \rho(\xi_i, \eta_i, \zeta_i) \Delta V_i;$

(3)求和. 物体的质量 $M = \sum_{i=1}^{n} \Delta M_i \approx \sum_{i=1}^{n} \rho(\xi_i, \eta_i, \zeta_i) \Delta V_i;$

(4)取极限. 记 $\lambda = \max_{1 \leqslant i \leqslant n} \{$所有 ΔV_i 的直径$\}$,则所求物体质量为

$$M = \lim_{\lambda \to 0} \sum_{i=1}^{n} \rho(\xi_i, \eta_i, \zeta_i) \Delta V_i.$$

2. 定义

设函数 $f(x, y, z)$ 是有界闭域 Ω 上的有界函数,将 Ω 任意分割成 n 个小的区域 $\Delta V_1, \Delta V_2, \cdots, \Delta V_n, \Delta V_i$ 既表示第 i 个小区域,又表示第 i 个小区域的体积. 任取 $(\xi_i, \eta_i, \zeta_i) \in \Delta V_i, i = 1, 2, \cdots n$,作和 $\sum_{i=1}^{n} f(\xi_i, \eta_i, \zeta_i) \Delta V_i$. 记 $\lambda = \max_{1 \leqslant i \leqslant n} \{\Delta V_i$ 的直径$\}$,若不论 Ω 如何划分,也不论 $(\xi_i, \eta_i, \zeta_i) \in \Delta V_i$ 如何选取,极限 $\lim_{\lambda \to 0} \sum_{i=1}^{n} f(\xi_i, \eta_i, \zeta_i) \Delta V_i$ 都存在且相等,则称极限值为函数 $f(x, y, z)$ 在区域 Ω 上的**三重积分**,记作 $\iiint\limits_{\Omega} f(x, y, z) \mathrm{d}V$,即

$$\iiint\limits_{\Omega} f(x, y, z) \mathrm{d}V = \lim_{\lambda \to 0} \sum_{i=1}^{n} f(\xi_i, \eta_i, \zeta_i) \Delta V_i.$$

其中,$f(x, y, z)$ 为**被积函数**,Ω 为**积分区域**,$\mathrm{d}V$ 为**体积微元**,x, y, z 为**积分变量**,$f(x, y, z)\mathrm{d}V$ 为**被积表达式**,$\sum_{i=1}^{n} f(\xi_i, \eta_i, \zeta_i) \Delta V_i$ 为**积分和**.

注意 (1)$\mathrm{d}V$ 相应于积分和中的 ΔV_i,故 $\mathrm{d}V > 0$.

(2)若 $\iiint\limits_{\Omega} f(x, y, z) \mathrm{d}V$ 存在,当直角坐标系中的坐标平面网分割区域 Ω 时,除去边

沿部分外,其内部的小区域均为长方体,其体积为 $\Delta V_i = \Delta x_i \Delta y_i \Delta z_i$,即在直角坐标系下,$dV = dxdydz$ 且

$$\iiint\limits_{\Omega} f(x,y,z) dV = \iiint\limits_{\Omega} f(x,y,z) dxdydz.$$

(3) 三重积分的意义:

① 几何意义:当 $f(x,y,z) \equiv 1$ 时,$\iiint\limits_{\Omega} dV$ 积分值等于积分区域 Ω 的体积,即 $\iiint\limits_{\Omega} dV = V$;

② 物理意义:$\iiint\limits_{\Omega} \rho(x,y,z) dV = M$;

(4) 三重积分的性质类似于二重积分.

8.3.2 直角坐标系下三重积分的计算

同二重积分的计算类似,三重积分的计算需化为三次积分,主要有先线后面与先面后线两种常用方法.

1. 先线后面

设:

(1) 平行于 z 轴的直线穿过 Ω 时,与 Ω 的边界曲面的交点不超过两个,且依此将 Ω 的边界曲面分为上、下两部分:$\Sigma_2 : z = z_2(x,y)$ 与 $\Sigma_1 : z = z_1(x,y)$,即 $z_1(x,y) \leqslant z \leqslant z_2(x,y)$,如图 8-19 所示;

(2) Ω 在 xOy 坐标平面上的投影区域 D 是平面的 x 一型区域,即

$$D : \begin{cases} a \leqslant x \leqslant b \\ y_1(x) \leqslant y \leqslant y_2(x) \end{cases};$$

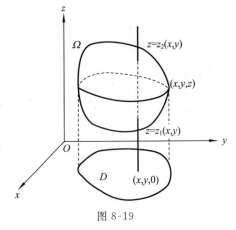

图 8-19

(3) 对于 Ω 上的任意一点 (x,y,z),均满足不等式

$$\begin{cases} a \leqslant x \leqslant b \\ y_1(x) \leqslant y \leqslant y_2(x) \\ z_1(x,y) \leqslant z \leqslant z_2(x,y) \end{cases}.$$

则

$$\iiint\limits_{\Omega} f(x,y,z) dV = \iint\limits_{D} d\sigma \int_{z_1(x,y)}^{z_2(x,y)} f(x,y,z) dz$$

$$= \int_a^b dx \int_{y_1(x)}^{y_2(x)} dy \int_{z_1(x,y)}^{z_2(x,y)} f(x,y,z) dz.$$

注意 (1) 若空间区域 Ω 在 xOy 平面上的投影区域 D 为 y 一型区域,即

$$D: \begin{cases} c \leqslant y \leqslant d \\ x_1(y) \leqslant x \leqslant x_2(y) \end{cases},$$

则

$$\iiint\limits_{\Omega} f(x,y,z)\mathrm{d}V = \iint\limits_{D}\mathrm{d}\sigma \int_{z_1(x,y)}^{z_2(x,y)} f(x,y,z)\mathrm{d}z$$

$$= \int_c^d \mathrm{d}y \int_{x_1(y)}^{x_2(y)} \mathrm{d}x \int_{z_1(x,y)}^{z_2(x,y)} f(x,y,z)\mathrm{d}z;$$

(2) 当平行于 y 轴的直线穿过区域 Ω 时,与区域边界曲面的交点不超过两个,且 $y_1(x,z) \leqslant y \leqslant y_2(x,z)$. Ω 在 xOz 坐标平面上的投影 D 用不等式表示为

$$D: \begin{cases} a \leqslant x \leqslant b \\ z_1(x) \leqslant z \leqslant z_2(x) \end{cases},$$

则

$$\iiint\limits_{\Omega} f(x,y,z)\mathrm{d}V = \iint\limits_{D}\mathrm{d}\sigma \int_{y_1(x,z)}^{y_2(x,z)} f(x,y,z)\mathrm{d}y$$

$$= \int_a^b \mathrm{d}x \int_{z_1(x)}^{z_2(x)} \mathrm{d}z \int_{y_1(x,z)}^{y_2(x,z)} f(x,y,z)\mathrm{d}y;$$

(3) 计算三重积分时,要求必须画出投影区域 D 的图形;

(4) 计算三重积分时,首先对 z 作定积分然后再作投影区域上对 x,y 的二重积分,称之为"先线后面".

【例 1】 将三重积分 $I = \iiint\limits_{\Omega} f(x,y,z)\mathrm{d}V$ 化为三次积分,其中,积分区域 Ω 由平面 $\dfrac{x}{a} + \dfrac{y}{b} + \dfrac{z}{c} = 1$ 与三个坐标面围成$(a > 0, b > 0, c > 0)$.

解法一 将 Ω(见图 8-20(a))向 xOy 平面投影,投影区域 D 如图 8-20(b)示,且

$$0 \leqslant z \leqslant c\left(1 - \frac{x}{a} - \frac{y}{b}\right), \quad D: \begin{cases} 0 \leqslant x \leqslant a \\ 0 \leqslant y \leqslant b\left(1 - \dfrac{x}{a}\right) \end{cases}.$$

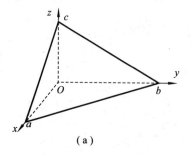
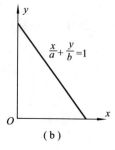

(a)　　　　　　　　(b)

图 8-20

$$I = \iiint\limits_{\Omega} f(x,y,z)\mathrm{d}V = \iint\limits_{D}\mathrm{d}\sigma \int_0^{c\left(1-\frac{x}{a}-\frac{y}{b}\right)} f(x,y,z)\mathrm{d}z$$

$$= \int_0^a \mathrm{d}x \int_0^{b\left(1-\frac{x}{a}\right)} \mathrm{d}y \int_0^{c\left(1-\frac{x}{a}-\frac{y}{b}\right)} f(x,y,z)\mathrm{d}z$$

或

$$I = \int_0^b \mathrm{d}y \int_0^{a\left(1-\frac{y}{b}\right)} \mathrm{d}x \int_0^{c\left(1-\frac{x}{a}-\frac{y}{b}\right)} f(x,y,z)\mathrm{d}z.$$

特别地,取 $a=b=c=1, f(x,y,z)=x$,则

$$I = \iiint\limits_{\Omega} x\,\mathrm{d}V = \iint\limits_{D}\mathrm{d}\sigma \int_0^{1-x-y} x\,\mathrm{d}z = \int_0^1 \mathrm{d}x \int_0^{1-x}\mathrm{d}y \int_0^{1-x-y} x\,\mathrm{d}z$$

$$= \int_0^1 \mathrm{d}x \int_0^{1-x} x(1-x-y)\,\mathrm{d}y = \int_0^1 x\left[(1-x)^2 - \frac{1}{2}(1-x)^2\right]\mathrm{d}x$$

$$= \frac{1}{2}\int_0^1 x(1-x)^2\,\mathrm{d}x = \frac{1}{2}\int_0^1 x(x^2-2x+1)\,\mathrm{d}x = \frac{1}{24}.$$

解法二 将 Ω 向 yOz 平面投影,投影区域 D 如图 8-21 所示,且

$$0\leqslant x \leqslant a\left(1-\frac{y}{b}-\frac{z}{c}\right), \quad D:\begin{cases} 0\leqslant y\leqslant b \\ 0\leqslant z\leqslant c\left(1-\frac{y}{b}\right) \end{cases},$$

则 $\displaystyle I = \iiint\limits_{\Omega} f(x,y,z)\mathrm{d}V = \iint\limits_{D}\mathrm{d}\sigma \int_0^{a\left(1-\frac{y}{b}-\frac{z}{c}\right)} f(x,y,z)\mathrm{d}x$

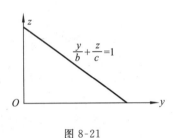

图 8-21

$$= \int_0^b \mathrm{d}y \int_0^{c\left(1-\frac{y}{b}\right)} \mathrm{d}z \int_0^{a\left(1-\frac{y}{b}-\frac{z}{c}\right)} f(x,y,z)\mathrm{d}x$$

$$= \int_0^c \mathrm{d}z \int_0^{b\left(1-\frac{z}{c}\right)} \mathrm{d}y \int_0^{a\left(1-\frac{y}{b}-\frac{z}{c}\right)} f(x,y,z)\mathrm{d}x.$$

2. 先面后线

对于三重积分 $\displaystyle\iiint\limits_{\Omega} f(x,y,z)\mathrm{d}V$ 除了先作定积分,然后在投影区域上再作二重积分外,在某些情况下也可以采用先作二重积分再作定积分的积分方式,称为"**先面后线**".

设空间区域 Ω 如图 8-22 所示,则 $c_1\leqslant z\leqslant c_2$. $\forall z\in(c_1,c_2)$,过 z 点作 z 轴的垂面,与区域 Ω 的截面为 D_z,则

$$\iiint\limits_{\Omega} f(x,y,z)\mathrm{d}V = \int_{c_1}^{c_2}\mathrm{d}z \iint\limits_{D_z} f(x,y,z)\mathrm{d}\sigma.$$

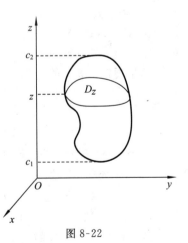

图 8-22

【例 2】 计算三重积分 $\displaystyle\iiint\limits_{\Omega} z^2\mathrm{d}V, \Omega:\dfrac{x^2}{a^2}+\dfrac{y^2}{b^2}+\dfrac{z^2}{c^2}\leqslant 1.$

分析 如果采用"先线后面"的方法积分,则将 Ω 投影到 xOy 平面上,投影区域为

$$D:\frac{x^2}{a^2}+\frac{y^2}{b^2}\leqslant 1,$$

$$\iiint\limits_{\Omega} z^2 \, dV = \iint\limits_{D} d\sigma \int_{-c\sqrt{1-\frac{x^2}{a^2}-\frac{y^2}{b^2}}}^{c\sqrt{1-\frac{x^2}{a^2}-\frac{y^2}{b^2}}} z^2 \, dz = \int_{-a}^{a} dx \int_{-b\sqrt{1-\frac{x^2}{a^2}}}^{b\sqrt{1-\frac{x^2}{a^2}}} dy \int_{-c\sqrt{1-\frac{x^2}{a^2}-\frac{y^2}{b^2}}}^{c\sqrt{1-\frac{x^2}{a^2}-\frac{y^2}{b^2}}} z^2 \, dz$$

$$= \frac{2}{3} c^3 \int_{-a}^{a} dx \int_{-b\sqrt{1-\frac{x^2}{a^2}}}^{b\sqrt{1-\frac{x^2}{a^2}}} \left(1-\frac{x^2}{a^2}-\frac{y^2}{b^2}\right)^{\frac{3}{2}} dy \quad (\text{积分很难完成}).$$

解　将 Ω 投影到 z 轴上,则 $-c \leqslant z \leqslant c$. $\forall z \in (-c, c)$,平面 $z=z$ 与椭球的截面为

$$D_z: \frac{x^2}{a^2} + \frac{y^2}{b^2} \leqslant 1 - \frac{z^2}{c^2} \quad (z=z),$$

该截面是一个在平面 $z=z$ 上的椭圆(见图 8-23),即

$$D_z: \frac{x^2}{\left(a\sqrt{1-\frac{z^2}{c^2}}\right)^2} + \frac{y^2}{\left(b\sqrt{1-\frac{z^2}{c^2}}\right)^2} \leqslant 1 \quad (z=z)$$

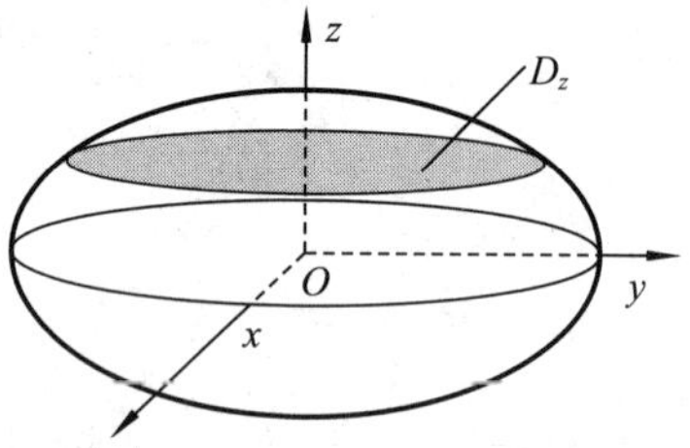

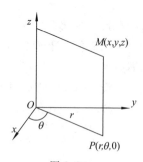

图 8-23

$$\iiint\limits_{\Omega} z^2 \, dV = \int_{-c}^{c} dz \iint\limits_{D_z} z^2 \, d\sigma = \int_{-c}^{c} z^2 \, dz \iint\limits_{D_z} d\sigma$$

$$= \int_{-c}^{c} z^2 \cdot \left(\pi \cdot a\sqrt{1-\frac{z^2}{c^2}} \cdot b\sqrt{1-\frac{z^2}{c^2}}\right) dz = \pi ab \int_{-c}^{c} z^2 \left(1-\frac{z^2}{c^2}\right) dz$$

$$= 2\pi ab \int_{0}^{c} \left(z^2 - \frac{z^4}{c^2}\right) dz = 2\pi ab \left(\frac{1}{3}c^3 - \frac{1}{5}c^3\right) = \frac{4}{15}\pi abc^3.$$

8.3.3　柱坐标系下三重积分的计算

1. 柱坐标系

设 $M(x, y, z)$ 为空间内一点,并设 M 在 xOy 面上的投影 P 的极坐标为 r, θ,则这样的三个参数 r, θ, z 就叫做点 M 的**柱坐标**.

这里规定 r, θ, z 的变化范围为:

$$0 \leqslant r < +\infty;$$
$$0 \leqslant \theta \leqslant 2\pi;$$
$$-\infty < z < +\infty.$$

柱坐标系(见图 8-24)下的坐标面:

(1) $r=$ 常数——圆柱面,$0 \leqslant r < +\infty$;

(2) $\theta=$ 常数——过 z 轴的半平面,$0 \leqslant \theta \leqslant 2\pi$;

(3) $z=$ 常数——平行于 xOy 坐标面的平面.

柱坐标与直角坐标的关系:

图 8-24

$$\begin{cases} x = r\cos\theta \\ y = r\sin\theta, \\ z = z \end{cases}$$

$$x^2 + y^2 = r^2.$$

2. 柱坐标系下三重积分的计算

用上述坐标面构成的曲面网分割空间区域 Ω（见图 8-25），除去边缘部分外，均有

$$\Delta V_i \approx (r_i \Delta \theta_i) \cdot \Delta r_i \cdot \Delta z_i,$$

$$\iiint_\Omega f(x,y,z)\mathrm{d}V = \lim_{\lambda \to 0} \sum_{i=1}^n f(\xi_i, \eta_i, \zeta_i) \Delta V_i$$

$$= \lim_{\lambda \to 0} \sum_{i=1}^n f(r_i \cos \theta_i, r_i \sin \theta_i, \zeta_i) r_i \Delta \theta_i \Delta r_i \Delta z_i$$

$$= \iiint_\Omega f(r\cos \theta, r\sin \theta, z) r \mathrm{d}r \mathrm{d}\theta \mathrm{d}z.$$

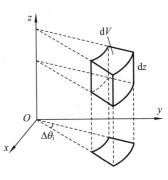

图 8-25

在柱坐标系中，

$$x = r\cos \theta, y = r\sin \theta, z = z, \mathrm{d}V = r\mathrm{d}r\mathrm{d}\theta\mathrm{d}z,$$

则

$$\iiint_\Omega f(x,y,z)\mathrm{d}V = \iiint_\Omega f(r\cos \theta, r\sin \theta, z) r\mathrm{d}r\mathrm{d}\theta\mathrm{d}z.$$

设空间区域 Ω 在 xOy 平面上的投影区域（见图 8-26）为

$$D: \begin{cases} \alpha \leqslant \theta \leqslant \beta \\ \varphi_1(\theta) \leqslant r \leqslant \varphi_2(\theta) \end{cases},$$

则柱坐标系下的三次积分为：

$$\iiint_\Omega f(r\cos \theta, r\sin \theta, z) r\mathrm{d}r\mathrm{d}\theta\mathrm{d}z$$

$$= \int_\alpha^\beta \mathrm{d}\theta \int_{\varphi_1(\theta)}^{\varphi_2(\theta)} r\mathrm{d}r \int_{z_1(r,\theta)}^{z_2(r,\theta)} f(r\cos \theta, r\sin \theta, z)\mathrm{d}z.$$

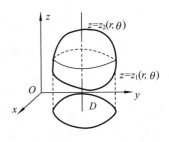

图 8-26

注意 柱坐标变换实质上是："先线后面"+"极坐标变换".

【例 3】 将三重积分 $\iiint_\Omega f(x^2 + y^2, z)\mathrm{d}V$ 化为柱坐标系下的三次积分，其中，Ω 为介于 $z = 1, z = 2$ 之间的圆柱：$x^2 + y^2 \leqslant a^2$，如图 8-27 所示.

解 Ω 在 xOy 坐标面上的投影区域为 $D: x^2 + y^2 \leqslant a^2$，且 $\forall (x,y) \in D$，有 $1 \leqslant z \leqslant 2$，以及

$$D: \begin{cases} 0 \leqslant r \leqslant a \\ 0 \leqslant \theta \leqslant 2\pi \end{cases},$$

$$\iiint_\Omega f(x^2 + y^2, z)\mathrm{d}V = \iiint_\Omega f(r^2, z) r\mathrm{d}r\mathrm{d}\theta\mathrm{d}z$$

$$= \int_0^{2\pi} \mathrm{d}\theta \int_0^a r\mathrm{d}r \int_1^2 f(r^2, z)\mathrm{d}z.$$

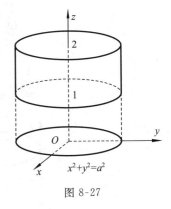

图 8-27

【例 4】 将三重积分 $\iiint_\Omega f(x,y,z)\mathrm{d}V$ 化为柱坐标系下的三次积分：

(1) Ω 由圆柱面 $x^2-2x+y^2=0$ 与平面 $z=0,z=2$ 围成;

(2) Ω 由圆柱面 $x^2+y^2-2y=0$ 与平面 $z=0,z=2$ 围成;

(3) Ω 由椭球面 $z=x^2+2y^2$ 与抛物柱面 $z=2-x^2$ 围成.

解　(1)Ω(见图 8-28)在 xOy 平面上的投影区域(见图 8-29)为

$$D:x^2-2x+y^2\leqslant 0,$$

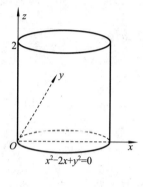

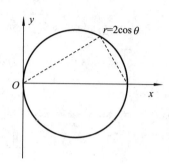

图 8-28

图 8-29

对 $\forall(x,y)\in D$,对应有 $0\leqslant z\leqslant 2$,且

$$D:\begin{cases}-\dfrac{\pi}{2}\leqslant r\leqslant\dfrac{\pi}{2},\\ 0\leqslant r\leqslant 2\cos\theta\end{cases}$$

$$\iiint\limits_{\Omega}f(x,y,z)\mathrm{d}V=\iiint\limits_{\Omega}f(r\cos\theta,r\sin\theta,z)r\mathrm{d}r\mathrm{d}\theta\mathrm{d}z$$

$$=\int_{-\frac{\pi}{2}}^{\frac{\pi}{2}}\mathrm{d}\theta\int_0^{2\cos\theta}r\mathrm{d}r\int_0^2f(r\cos\theta,r\sin\theta,z)\mathrm{d}z.$$

(2)
$$\iiint\limits_{\Omega}f(x,y,z)\mathrm{d}V$$

$$=\iiint\limits_{\Omega}f(r\cos\theta,r\sin\theta,z)r\mathrm{d}r\mathrm{d}\theta\mathrm{d}z$$

$$=\int_0^{\pi}\mathrm{d}\theta\int_0^{2\sin\theta}r\mathrm{d}r\int_0^2f(r\cos\theta,r\sin\theta,z)\mathrm{d}z.\quad(参考图 8\text{-}30)$$

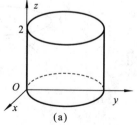

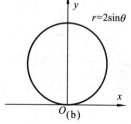

图 8-30

（3）Ω 在 xOy 平面上的投影区域（见图 8-31）为

$$D: x^2+y^2 \leqslant 1,$$

$\forall(x,y) \in D$ 对应有 $x^2+2y^2 \leqslant z \leqslant 2-x^2$，在柱坐标系下为：

$$r^2(1+\sin^2\theta) \leqslant z \leqslant 2-r^2\cos^2\theta,$$

且

$$D: \begin{cases} 0 \leqslant \theta \leqslant 2\pi \\ 0 \leqslant r \leqslant 1 \end{cases},$$

$$\iiint_{\Omega} f(x,y,z) \mathrm{d}V = \iiint_{\Omega} f(r\cos\theta, r\sin\theta, z) r \mathrm{d}r \mathrm{d}\theta \mathrm{d}z$$

$$= \int_0^{2\pi} \mathrm{d}\theta \int_0^1 r\mathrm{d}r \int_{r^2(1+\sin^2\theta)}^{2-r^2\cos^2\theta} f(r\cos\theta, r\sin\theta, z) \mathrm{d}z.$$

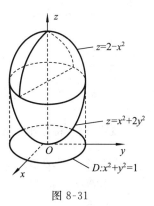

图 8-31

8.3.4 球坐标系下三重积分的计算

1. 球坐标系

设 $M(x,y,z)$ 为空间内一点，则点 M 也可用这样三个有次序的数 r、φ、θ 来确定，其中 r 为原点 O 与点 M 间的距离，φ 为有向线段 $\overrightarrow{OM}$ 与 z 轴正向所夹的角，θ 为从 z 轴正向来看自 x 轴按逆时针方向转到有向线段的角，这里 P 为点 M 在 xOy 面上的投影（见图 8-32）．这样的三个参数 r、φ、θ 叫做点 M 的**球坐标**．这里 r、φ、θ 的变化范围为：

$$0 \leqslant r < +\infty,$$
$$0 \leqslant \varphi \leqslant \pi,$$
$$0 \leqslant \theta \leqslant 2\pi.$$

球坐标系下的坐标面（见图 8-32）：

（1）$r=$ 常数——中心在原点的球面，$0 \leqslant r < +\infty$；

（2）$\theta=$ 常数——过 z 轴的半平面，$0 \leqslant \theta \leqslant 2\pi$；

（3）$\varphi=$ 常数——原点为顶点的圆锥面，$0 \leqslant \varphi \leqslant \pi$．

球坐标与直角坐标的关系：

$$\begin{cases} x=r\sin\varphi\cos\theta \\ y=r\sin\varphi\sin\theta, \\ z=r\cos\varphi \end{cases}$$

$$x^2+y^2+z^2=r^2, \quad x^2+y^2=r^2\sin^2\varphi.$$

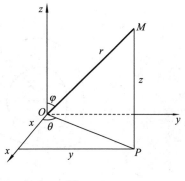

图 8-32

2. 球坐标系下三重积分的计算

用球坐标系中的曲面网分割空间区域 Ω，如图 8-33 所示，除去边缘部分外，均有

$$\Delta V_i \approx (r_i\Delta\varphi_i) \cdot (r_i\sin\varphi_i\Delta\theta_i) \cdot \Delta r_i = r_i^2\sin\varphi_i\Delta r_i\Delta\varphi_i\Delta\theta_i,$$

故

$$\mathrm{d}V=r^2\sin\varphi\mathrm{d}r\mathrm{d}\theta\mathrm{d}\varphi,$$

则球坐标系下的三重积分为

$$\iiint\limits_{\Omega} f(x,y,z)\mathrm{d}V$$

$$= \iiint\limits_{\Omega} f(r\sin\varphi\cos\theta, r\sin\varphi\sin\theta, r\cos\varphi)r^2\sin\varphi\mathrm{d}r\mathrm{d}\theta\mathrm{d}\varphi$$

$$= \iiint\limits_{\Omega} F(r,\theta,\varphi)r^2\sin\varphi\mathrm{d}r\mathrm{d}\theta\mathrm{d}\varphi.$$

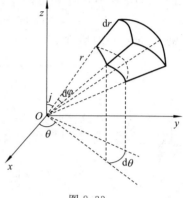

【例5】 将球坐标系下积分 $I = \iiint\limits_{\Omega} F(r,\theta,\varphi)r^2\sin$

$\varphi\mathrm{d}r\mathrm{d}\theta\mathrm{d}\varphi$ 化为三次积分.

(1)$\Omega:R_1^2 \leqslant x^2+y^2+z^2 \leqslant R_2^2$;

(2)$\Omega:$ 由 $z=\sqrt{x^2+y^2}$ 与 $z=\sqrt{12-x^2-y^2}$ 围成.

图 8-33

解　(1)Ω(见图 8-34):$0 \leqslant \theta \leqslant 2\pi, 0 \leqslant \varphi \leqslant \pi, R_1 \leqslant r \leqslant R_2$.

$$I = \iiint\limits_{\Omega} F(r,\theta,\varphi)r^2\sin\varphi\mathrm{d}r\mathrm{d}\theta\mathrm{d}\varphi$$

$$= \int_0^{2\pi}\mathrm{d}\theta\int_0^{\pi}\mathrm{d}\varphi\int_{R_1}^{R_2} F(r,\theta,\varphi)r^2\sin\varphi\mathrm{d}r.$$

(2)Ω(见图 8-35):$0 \leqslant \theta \leqslant 2\pi, 0 \leqslant \varphi \leqslant \dfrac{\pi}{4}, 0 \leqslant r \leqslant 2\sqrt{3}$.

$$I = \iiint\limits_{\Omega} F(r,\theta,\varphi)r^2\sin\varphi\mathrm{d}r\mathrm{d}\theta\mathrm{d}\varphi$$

$$= \int_0^{2\pi}\mathrm{d}\theta\int_0^{\frac{\pi}{4}}\mathrm{d}\varphi\int_0^{2\sqrt{3}} F(r,\theta,\varphi)r^2\sin\varphi\mathrm{d}r.$$

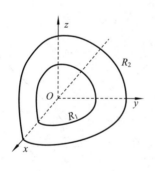

图 8-34

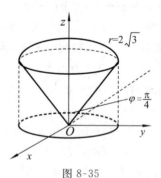

图 8-35

注意　以上两个积分的三对积分限均为常数,故在如上的区域(球体、上球下锥体)上积分时,可以考虑采用球坐标.

习题 8-3

1. 将三重积分 $\iiint\limits_{\Omega} f(x,y,z)\mathrm{d}x\mathrm{d}y\mathrm{d}z$ 化为下列区域上指定次序的三次积分：

(1) Ω 由柱面 $x^2+y^2=1$ 和 $z=1,z=2$ 围成，次序是先对 x 再对 z，最后对 y；

(2) Ω 由柱面 $x^2+y^2=1$ 和 $z=1,z=2$ 围成，次序是先对 z 再对 y，最后对 x；

(3) Ω 由柱面 $x^2+y^2=1$ 和 $z=1,z=2$ 围成，次序是先对 y 再对 z，最后对 x；

(4) Ω 由 $z=x^2+y^2,y=x^2$ 和 $y=1,z=0$ 围成，次序是先对 z 再对 y，最后对 x；

(5) Ω 由 $x+y+z=-1$ 和 $x=0,y=0,z=0$ 围成，次序是先对 z 再对 y，最后对 x；

(6) Ω 由 $z=3x^2+y^2$ 和 $z=1-x^2$ 围成，次序是先对 z 再对 y，最后对 x.

2. 将三重积分 $\iiint\limits_{\Omega} f(x,y,z)\mathrm{d}V$ 化为柱坐标系下的三次积分，其中 Ω 由 $z=x^2+y^2$，$z=1$ 和 $z=4$ 围成.

3. 将 $I=\int_{-1}^{1}\mathrm{d}x\int_{-\sqrt{1-x^2}}^{\sqrt{1-x^2}}\mathrm{d}y\int_{1-\sqrt{1-x^2-y^2}}^{1+\sqrt{1-x^2-y^2}}f(x,y,z)\mathrm{d}z$ 化为柱坐标系下的三次积分.

4. 设 Ω 是两球面 $z=\sqrt{A^2-x^2-y^2}$ 和 $z=\sqrt{a^2-x^2-y^2}(A>a)$ 所围成的位于 xOy 平面上方的部分，将三重积分 $\iiint\limits_{\Omega} f(x,y,z)\mathrm{d}x\mathrm{d}y\mathrm{d}z$ 化为球坐标系下的三次积分.

5. 计算下列三重积分：

(1) $\iiint\limits_{\Omega} xy\mathrm{d}V$，其中 Ω 为由曲面 $x=a-y^2$，平面 $x=0,z=0,x+z=a(a>0)$ 所围成的第一卦限部分的立体；

(2) $\iiint\limits_{\Omega} xy\mathrm{d}V$，其中 $\Omega:1\leqslant x\leqslant 2,-2\leqslant y\leqslant 1,0\leqslant z\leqslant\dfrac{1}{2}$；

(3) $\iiint\limits_{\Omega} y\cos(x+z)\mathrm{d}x\mathrm{d}y\mathrm{d}z$，其中 Ω 由 $y=\sqrt{x},y=0,z=0,x+z=\dfrac{\pi}{2}$ 围成；

(4) $\iiint\limits_{\Omega}(x^2+y^2)\mathrm{d}x\mathrm{d}y\mathrm{d}z$，其中 $\Omega:x^2+y^2\leqslant 1+z^2,0\leqslant z\leqslant 1$.

6. 利用柱坐标计算下列三重积分：

(1) $\iiint\limits_{\Omega} xy\mathrm{d}V$，其中 $\Omega:x^2+y^2\leqslant 1,x\geqslant 0,y\geqslant 0,0\leqslant z\leqslant 1$；

(2) $\iiint\limits_{\Omega} z\mathrm{d}x\mathrm{d}y\mathrm{d}z$，其中 Ω 由 $z=\sqrt{2-x^2-y^2}$ 和 $z=x^2+y^2$ 围成.

7. 利用球坐标计算下列三重积分：

(1) $\iiint\limits_{\Omega}(x^2+y^2)\mathrm{d}x\mathrm{d}y\mathrm{d}z$，其中 Ω 由 $z=\sqrt{A^2-x^2-y^2}$ 和 $z=\sqrt{a^2-x^2-y^2}$ 围成 $(A>a>0)$；

(2) $\iiint\limits_{\Omega} \dfrac{\mathrm{d}x\mathrm{d}y\mathrm{d}z}{x^2+y^2+z^2}$,其中 Ω:$\sqrt{x^2+y^2}\leqslant z\leqslant\sqrt{1-x^2-y^2}$.

8. 利用三重积分求下列立体的体积:

(1) 由 $z=\sqrt{2-x^2-y^2}$ 和 $z=1$ 所围成的立体;

(2) 由抛物面 $z=4-x^2$,平面 $2x+y=4$ 及坐标面所围成的第一卦限部分.

9. 设 $f(x)$ 连续,$F(t)=\iiint\limits_{\Omega}[z^2+f(x^2+y^2)]\mathrm{d}V$,其中 Ω 由 $0\leqslant z\leqslant h$ 和 $x^2+y^2\leqslant t^2$ 围成,求 $\dfrac{\mathrm{d}F}{\mathrm{d}t}$.

8.4 重积分的应用

重积分在几何、物理等许多学科中有着许多应用.一般能用重积分解决的实际问题的特点是,所求的量是分布在有界闭区域上的整体量,并对区域具有可加性.因此用重积分解决问题的方法仍是一元定积分应用中介绍的"微元法".下面我们将具体地讨论重积分的应用问题,这里重点介绍它在几何方面的应用.

微元法 要求整体量 U 对平面区域 D 具有可加性,且 U 相对于小区域 $\Delta\sigma_i$(用相同符号表示其面积)的部分量 ΔU_i 的主要部分可以用 $f(x_i,y_i)\Delta\sigma_i$ 近似表示,其中 $(x_i,y_i)\in\Delta\sigma_i$,则 U 可用二重积分表示为 $U=\iint\limits_{D}f(x,y)\mathrm{d}\sigma$.称 $\mathrm{d}U=f(x,y)\mathrm{d}\sigma$ 为所求量 U 的**微元**,也称**元素**,如面积微元 $\mathrm{d}S$、体积微元 $\mathrm{d}V$ 等.

8.4.1 体积

1. 利用二重积分求体积

根据二重积分的几何意义,$\iint\limits_{D}f(x,y)\mathrm{d}\sigma$ 表示以 $f(x,y)$ 为曲顶,以 $f(x,y)$ 在 xOy 坐标平面的投影区域 D 为底的曲顶柱体的体积.因此,利用二重积分可以计算空间曲面所围立体的体积.

【**例 1**】 求由 $z=2a^2-x^2-y^2$,$x^2+y^2=a^2$,$z=0$ 所围立体的体积,如图 8-36 所示.

解 D:$x^2+y^2\leqslant a^2\Rightarrow D'$:$r\leqslant a,0\leqslant\theta\leqslant 2\pi$.

该立体可看成以 $z=2a^2-x^2-y^2$ 为顶,以 D 为底的曲顶柱体,故

$$V=\iint\limits_{D}(2a^2-x^2-y^2)\mathrm{d}\sigma=\iint\limits_{D}2a^2\mathrm{d}\sigma-\iint\limits_{D}(x^2+y^2)\mathrm{d}\sigma$$

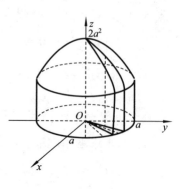

图 8-36

$$= 2a^2 \iint\limits_{D} \mathrm{d}\sigma - \iint\limits_{D'} r^2 \cdot r\mathrm{d}r\mathrm{d}\theta$$

$$= 2a^2 \cdot \pi a^2 - \int_0^{2\pi} \left(\int_0^a r^2 \cdot r\mathrm{d}r \right) \mathrm{d}\theta$$

$$= 2\pi a^4 - \int_0^{2\pi} \mathrm{d}\theta \int_0^a r^2 \cdot r\mathrm{d}r = 2\pi a^4 - 2\pi \cdot \frac{a^4}{4} = \frac{3}{2}\pi a^4.$$

【**例 2**】 求球面 $x^2 + y^2 + z^2 = 4a^2$ 与圆柱面 $x^2 + y^2 = 2ax (a > 0)$ 所围立体的体积.

解 由对称性(图 8-37(a)给出的是第一卦限部分)知

$$V = 4\iint\limits_{D} \sqrt{4a^2 - x^2 - y^2} \,\mathrm{d}x\mathrm{d}y.$$

其中 D 为半圆周 $y = \sqrt{2ax - x^2}$ 及 x 轴所围成的闭区域(见图 8-37(b)).在极坐标系中,

与闭区域 D 相应的区域 $D^* = \left\{ (r, \theta) \,\middle|\, 0 \leqslant r \leqslant 2a\cos\theta, 0 \leqslant \theta \leqslant \frac{\pi}{2} \right\}$,于是

$$V = 4\iint\limits_{D^*} \sqrt{4a^2 - r^2} \cdot r\mathrm{d}r\mathrm{d}\theta$$

$$= 4 \int_0^{\frac{\pi}{2}} \mathrm{d}\theta \int_0^{2a\cos\theta} \sqrt{4a^2 - r^2} \cdot r\mathrm{d}r$$

$$= \frac{32}{3}a^3 \int_0^{\frac{\pi}{2}} (1 - \sin^3\theta)\mathrm{d}\theta = \frac{32}{3}a^3 \left(\frac{\pi}{2} - \frac{2}{3} \right).$$

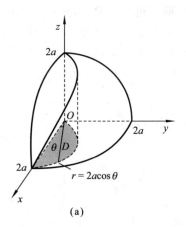

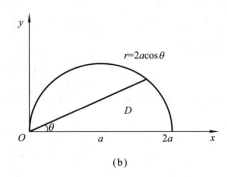

(a)   (b)

图 8-37

2. 利用三重积分求体积

空间区域 Ω 的体积为

$$V = \iiint\limits_{\Omega} \mathrm{d}V.$$

【**例 3**】 求半径为 a 的球面与半顶角为 α 的内接锥面所围立体的体积,如图 8-38 所示.

解
$$V = \iiint_{\Omega} dV = \iiint_{\Omega} r^2 \sin \varphi dr d\theta d\varphi,$$

其中球面方程 $x^2 + y^2 + z^2 = 2az$ 在球坐标系下可以表示为 $r = 2a\cos \varphi$，则

$$\Omega: 0 \leqslant \theta \leqslant 2\pi, 0 \leqslant \varphi \leqslant \alpha, 0 \leqslant r \leqslant 2a\cos \varphi.$$

$$V = \iiint_{\Omega} dV = \iiint_{\Omega} r^2 \sin \varphi dr d\theta d\varphi$$

$$= \int_0^{2\pi} d\theta \int_0^{\alpha} d\varphi \int_0^{2a\cos \varphi} r^2 \sin \varphi dr$$

$$= 2\pi \cdot \frac{8a^3}{3} \int_0^{\alpha} \sin \varphi \cos^3 \varphi d\varphi$$

$$= \frac{16\pi a^3}{3} \left(-\frac{1}{4} \cos^4 \varphi \right) \Big|_0^{\alpha}$$

$$= \frac{4\pi a^3}{3} (1 - \cos^4 \alpha).$$

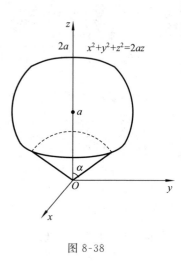

图 8-38

8.4.2 表面积

设曲面 S 由方程 $z = f(x, y)$ 给出，D 为曲面 S 在 xOy 平面上的投影区域，函数 $f(x, y)$ 在 D 上具有连续偏导数 $f_x(x, y)$ 和 $f_y(x, y)$. 现求曲面的面积 A.

在区域 D 内任取一点 $P(x, y)$，并在区域 D 内取一包含点 $P(x, y)$ 的小闭区域 $d\sigma$，其面积也记为 $d\sigma$，在曲面 S 上点 $M(x, y, f(x, y))$ 处作曲面 S 的切平面 T，再做以小区域 $d\sigma$ 的边界曲线为准线，母线平行于 z 轴的柱面. 将含于柱面内的小块切平面的面积作为含于柱面内的小块曲面面积的近似值，记为 dA. 又设切平面 T 的法向量与 z 轴所成的角为 γ，则

$$dA = \frac{d\sigma}{\cos \gamma} = \sqrt{1 + f_x^2(x, y) + f_y^2(x, y)} \, d\sigma,$$

这就是曲面 S 的**面积元素**. 于是曲面 S 的**面积**为

$$A = \iint_D \sqrt{1 + f_x^2(x, y) + f_y^2(x, y)} \, d\sigma$$

或

$$A = \iint_D \sqrt{1 + \left(\frac{\partial z}{\partial x} \right)^2 + \left(\frac{\partial z}{\partial y} \right)^2} \, dx dy.$$

设 dA 为曲面 S 上点 M 处的面积元素，dA 在 xOy 面上的投影为小闭区域 $d\sigma$，M 在 xOy 面上的投影为点 $P(x, y)$，因为曲面上点 M 处的法向量为 $\boldsymbol{n} = (-f_x, -f_y, 1)$，所以

$$dA = |\boldsymbol{n}| d\sigma = \sqrt{1 + f_x^2(x, y) + f_y^2(x, y)} \, d\sigma.$$

注意 若曲面方程为 $x = g(y, z)$ 或 $y = h(z, x)$，则曲面的面积为

$$A = \iint_{D_{yz}} \sqrt{1 + \left(\frac{\partial x}{\partial y} \right)^2 + \left(\frac{\partial x}{\partial z} \right)^2} \, dy dz$$

或
$$A = \iint\limits_{D_{zx}} \sqrt{1 + \left(\frac{\partial y}{\partial z}\right)^2 + \left(\frac{\partial y}{\partial x}\right)^2} \, dz dx.$$

其中 D_{yz} 是曲面在 yOz 面上的投影区域，D_{zx} 是曲面在 zOx 面上的投影区域．

【例 4】 计算抛物面 $z = x^2 + y^2$ 在平面 $z = 1$ 下方的面积（见图 8-39）．

解 $z = 1$ 下方的抛物面在 xOy 面的投影区域为
$$D_{xy} = \{(x, y) \mid x^2 + y^2 \leqslant 1\}.$$

又 $z'_x = 2x, z'_y = 2y, \sqrt{1 + z'^2_x + z'^2_y} = \sqrt{1 + 4x^2 + 4y^2}$，
代入公式并用极坐标计算，可得抛物面的面积

$$A = \iint\limits_{D_{xy}} \sqrt{1 + 4x^2 + 4y^2} \, dx dy = \iint\limits_{D^*_{xy}} \sqrt{1 + 4r^2} \cdot r dr d\theta$$

$$= \int_0^{2\pi} d\theta \int_0^1 (1 + 4r^2)^{\frac{1}{2}} \cdot r dr = \frac{5\sqrt{5} - 1}{6}\pi.$$

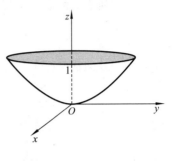

图 8-39

8.4.3 质量

1. 平面薄片的质量

设平面薄片占据平面区域 D，其面密度函数 $\rho(x, y)$ 连续，**质量为**
$$M = \iint\limits_D \rho(x, y) d\sigma.$$

2. 空间物体的质量

设空间物体占据空间区域 Ω，其体密度函数为 $\rho = \rho(x, y, z)$，则**质量微元为**
$$dM = \rho(x, y, z) dV,$$

故
$$M = \iiint\limits_\Omega dM = \iiint\limits_\Omega \rho(x, y, z) dV.$$

【例 5】 设一物体占有的空间区域为 Ω，它由曲面 $z = x^2 + y^2, x^2 + y^2 = 1, z = 0$ 所围成，密度为 $\rho = x^2 + y^2$，求此物体的质量．

解
$$M = \iiint\limits_\Omega (x^2 + y^2) dV = \iiint\limits_\Omega r^3 dr d\theta dz$$

$$= \int_0^{2\pi} d\theta \int_0^1 dz \int_0^{r^2} r^3 dr = \frac{\pi}{3}.$$

8.4.4 质心

设 xOy 坐标面上一平面薄片占据闭区域 D，其面密度 $\rho(x, y)$ 在 D 上连续，求薄片的质心坐标 $(\bar{x}, \bar{y})$．

将 D 任意划分成若干个小区域，在小区域的面积微元 $d\sigma$ 上任取一点 (x, y)，并以该点的密度 $\rho(x, y)$ 近似作为小薄片上各点的密度，得到面积微元对应的小薄片的质量近

似为 $\rho(x,y)\mathrm{d}\sigma$,再以 (x,y) 点近似作为小薄片的质心,并视小薄片为质点,得到薄片关于 y 轴的**静矩微元**

$$\mathrm{d}M_y = x \cdot \rho(x,y)\mathrm{d}\sigma.$$

利用质点系的质心求法,在 D 上取静矩微元的二重积分得到薄片对于 y 轴的**静矩**

$$M_y = \iint\limits_D x \cdot \rho(x,y)\mathrm{d}\sigma.$$

于是质心处的横坐标为

$$\bar{x} = \frac{M_y}{M} = \frac{\iint\limits_D x \cdot \rho(x,y)\mathrm{d}\sigma}{\iint\limits_D \rho(x,y)\mathrm{d}\sigma}.$$

同理可得质心处的纵坐标为

$$\bar{y} = \frac{M_y}{M} = \frac{\iint\limits_D y \cdot \rho(x,y)\mathrm{d}\sigma}{\iint\limits_D \rho(x,y)\mathrm{d}\sigma}.$$

当薄片均匀(即 $\rho(x,y)$ 为常数)时,其质心坐标为

$$\bar{x} = \frac{\iint\limits_D x\mathrm{d}\sigma}{\iint\limits_D \mathrm{d}\sigma} = \frac{1}{S_D}\iint\limits_D x\mathrm{d}\sigma, \quad \bar{y} = \frac{\iint\limits_D y\mathrm{d}\sigma}{\iint\limits_D \mathrm{d}\sigma} = \frac{1}{S_D}\iint\limits_D y\mathrm{d}\sigma.$$

其中 $S_D = \iint\limits_D \mathrm{d}\sigma$ 为闭区域 D 的面积. 这时的质心即为 D 的**形心**.

类似可得空间区域 Ω 的质心为

$$\bar{x} = \frac{\iiint\limits_\Omega x \cdot \rho(x,y,z)\mathrm{d}V}{\iiint\limits_\Omega \rho(x,y,z)\mathrm{d}V}, \quad \bar{y} = \frac{\iiint\limits_\Omega y \cdot \rho(x,y,z)\mathrm{d}V}{\iiint\limits_\Omega \rho(x,y,z)\mathrm{d}V}, \quad \bar{z} = \frac{\iiint\limits_\Omega z \cdot \rho(x,y,z)\mathrm{d}V}{\iiint\limits_\Omega \rho(x,y,z)\mathrm{d}V}.$$

如果 $\rho(x,y,z) =$ 常数,此时若以 V 表示 Ω 的体积,则形心坐标为

$$\bar{x} = \frac{\iiint\limits_\Omega x\mathrm{d}V}{\iiint\limits_\Omega \mathrm{d}V} = \frac{\iiint\limits_\Omega x\mathrm{d}V}{V}, \quad \bar{y} = \frac{\iiint\limits_\Omega y\mathrm{d}V}{V}, \quad \bar{z} = \frac{\iiint\limits_\Omega z\mathrm{d}V}{V}.$$

【例6】 求半椭圆 $\dfrac{x^2}{a^2} + \dfrac{y^2}{b^2} = 1(y \geqslant 0)$ 的形心.

解 由图形关于 y 轴对称知 $\bar{x} = 0$,而

$$\bar{y} = \frac{1}{S_D}\iint\limits_D y\mathrm{d}\sigma = \frac{1}{\frac{1}{2}\pi ab}\int_{-a}^{a}\mathrm{d}x\int_{0}^{\frac{b}{a}\sqrt{a^2-x^2}} y\mathrm{d}y = \frac{1}{\pi ab}\int_{-a}^{a}\frac{b^2}{a^2}(a^2-x^2)\mathrm{d}x = \frac{4b}{3\pi}.$$

8.4.5 转动惯量

在力学上,将一个质点的质量 m 与它到转动轴 l 的距离 r 的平方的乘积称为质点对轴 l 的**转动惯量**,记为 I_l,即 $I_l = mr^2$.

设平面薄片占据 xOy 坐标面上有界闭区域 D,其面密度 $\rho(x,y)$ 在 D 上连续,将 D 任意分成若干个小区域,在小区域的面积微元 $\mathrm{d}\sigma$ 上任取一点 (x,y),并以该点的密度 $\rho(x,y)$ 近似作为小薄片上各点的密度,得到面积微元对应的小薄片的质量近似为 $\rho(x,y)\mathrm{d}\sigma$,记点 (x,y) 到轴 l 的距离为 $r = r(x,y)$,再以 (x,y) 点近似作为小薄片的重心,并视小薄片为质点,得到薄片关于轴 l 的**转动惯量微元**

$$\mathrm{d}I_l = r^2(x,y)\rho(x,y)\mathrm{d}x\mathrm{d}y.$$

由此得到薄片对于轴 l 的转动惯量为

$$I_l = \iint\limits_{D} r^2(x,y)\rho(x,y)\mathrm{d}x\mathrm{d}y.$$

特别地,薄片对 x 轴、y 轴及原点(即过原点且垂直于薄片的轴)的转动惯量分别为

$$I_x = \iint\limits_{D} y^2\rho(x,y)\mathrm{d}x\mathrm{d}y,$$

$$I_y = \iint\limits_{D} x^2\rho(x,y)\mathrm{d}x\mathrm{d}y,$$

$$I_0 = \iint\limits_{D} (x^2+y^2)\rho(x,y)\mathrm{d}x\mathrm{d}y = I_x + I_y.$$

类似地,占有空间有界闭区域 Ω,在点 (x,y,z) 处密度为 $\rho(x,y,z)$ 的物体对 x、y、z 轴的转动惯量分别为

$$I_x = \iiint\limits_{\Omega} (y^2+z^2)\rho(x,y,z)\mathrm{d}V,$$

$$I_y = \iiint\limits_{\Omega} (z^2+x^2)\rho(x,y,z)\mathrm{d}V,$$

$$I_z = \iiint\limits_{\Omega} (x^2+y^2)\rho(x,y,z)\mathrm{d}V.$$

【**例 7**】 求半径为 a,高为 h 的圆柱体对于过其中心并且平行于母线的轴的转动惯量($\rho=1$).

解 建立坐标系,如图 8-40 所示,过中心且平行于母线的轴即为 z 轴.

$$
\begin{aligned}
I_z &= \iiint\limits_{\Omega} (x^2+y^2)\rho(x,y,z)\mathrm{d}V = \iiint\limits_{\Omega} (x^2+y^2)\mathrm{d}V \\
&= \iiint\limits_{\Omega} r^3\mathrm{d}r\mathrm{d}\theta\mathrm{d}z = \int_0^{2\pi}\mathrm{d}\theta\int_0^a r^3\mathrm{d}r\int_0^h\mathrm{d}z = 2\pi\cdot\frac{a^4}{4}\cdot h \\
&= \frac{1}{2}\pi a^4 h.
\end{aligned}
$$

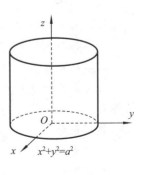

图 8-40

习题 8-4

1. 计算下列立体的体积：

(1) 由 $z=1-x^2-y^2$ 和 $z=0$ 所围立体；

(2) 由 $z=x^2+y^2$, $x+y=1$ 和 $x=0$, $y=0$, $z=0$ 所围立体；

(3) 立体的侧面是圆柱面 $x^2+y^2=9$, 顶为锥面 $z=16-\sqrt{x^2+y^2}$, 底面 $z=0$.

2. 求下列曲面的面积：

(1) 曲面 $z=1-x^2-y^2$ 的 $z\geq0$ 的部分；

(2) 圆柱面 $x^2+y^2=R^2$ 和 $x^2+z^2=R^2$ 所围立体的表面；

(3) 旋转抛物面 $2z=x^2+y^2$ 被圆柱面 $x^2+y^2=1$ 截下的部分.

3. 球心在原点, 半径为 R 的球体, 在其上任一点的密度的大小与该点到球心的距离成正比, 求该球体的质量.

4. 求下列均匀几何形体的形心：

(1) $D: x^2+y^2\leq R^2$, $x\geq0$, $y\geq0$；

(2) 半圆环域 $D=\{(r,\theta)\mid1\leq r\leq2,0\leq\theta\leq\pi\}$；

(3) $D: x\leq x^2+y^2\leq2x$；

(4) 部分抛物面 $z=\dfrac{4}{3}-x^2-y^2(z\geq0)$.

5. 设球体 $\Omega: x^2+y^2+z^2\leq2az(a>0)$ 上任一点的密度与该点到坐标原点的距离成正比, 求该球体的质心.

6. 设球心在原点半径为 R 的球体 Ω 的质量为 M, Ω 上任一点的密度与该点到球心的距离成正比, 求 Ω 对 z 轴的转动惯量.

小 结

教学目的

1. 理解二重积分、三重积分的概念, 了解重积分的性质, 知道二重积分的中值定理.

2. 掌握二重积分的计算(直角坐标、极坐标)方法.

3. 掌握计算三重积分的计算(直角坐标、柱面坐标、球面坐标)方法.

4. 会用重积分求一些几何量与物理量(平面图形的面积、体积、重心、转动惯量、引力等).

教学重点

1. 二重积分的计算(直角坐标、极坐标).

2. 三重积分的计算(直角坐标、柱坐标、球坐标).

3. 二重积分、三重积分的几何应用.

教学难点

1.利用极坐标计算二重积分.

2.利用球坐标计算三重积分.

本章主要内容如下图所示.

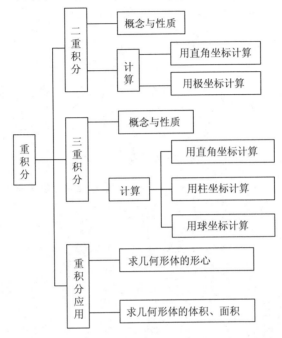

综合习题 8

1. 选择题

(1) 根据二重积分的几何意义,下列不等式中正确的是( );

A. $\iint\limits_{D}(x-1)\mathrm{d}\sigma > 0, D: |x| \leqslant 1, |y| \leqslant 1$

B. $\iint\limits_{D}(x+1)\mathrm{d}\sigma > 0, D: |x| \leqslant 1, |y| \leqslant 1$

C. $\iint\limits_{D}(-x^2-y^2)\mathrm{d}\sigma > 0, D: x^2+y^2 \leqslant 1$

D. $\iint\limits_{D}\ln(x^2-y^2)\mathrm{d}\sigma > 0, D: |x|+|y| \leqslant 1$

(2) 设 $D: 1 \leqslant x^2+y^2 \leqslant 4$,则 $\iint\limits_{D}\sqrt{x^2+y^2}\mathrm{d}x\mathrm{d}y = ($);

A. $\int_0^{2\pi}\mathrm{d}\theta\int_1^4 r^2\mathrm{d}r$ B. $\int_0^{2\pi}\mathrm{d}\theta\int_1^4 r\mathrm{d}r$ C. $\int_0^{2\pi}\mathrm{d}\theta\int_1^2 r^2\mathrm{d}r$ D. $\int_0^{2\pi}\mathrm{d}\theta\int_1^2 r\mathrm{d}r$

(3) 设 $D: |x| \leqslant \pi, |y| \leqslant 1$, 则 $\iint\limits_{D}(x - \sin y)\mathrm{d}x\mathrm{d}y = ($ $)$;

A. 0　　　　　　　　B. π　　　　　　　　C. 2π　　　　　　　　D. 4π

(4) 设 $I = \iiint\limits_{\Omega}f(|x| + |y| + |z|)\mathrm{d}V, \Omega$ 是由 $|x| = a, |y| = a, |z| = a$ 所围成的正方体, 则( ).

A. $I = \iiint\limits_{\Omega}f(3|x|)\mathrm{d}V$　　　　　　　　B. $I = 3\iiint\limits_{\Omega}f(|x|)\mathrm{d}V$

C. $I = 24\int_{0}^{a}\mathrm{d}x\int_{0}^{a}\mathrm{d}y\int_{0}^{a}f(|x|)\mathrm{d}z$　　　　D. $I = 8\int_{0}^{a}\mathrm{d}x\int_{0}^{a}\mathrm{d}y\int_{0}^{a}f(x + y + z)\mathrm{d}z$

2. 填空题

(1) 极限 $\lim\limits_{n \to \infty}\dfrac{1}{n^2}\sum\limits_{i=1}^{n}\sum\limits_{j=1}^{n}\mathrm{e}^{\frac{i^2+j^2}{n^2}}$ 可用二重积分表示为 _____ ;

(2) 设 Ω 是由 $x^2 + y^2 \leqslant z^2, 0 \leqslant z \leqslant H$ 确定的区域, 则三重积分

$$\iiint\limits_{\Omega}(x + y + z)\mathrm{d}V = \text{_____} ;$$

(3) 设 Ω 是区域 $|x| + |y| + |z| \leqslant 1$, 则三重积分

$$\iiint\limits_{\Omega}(z \cdot \mathrm{e}^{x^2+y^2+z^2} + x^2 y)\mathrm{d}V = \text{_____} .$$

第9章

曲线积分和曲面积分

把定积分的积分区域由数轴上的闭区间推广到平面或空间弧段上,就得到曲线积分的概念.把二重积分的积分区域由平面闭区域推广到空间曲面上,就得到曲面积分的概念.定积分和二重积分又分别为曲线积分与曲面积分的特例,正因为它们之间的这种联系,曲线积分才能转化为定积分进行计算,曲面积分才能转化为二重积分进行计算.当然,借助格林公式,平面曲线积分也可转化为二重积分.借助高斯公式,曲面积分也可转化为三重积分.利用线、面积分的计算可以求一些几何量和物理量(曲面面积、弧长、质量、重心、转动惯量、引力及功等).

9.1 对弧长的曲线积分(第一类曲线积分)

在实际问题中,可能会遇到积分区域为平面或空间上的一条曲线的情况,因此要介绍曲线积分的相关内容.这节着重介绍积分区域为无向曲线的情形.

9.1.1 对弧长的曲线积分的概念与性质

1. 引例

设平面曲线 L 端点为 A 和 B,在 L 上任意一点 (x,y) 处的线密度是 $\rho(x,y)$.求其质量 M 的步骤如下:(设 $\rho(x,y)$ 为 L 上的连续函数)

用 L 上的点 $M_1,M_2,\cdots,M_{n-1}$ 把 L 分成 n 个小弧段(见图 9-1),任取其中一小段 $\overset{\frown}{M_{k-1}M_k}$,用其上任一点 (ξ_k,η_k) 处的线密度 $\rho(\xi_k,\eta_k)$ 来代替小弧段上其他各点处的线密度.于是,可得小弧段质量的近似值

$$\Delta M_k \approx \rho(\xi_k,\eta_k)\Delta s_k,$$

其中 Δs_k 表示小弧段 $\overset{\frown}{M_{k-1}M_k}$ 的长度,$k=1,2,\cdots,n$.从而 $M \approx \sum_{k=1}^{n} \rho(\xi_k,\eta_k)\Delta s_k$,记 λ 为 n 个小弧段的最大长度,则

$$M = \lim_{\lambda \to 0} \sum_{k=1}^{n} \rho(\xi_k,\eta_k)\Delta s_k.$$

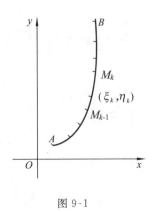

图 9-1

还有许多实际问题都可以归结为这种和式的极限,因此

给出如下定义.

2. 定义

设 L 为 xOy 平面上从点 A 到 B 的一条分段光滑曲线弧, $f(x,y)$ 是定义在 L 上的有界函数. 在 L 上任意顺序插入点列 $M_1,M_2,\cdots,M_{n-1}$, 把 L 分成 n 个小弧段 $\overparen{M_{k-1}M_k}$, 其中 $k=1,2,\cdots,n$, $M_0=A$, $M_n=B$. 记第 k 个小弧段 $\overparen{M_{k-1}M_k}$ 的长度为 Δs_k, 在 $\overparen{M_{k-1}M_k}$ 上任取一点 (ξ_k,η_k), 作和 $\sum\limits_{k=1}^{n} f(\xi_k,\eta_k)\Delta s_k$, 记 λ 为 n 个小弧段长度的最大值. 若 $\lambda\to 0$ 时, 上述和式的极限存在, 则称此极限为函数 $f(x,y)$ 在曲线弧 L 上**对弧长的曲线积分**或**第一类曲线积分**. 记作 $\displaystyle\int_L f(x,y)\mathrm{d}s$, 即

$$\int_L f(x,y)\mathrm{d}s = \lim_{\lambda\to 0}\sum_{k=1}^{n} f(\xi_k,\eta_k)\Delta s_k.$$

其中 $f(x,y)$ 称为**被积函数**, L 称为**积分弧段**或**积分路径**. 若 L 是封闭曲线, 也记作 $\displaystyle\oint_L f(x,y)\mathrm{d}s$.

曲线积分的存在性　若 $f(x,y)$ 在光滑或分段光滑的曲线弧 L 上连续或分段连续, 则 $\displaystyle\int_L f(x,y)\mathrm{d}s$ 存在.

注意　(1) 引例中 $M = \displaystyle\int_L \rho(x,y)\mathrm{d}s$;

(2) 光滑曲线是指曲线的切线连续变化, 定义中的 L 可以是分段光滑的;

(3) $f(x,y)$ 中的 x,y 都是定义在 L 上的, 并且 $f(x,y)$ 在 L 上有界;

(4) 若 $f(x,y)\equiv 1$, $\displaystyle\int_L f(x,y)\mathrm{d}s = \int_L \mathrm{d}s$ 表示积分曲线弧 L 的长度.

3. 性质

(1) **线性性质**　$\displaystyle\int_L \big[f(x,y)\pm g(x,y)\big]\mathrm{d}s = \int_L f(x,y)\mathrm{d}s \pm \int_L g(x,y)\mathrm{d}s,$

$\displaystyle\int_L kf(x,y)\mathrm{d}s = k\int_L f(x,y)\mathrm{d}s,$　k 为常数.

(2) **对曲线的可加性**　设 $L=L_1+L_2$, 如图 9-2 所示, 则

$$\int_L f(x,y)\mathrm{d}s = \int_{L_1} f(x,y)\mathrm{d}s + \int_{L_2} f(x,y)\mathrm{d}s.$$

(3) **对称性**　若积分曲线 L 关于 x 轴对称, L_1 为 L 在 x 轴以上的部分, 则

$$\int_L f(x,y)\mathrm{d}s = \begin{cases} 2\displaystyle\int_{L_1} f(x,y)\mathrm{d}s & \text{当 } f(x,-y)=f(x,y) \\[2mm] 0 & \text{当 } f(x,-y)=-f(x,y) \end{cases}.$$

若积分曲线 L 关于 y 轴对称, L_1 为 L 在 y 轴以右的部分, 则

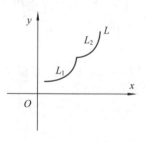

图 9-2

$$\int_L f(x,y)\mathrm{d}s = \begin{cases} 2\displaystyle\int_{L_1} f(x,y)\mathrm{d}s & \text{当 } f(-x,y) = f(x,y) \\ 0 & \text{当 } f(-x,y) = -f(x,y) \end{cases}.$$

若 L 具有轮换对称性,即将 x 和 y 互换,L 不变(即 L 关于直线 $y = x$ 对称),则

$$\int_L f(x,y)\mathrm{d}s = \int_L f(y,x)\mathrm{d}s = \frac{1}{2}\left(\int_L f(x,y)\mathrm{d}s + \int_L f(y,x)\mathrm{d}s\right).$$

注意

(1) 上述定义和性质可以推广到空间曲线中去;

(2) 对称性的应用一定要注意对曲线和函数的要求.

9.1.2　对弧长的曲线积分的计算

基本思路　将曲线积分转化为定积分进行计算.

(1) 设 $L: \begin{cases} x = \varphi(t) \\ y = \psi(t) \end{cases}, t: \alpha \to \beta(\beta > \alpha)$,其中 $\varphi(t)$ 与 $\psi(t)$ 在 $[\alpha,\beta]$ 上具有一阶连续导

数,$f(x,y)$ 在 L 上连续,则有

$$\int_L f(x,y)\mathrm{d}s = \int_\alpha^\beta f(\varphi(t),\psi(t)) \sqrt{[\varphi'(t)]^2 + [\psi'(t)]^2}\mathrm{d}t.$$

注意　① $\mathrm{d}s$ 是弧长,一定为正,因此 $\mathrm{d}t > 0$,故必有 $\alpha < \beta$,即右端定积分中下限小

于上限;

② 并非所有有意义的第一类曲线积分化为定积分后都可积.

(2) 设 $L: y = y(x), a \leqslant x \leqslant b \Leftrightarrow L: \begin{cases} x = x \\ y = y(x) \end{cases}, a \leqslant x \leqslant b$,

此时
$$\mathrm{d}s = \sqrt{1 + [y'(x)]^2}\mathrm{d}x,$$

故
$$\int_L f(x,y)\mathrm{d}s = \int_a^b f(x,y(x)) \sqrt{1 + [y'(x)]^2}\mathrm{d}x.$$

(3) 设 $L: r = r(\theta)(\alpha \leqslant \theta \leqslant \beta) \Leftrightarrow \begin{cases} x = r(\theta)\cos\theta \\ y = r(\theta)\sin\theta \end{cases} (\alpha \leqslant \theta \leqslant \beta)$,

此时
$$\mathrm{d}s = \sqrt{[r(\theta)]^2 + [r'(\theta)]^2}\mathrm{d}\theta,$$

故　　$\displaystyle\int_L f(x,y)\mathrm{d}s = \int_\alpha^\beta f(r(\theta)\cos\theta, r(\theta)\sin\theta) \sqrt{[r(\theta)]^2 + [r'(\theta)]^2}\mathrm{d}\theta$　$(\alpha < \beta)$.

(4) 设 $L: \begin{cases} x = x(t) \\ y = y(t), a \leqslant t \leqslant \beta \\ z = z(t) \end{cases}$,其中 $x'(t), y'(t)$ 与 $z'(t)$ 在 $[\alpha,\beta]$ 上连续. $f(x,y,z)$

在 L 上连续,则

$$\int_L f(x,y,z)\mathrm{d}s = \int_\alpha^\beta f(x(t),y(t),z(t)) \sqrt{[x'(t)]^2 + [y'(t)]^2 + [z'(t)]^2}\mathrm{d}t.$$

【例 1】　计算 $\displaystyle\int_L \sqrt{y}\mathrm{d}s$,其中 L 是抛物线 $y = x^2$ 上点 $O(0,0)$ 与点 $A(1,1)$ 之间的一

段弧.

解　曲线(见图 9-3)的方程为 $y = x^2 (0 \leqslant x \leqslant 1)$,因此

$$\int_L \sqrt{y} \, ds = \int_0^1 \sqrt{x^2} \cdot \sqrt{1 + (x^2)'^2} \, dx$$

$$= \int_0^1 x \sqrt{1 + 4x^2} \, dx = \frac{1}{12}(5\sqrt{5} - 1).$$

【例2】　计算 $\oint_L (x+y) \, ds$,L 是由 $x + y = 1, x - y = -1$ 与 $y = 0$ 围成的三角形区域的边界曲线.

解　$L = L_1 + L_2 + L_3$,如图 9-4 所示.

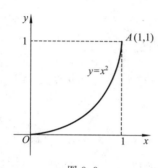

图 9-3　　　　　　图 9-4

其中,$L_1 : x + y = 1$ 或 $y = 1 - x, 0 \leqslant x \leqslant 1$,

$$\int_{L_1} (x+y) \, ds = \int_{L_1} ds = \int_0^1 \sqrt{2} \, dx = \sqrt{2};$$

$L_2 : y = x + 1, -1 \leqslant x \leqslant 0$,

$$\int_{L_2} (x+y) \, ds = \int_{-1}^0 (x + x + 1) \sqrt{1 + 1^2} \, dx = \sqrt{2} \int_{-1}^0 (2x + 1) \, dx = 0;$$

$L_3 : y = 0, -1 \leqslant x \leqslant 1$,

$$\int_{L_3} (x+y) \, ds = \int_{-1}^1 (x + 0) \sqrt{1 + 0^2} \, dx = 0.$$

由上得

$$\oint_L (x+y) \, ds = \int_{L_1} (x+y) \, ds + \int_{L_2} (x+y) \, ds + \int_{L_3} (x+y) \, ds = \sqrt{2}.$$

【例3】　计算积分 $\int_\Gamma xyz \, ds$,Γ 为连接 $A(1,0,2)$ 与 $B(2,1,-1)$ 的直线段.

解　首先必须写出直线段 Γ 的方程,由于 $s = \overrightarrow{AB} = (1,1,-3)$,故
$\Gamma : x = 1 + t, y = 0 + t, z = 2 - 3t \quad (0 \leqslant t \leqslant 1).$

$$ds = \sqrt{(x')^2 + (y')^2 + (z')^2} \, dt = \sqrt{1^2 + 1^2 + (-3)^2} \, dt = \sqrt{11} \, dt,$$

$$\int_\Gamma xyz \, ds = \int_0^1 (1+t) \cdot t \cdot (2 - 3t) \cdot \sqrt{11} \, dt$$

$$= \sqrt{11} \int_0^1 (-3t^3 - t^2 + 2t) \, dt = -\frac{\sqrt{11}}{12}.$$

【例 4】　求 $\oint_L (x^2 + x\cos y + y)\mathrm{d}s$,其中 L 为平面区域 $0 \leqslant y \leqslant \sqrt{R^2 - x^2}$ 的边界.

解　由于 L(见图 9-5)关于 y 轴对称,$x\cos y$ 是关于 x 的

奇函数,故 $\oint_L x\cos y\,\mathrm{d}s = 0$.此时设 $L = L_1 + L_2$,其中 L_1 为圆

弧段,L_2 为直线段.即

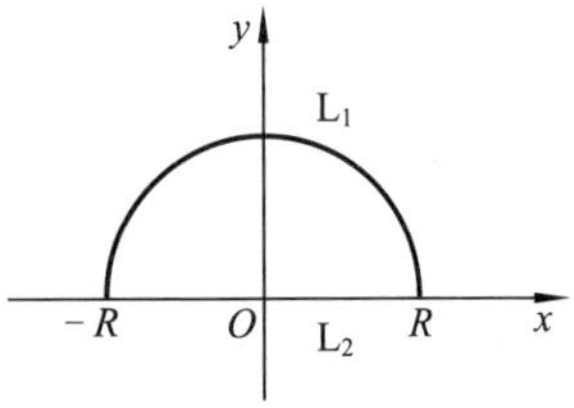

$$L_1 : \begin{cases} x = R\cos t \\ y = R\sin t \end{cases}, \ 0 \leqslant t \leqslant \pi, \mathrm{d}s = R\mathrm{d}t;$$

$$L_2 : \begin{cases} x = x \\ y = 0 \end{cases}, \ -R \leqslant x \leqslant R, \mathrm{d}s = \mathrm{d}x.$$

图 9-5

$$原式 = \oint_L (x^2 + y)\mathrm{d}s = \int_{L_1} (x^2 + y)\mathrm{d}s + \int_{L_2} (x^2 + y)\mathrm{d}s$$

$$= \int_0^\pi (R^2\cos^2 t + R\sin t)R\,\mathrm{d}t + \int_{-R}^R x^2\,\mathrm{d}x = 2R^2 + \left(\frac{\pi}{2} + \frac{2}{3}\right)R^3.$$

【例 5】　设 L 为椭圆 $\dfrac{x^2}{3} + \dfrac{y^2}{4} = 1$,已知它的周长为 a,求曲线积分 $\oint_L (4x^2 + 3y^2 + xy)\mathrm{d}s$.

解　由被积函数中的 x, y 满足曲线 L 的方程 $\dfrac{x^2}{3} + \dfrac{y^2}{4} = 1$ 或 $4x^2 + 3y^2 = 12$,得

$$\oint_L (4x^2 + 3y^2)\mathrm{d}s = \oint_L 12\mathrm{d}s = 12a.$$

再由 L 关于 y 轴对称,xy 是关于 x 的奇函数,得到 $\oint_L xy\,\mathrm{d}s = 0$,于是有

$$\oint_L (4x^2 + 3y^2 + xy)\mathrm{d}s = \oint_L (4x^2 + 3y^2)\mathrm{d}s + \oint_L xy\,\mathrm{d}s = 12a.$$

9.1.3　对弧长的曲线积分的应用

1. 求曲线的质量和质心

以下均设平面曲线 L 的线密度为 $\rho(x, y)$,L 的质量为 $m = \int_L \rho(x, y)\mathrm{d}s$;$L$ 的质心坐

标为

$$\overline{x} = \frac{\int_L x\rho(x, y)\mathrm{d}s}{\int_L \rho(x, y)\mathrm{d}s}, \qquad \overline{y} = \frac{\int_L y\rho(x, y)\mathrm{d}s}{\int_L \rho(x, y)\mathrm{d}s},$$

此时当 $\rho(x, y)$ 为常数时,所得即为形心坐标.

2. 求曲线对 x 轴、y 轴、原点 O 的转动惯量

$$I_x = \int_L y^2 \rho(x, y)\mathrm{d}s,$$

$$I_y = \int_L x^2 \rho(x, y)\mathrm{d}s,$$

$$I_O = \int_L (x^2 + y^2)\rho(x,y)\mathrm{d}s.$$

【例6】 计算半径为 R,圆心角为 2α 的圆弧 L 对它的对称轴的转动惯量(设 L 的线密度为1).

解 选取坐标系,使圆心在原点,L 关于 x 轴对称,如图 9-6 所示. 则

$$L:\begin{cases} x = R\cos t \\ y = R\sin t \end{cases}, -\alpha \leqslant t \leqslant \alpha, \mathrm{d}s = R\mathrm{d}t.$$

于是,所求为

$$I = \int_L y^2 \mathrm{d}s = \int_{-a}^{a} y^2 R\mathrm{d}t = 2R^3 \int_0^a \sin^2 t\mathrm{d}t = R^3(\alpha - \sin\alpha\cos\alpha).$$

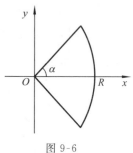

图 9-6

习题 9-1

1. 计算下列第一类曲线积分:

(1) $\int_L xy\mathrm{d}s$,其中 L 是圆周 $x^2 + y^2 = a^2$ 位于第一象限的部分;

(2) $\int_L y\mathrm{d}s$,其中 L 是抛物线 $y^2 = 4x$ 在点 $O(0,0)$ 和点 $A(1,2)$ 之间的弧段;

(3) $\int_L \sqrt{x^2 + y^2}\mathrm{d}s$,其中 L 是圆周 $x^2 + y^2 = ax$;

(4) $\int_L y^2\mathrm{d}s$,其中 L 是摆线 $\begin{cases} x = a(t - \sin t) \\ y = a(1 - \cos t) \end{cases}$ $(0 \leqslant t \leqslant 2\pi)$;

(5) $\oint_L (x+y)\mathrm{d}s$,其中 L 是连接三点 $O(0,0)$,$A(1,0)$,$B(1,1)$ 的封闭折线;

(6) $\int_L (x^2 + y^2 + z^2)\mathrm{d}s$,其中 L 为螺旋线 $\begin{cases} x = a\cos t \\ y = a\sin t \\ z = kt \end{cases}$ $(0 \leqslant t \leqslant 2\pi)$ 的一段.

2. 已知半圆形铁丝 $\begin{cases} x = a\cos t \\ y = a\sin t \end{cases}$ $(0 \leqslant t \leqslant \pi)$,其上每一点处的线密度等于该点的纵坐标,求该铁丝的质量.

3. 给定线密度为1的半圆周 $L: y = \sqrt{a^2 - x^2}$,计算下列物理量:

(1) L 的质心;

(2) L 绕其对称轴的转动惯量.

9.2　对坐标的曲线积分(第二类曲线积分)

在实际问题中,积分区域还有可能是有向曲线.

9.2.1　对坐标的曲线积分的概念和性质

1. 引例

设力平行于 xOy 平面,在任意一点 (x,y) 处的力可表示为
$$\boldsymbol{F}(x,y) = P(x,y)\boldsymbol{i} + Q(x,y)\boldsymbol{j},$$
其中 $P(x,y)$ 和 $Q(x,y)$ 分别是 $F(x,y)$ 沿 x 轴和 y 轴的投影,在光滑曲线 L 上连续,一质点在此力作用下由点 A 沿 L 移动到点 B,求在移动过程中变力 $\boldsymbol{F}$ 所做的功 W.

用 L 上的点将 L 分成 n 个有向小弧段,如图 9-7 所示.取其中一个小弧段 $\widehat{M_{k-1}M_k}$ 来分析.

可得弧段 $\widehat{M_{k-1}M_k} \approx \Delta x_k\boldsymbol{i} + \Delta y_k\boldsymbol{j}$(以直代曲),其中

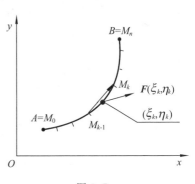

图 9-7

$$\Delta x_k = x_k - x_{k-1}, \Delta y_k = y_k - y_{k-1}.$$
又由于 $P(x,y)$ 和 $Q(x,y)$ 在 L 上连续,故可用 $\widehat{M_{k-1}M_k}$ 上任意一点 (ξ_k, η_k) 处的力
$$\boldsymbol{F}(\xi_k, \eta_k) = P(\xi_k, \eta_k)\boldsymbol{i} + Q(\xi_k, \eta_k)\boldsymbol{j}$$
来近似代替该小弧段上各点处的力.故变力沿小弧段所做的功为
$$\Delta W_k \approx P(\xi_k, \eta_k)\Delta x_k + Q(\xi_k, \eta_k)\Delta y_k.$$
于是
$$W = \sum_{k=1}^{n} \Delta W_k \approx \sum_{k=1}^{n} \left[P(\xi_k, \eta_k)\Delta x_k + Q(\xi_k, \eta_k)\Delta y_k \right].$$
用 λ 表示 n 个小弧段的最大长度,令 $\lambda \to 0$,即得
$$W = \lim_{\lambda \to 0} \sum_{k=1}^{n} \left[P(\xi_k, \eta_k)\Delta x_k + Q(\xi_k, \eta_k)\Delta y_k \right].$$

2. 定义

记 L 为 xOy 平面上从点 A 到点 B 的一条有向光滑曲线弧,函数 $P(x,y)$ 和 $Q(x,y)$ 在 L 上有界.在 L 上沿 A 到 B 的方向任意插入一点列
$$A_1(x_1, y_1), A_2(x_2, y_2), \cdots, A_{n-1}(x_{n-1}, y_{n-1}),$$
将 L 分成 n 个有向小弧段
$$\widehat{A_{k-1}A_k}(k = 1, 2, \cdots, n, A_0 = A, A_n = B).$$
记 $\Delta x_k = x_k - x_{k-1}, \Delta y_k = y_k - y_{k-1}$.在 $\widehat{A_{k-1}A_k}$ 上任意取一点 (ξ_k, η_k),作乘积
$$P(\xi_k, \eta_k)\Delta x_k \quad (k = 1, 2, \cdots, n),$$

并作和 $\sum\limits_{k=1}^{n} P(\xi_k, \eta_k) \Delta x_k$. 若当各小弧段长度的最大值 $\lambda \to 0$ 时,上述和式的极限存在,则

称此极限为函数 $P(x,y)$ 在有向光滑曲线弧 L 上**对坐标 x 的曲线积分**或**第二类曲线积**

分,记作 $\int_L P(x,y)\mathrm{d}x$. 类似地,若 $\lim\limits_{\lambda \to 0} \sum\limits_{k=1}^{n} Q(\xi_k, \eta_k)\Delta y_k$ 存在,则称此极限为函数 $Q(x,y)$

在 L 上**对坐标 y 的曲线积分**,记作 $\int_L Q(x,y)\mathrm{d}y$. 即

$$\int_L P(x,y)\mathrm{d}x = \lim_{\lambda \to 0}\sum_{k=1}^{n}P(\xi_k,\eta_k)\Delta x_k, \quad \int_L Q(x,y)\mathrm{d}y = \lim_{\lambda \to 0}\sum_{k=1}^{n}Q(\xi_k,\eta_k)\Delta y_k.$$

在实际应用中,上述两个积分经常同时出现,常简记为

$$\int_L P(x,y)\mathrm{d}x + \int_L Q(x,y)\mathrm{d}y = \int_L P(x,y)\mathrm{d}x + Q(x,y)\mathrm{d}y.$$

相关定义可推广至空间有向曲线 Γ 上:

$$\int_\Gamma P(x,y,z)\mathrm{d}x = \lim_{\lambda \to 0}\sum_{i=1}^{n}P(\xi_i,\eta_i,\zeta_i)\Delta x_i,$$

$$\int_\Gamma Q(x,y,z)\mathrm{d}y = \lim_{\lambda \to 0}\sum_{i=1}^{n}Q(\xi_i,\eta_i,\zeta_i)\Delta y_i,$$

$$\int_\Gamma R(x,y,z)\mathrm{d}z = \lim_{\lambda \to 0}\sum_{i=1}^{n}R(\xi_i,\eta_i,\zeta_i)\Delta z_i.$$

$$\int_\Gamma P(x,y,z)\mathrm{d}x + \int_\Gamma Q(x,y,z)\mathrm{d}y + \int_\Gamma R(x,y,z)\mathrm{d}z$$

$$= \int_\Gamma P(x,y,z)\mathrm{d}x + Q(x,y,z)\mathrm{d}y + R(x,y,z)\mathrm{d}z.$$

积分存在条件 若 $P(x,y)$ 和 $Q(x,y)$ 分别在光滑或分段光滑的有向曲线 L 上连续

或分段连续,则对坐标的曲线积分 $\int_L P(x,y)\mathrm{d}x + Q(x,y)\mathrm{d}y$ 存在.

注意

(1) 引例中,$W = \int_L P(x,y)\mathrm{d}x + Q(x,y)\mathrm{d}y$;

(2) $P(x,y)$ 和 $Q(x,y)$ 中的 x 和 y 都满足 L 的方程;

(3) 定积分是第二类曲线积分的特例.

3. 对坐标的曲线积分的性质(与定积分性质类似)

(1) **线性性质** 以对坐标 x 的曲线积分为例.

$$\int_L [P_1(x,y) \pm P_2(x,y)]\mathrm{d}x = \int_L P_1(x,y)\mathrm{d}x \pm \int_L P_2(x,y)\mathrm{d}x,$$

$$\int_L kP(x,y)\mathrm{d}x = k\int_L P(x,y)\mathrm{d}x, \ k \ \text{为常数}.$$

(2) **对积分曲线的可加性** 设 $L = L_1 + L_2$,则

$$\int_L P\mathrm{d}x + Q\mathrm{d}y = \int_{L_1} P\mathrm{d}x + Q\mathrm{d}y + \int_{L_2} P\mathrm{d}x + Q\mathrm{d}y.$$

（3）**有向性**　L 是一个有向曲线段，若记 L 的反向曲线为 L^{-}，则有

$$\int_{L^{-}} P\mathrm{d}x + Q\mathrm{d}y = -\int_{L} P\mathrm{d}x + Q\mathrm{d}y.$$

注意　平面上对坐标的曲线积分的性质可以推广到空间上对坐标的曲线积分.

9.2.2　对坐标的曲线积分的计算

（1）设曲线 $L:\begin{cases} x = \varphi(t) \\ y = \psi(t) \end{cases}$，且当 t 单调地由 α 变到 β 时，对应的点 (x,y) 描出由 A 到 B 的曲线 L；函数 $x = \varphi(t)$ 和 $y = \psi(t)$ 在以 α,β 为端点的区间上具有一阶连续导数. 则

$$\int_{L} P(x,y)\mathrm{d}x = \int_{\alpha}^{\beta} P(\varphi(t),\psi(t))\varphi'(t)\mathrm{d}t, \quad \int_{L} Q(x,y)\mathrm{d}y = \int_{\alpha}^{\beta} Q(\varphi(t),\psi(t))\psi'(t)\mathrm{d}t,$$

两式相加，得

$$\int_{L} P(x,y)\mathrm{d}x + Q(x,y)\mathrm{d}y = \int_{\alpha}^{\beta} [P(\varphi(t),\psi(t))\varphi'(t) + Q(\varphi(t),\psi(t))\psi'(t)]\mathrm{d}t.$$

注意　此时，下限对应有向曲线 L 的起点，上限对应其终点，α 不一定小于 β.

（2）设 $L:y = y(x)$，起点 $x = a$，终点 $x = b$，则

$$\int_{L} P(x,y)\mathrm{d}x + Q(x,y)\mathrm{d}y = \int_{a}^{b} [P(x,y(x)) + Q(x,y(x))y'(x)]\mathrm{d}x.$$

（3）设 $L:\begin{cases} x = x(t) \\ y = y(t) \\ z = z(t) \end{cases}$，起点 $t = \alpha$，终点 $t = \beta$，则

$$\int_{L} P(x,y,z)\mathrm{d}x + \int_{L} Q(x,y,z)\mathrm{d}y + \int_{L} R(x,y,z)\mathrm{d}z$$

$$= \int_{\alpha}^{\beta} [P(M)x'(t) + Q(M)y'(t) + R(M)z'(t)]\mathrm{d}t.$$

其中 $M = M(x(t),y(t),z(t))$.

（4）设 $L:\begin{cases} x = x(y) \\ z = z(y) \end{cases}$，起点 $y = y_0$，终点 $y = y_1$，则

$$\int_{L} P(x,y,z)\mathrm{d}x + \int_{L} Q(x,y,z)\mathrm{d}y + \int_{L} R(x,y,z)\mathrm{d}z$$

$$= \int_{y_0}^{y_1} [P(M)x'(y) + Q(M) + R(M)z'(y)]\mathrm{d}y.$$

其中 $M = M(x(y),y,z(y))$.

【例 1】　计算 $\displaystyle\int_{L} 2xy\mathrm{d}x + (y^2+1)\mathrm{d}y$，其中 L 如图 9-8 所示：

（1）从点 $O(0,0)$ 沿曲线 $y^2 = x$ 到 $B(1,1)$；

（2）从点 $O(0,0)$ 沿 x 轴到点 $A(1,0)$，然后再沿直线 $x = 1$ 到点 $B(1,1)$.

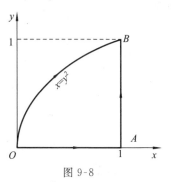

图 9-8

解　(1) 在 L 上，$\begin{cases} x = y^2 \\ y = y \end{cases}$，$y:0 \to 1$，所以

$$\int_L 2xy\,\mathrm{d}x + (y^2 + 1)\,\mathrm{d}y = \int_0^1 \left[2y^2 \cdot y \cdot 2y + (y^2 + 1)\right]\mathrm{d}y$$

$$= \int_0^1 (4y^4 + y^2 + 1)\,\mathrm{d}y = \frac{32}{15}.$$

(2) 在 OA 上，$\begin{cases} x = x \\ y = 0 \end{cases}$，$\mathrm{d}y = 0$，$x:0 \to 1$，所以

$$\int_{OA} 2xy\,\mathrm{d}x + (y^2 + 1)\,\mathrm{d}y = \int_0^1 (2x \cdot 0)\,\mathrm{d}x = 0,$$

在 AB 上，$\begin{cases} x = 1 \\ y = y \end{cases}$，$\mathrm{d}x = 0$，$y:0 \to 1$，所以

$$\int_{AB} 2xy\,\mathrm{d}x + (y^2 + 1)\,\mathrm{d}y = \int_0^1 (y^2 + 1)\,\mathrm{d}y = \frac{4}{3},$$

从而

$$\int_L 2xy\,\mathrm{d}x + (y^2 + 1)\,\mathrm{d}y = \int_{OA} 2xy\,\mathrm{d}x + (y^2 + 1)\,\mathrm{d}y + \int_{AB} 2xy\,\mathrm{d}x + (y^2 + 1)\,\mathrm{d}y$$

$$= 0 + \frac{4}{3} = \frac{4}{3}.$$

注意　从此例可以看出，即使两个曲线积分的被积表达式、起点、终点完全相同，而沿不同路径得到的积分值有可能不相等.

【例 2】　计算 $\int_L 2xy\,\mathrm{d}x + x^2\,\mathrm{d}y$，其中 L 如图 9-9 所示.

(1) 抛物线 $y = x^2$ 上从 $O(0,0)$ 到 $B(1,1)$ 的一段弧；

(2) 抛物线 $x = y^2$ 上从 $O(0,0)$ 到 $B(1,1)$ 的一段弧；

(3) 从 $O(0,0)$ 到 $A(1,0)$，再到 $B(1,1)$ 的有向折线 OAB.

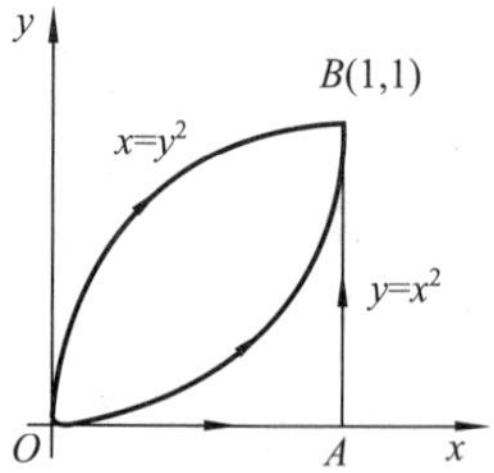

解　(1)$L:y = x^2$，x 从 0 变到 1. 所以

$$\int_L 2xy\,\mathrm{d}x + x^2\,\mathrm{d}y = \int_0^1 (2x \cdot x^2 + x^2 \cdot 2x)\,\mathrm{d}x = 4\int_0^1 x^3\,\mathrm{d}x = 1.$$

(2)$L:x = y^2$，y 从 0 变到 1. 所以

$$\int_L 2xy\,\mathrm{d}x + x^2\,\mathrm{d}y = \int_0^1 (2y^2 \cdot y \cdot 2y + y^4)\,\mathrm{d}y = 5\int_0^1 y^4\,\mathrm{d}y = 1.$$

(3)$OA:y = 0$，x 从 0 变到 1；$AB:x = 1$，y 从 0 变到 1. 所以

$$\int_L 2xy\,\mathrm{d}x + x^2\,\mathrm{d}y = \int_{OA} 2xy\,\mathrm{d}x + x^2\,\mathrm{d}y + \int_{AB} 2xy\,\mathrm{d}x + x^2\,\mathrm{d}y$$

$$= \int_0^1 (2x \cdot 0 + x^2 \cdot 0)\,\mathrm{d}x + \int_0^1 (2y \cdot 0 + 1)\,\mathrm{d}y$$

$$= 0 + 1 = 1.$$

图 9-9

【例 3】　计算 $\oint_L \dfrac{-y\mathrm{d}x + x\mathrm{d}y}{x^2 + y^2}$，其中 L 为半径是 a，圆心在原点，按逆时针方向绕行的

圆周,如图 9-10 所示.

解　L 的参数方程为 $\begin{cases} x = a\cos t \\ y = a\sin t \end{cases}, t: 0 \to 2\pi$,所以

$$\oint_L \frac{-y\mathrm{d}x + x\mathrm{d}y}{x^2 + y^2}$$

$$= \int_0^{2\pi} \frac{(-a\sin t)(-a\sin t) + (a\cos t)(a\cos t)}{a^2} \mathrm{d}t$$

$$= \int_0^{2\pi} \mathrm{d}t = 2\pi.$$

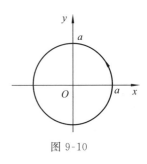

图 9-10

注意　在此例中,由于 L 上的点总满足 $x^2 + y^2 = a^2$,因此将 $x^2 + y^2$ 用 a^2 代替.

【例 4】　计算 $\displaystyle\int_\Gamma xy^2\mathrm{d}x + yz^2\mathrm{d}y + zx^2\mathrm{d}z$,其中 Γ 是从点 $A(2,-1,1)$ 到点 $O(0,0,0)$ 的直线段.

解　积分路径 Γ 为过 $O(0,0,0)$ 且方向向量为 $\overrightarrow{OA}$ 的直线段

$$\begin{cases} x = 2t \\ y = -t, \ t: 1 \to 0, \\ z = t \end{cases}$$

于是　　　　$\displaystyle\int_\Gamma xy^2\mathrm{d}x + yz^2\mathrm{d}y + zx^2\mathrm{d}z = \int_1^0 (4t^3 + t^3 + 4t^3)\mathrm{d}t = -\frac{9}{4}.$

9.2.3　两类曲线积分的联系

研究平面两类曲线积分的联系,即考虑 $\mathrm{d}x, \mathrm{d}y$ 与 $\mathrm{d}s$ 之间的关系. 记 L 为平面有向曲线,A 为起点,B 为终点. $M(x,y)$ 为 L 上的动点,τ^0 为曲线 L 在 $M(x,y)$ 处的单位切向量,记 α, β 为 τ 的方向角(见图 9-11),于是 M 处的切向量为 $\tau = (\mathrm{d}x,$ $\mathrm{d}y)$,而 $\tau^0 = \dfrac{\tau}{|\tau|} = \left(\dfrac{\mathrm{d}x}{\mathrm{d}s}, \dfrac{\mathrm{d}y}{\mathrm{d}s}\right) = (\cos\alpha, \cos\beta)$,所以 $\mathrm{d}x = \cos$ $\alpha\mathrm{d}s, \mathrm{d}y = \cos\beta\mathrm{d}s$. 因此可得平面两类曲线积分之间的关系式:

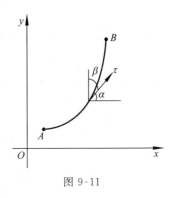

图 9-11

$$\int_L P(x,y)\mathrm{d}x + Q(x,y)\mathrm{d}y = \int_L [P(x,y)\cos\alpha + Q(x,y)\cos\beta]\mathrm{d}s.$$

同样可得空间曲线 Γ 上两类曲线积分之间的联系:

$$\int_L P\mathrm{d}x + Q\mathrm{d}y + R\mathrm{d}z = \int_L (P\cos\alpha + Q\cos\beta + R\cos\gamma)\mathrm{d}s.$$

其中 α, β, γ 为有向曲线 Γ 上点 (x,y,z) 处切向量的方向角.

【例 5】　将对坐标的曲线积分 $\displaystyle\int_L P(x,y)\mathrm{d}x + Q(x,y)\mathrm{d}y$ 化为对弧长的曲线积分,其中 L 为圆周 $x^2 + y^2 = a^2$,沿顺时针方向.

解　积分路径 $L:\begin{cases} x = a\cos t \\ y = a\sin t \end{cases}$，$t:2\pi \to 0$. 由于沿 L 的指定方向参数 t 是减少的,所以 $\mathrm{d}t < 0$,于是

$$\mathrm{d}s = \sqrt{(x')^2 + (y')^2}\,|\mathrm{d}t| = a\,|\mathrm{d}t| = a \cdot (-\mathrm{d}t) = -a \cdot \mathrm{d}t,$$

从而　　$\cos\alpha = \dfrac{\mathrm{d}x}{\mathrm{d}s} = \dfrac{a(-\sin t)\mathrm{d}t}{-a\mathrm{d}t} = \dfrac{y}{a}$,　$\cos\beta = \dfrac{\mathrm{d}y}{\mathrm{d}s} = \dfrac{a\cos t\,\mathrm{d}t}{-a\mathrm{d}t} = -\dfrac{x}{a}$,

依两类曲线积分的关系式,有

$$\int_L P(x,y)\mathrm{d}x + Q(x,y)\mathrm{d}y = \int_L \left[P(x,y) \cdot \frac{y}{a} - Q(x,y) \cdot \frac{x}{a} \right]\mathrm{d}s.$$

习题 9-2

1. 计算 $\displaystyle\int_L (x+y)\mathrm{d}x + (y-x)\mathrm{d}y$,其中 L 是:

(1) 抛物线 $x = y^2$ 从点 $(1,1)$ 到点 $(4,2)$ 的一段弧;

(2) 从点 $(1,1)$ 到点 $(4,2)$ 的直线段;

(3) 先沿直线从点 $(1,1)$ 到点 $(1,2)$,然后再沿直线到点 $(4,2)$ 的折线;

(4) 曲线 $\begin{cases} x = 2t^2 + t + 1 \\ y = t^2 + 1 \end{cases}$ 上从点 $(1,1)$ 到点 $(4,2)$ 的一段弧.

2. 计算 $\displaystyle\int_L y^2\mathrm{d}x$,其中 L 是:

(1) 半径为 a,圆心在原点,按逆时针方向绕行的上半圆周;

(2) 从点 $A(a,0)$ 沿 x 轴到点 $B(-a,0)$ 的直线.

3. 计算下列第二类曲线积分:

(1) $\displaystyle\int_L (2a-y)\mathrm{d}x - (a-y)\mathrm{d}y$,其中 L 是摆线 $\begin{cases} x = a(t - \sin t) \\ y = a(1 - \cos t) \end{cases}$ 从原点起的第一拱 $(0 \leqslant t \leqslant 2\pi)$;

(2) $\displaystyle\int_L x\,\mathrm{d}x + y\mathrm{d}y + (x+y-1)\mathrm{d}z$,其中 L 是从点 $(1,1,1)$ 到点 $(2,3,4)$ 的一段直线;

(3) $\displaystyle\int_L (-2xy - y^2)\mathrm{d}x - (2y + x^2 - x)\mathrm{d}y$,其中 L 是以点 $(0,0),(1,0),(1,1),(0,1)$ 为顶点的正方形的边界线,逆时针方向.

4. 设平面力场 $\boldsymbol{F}$ 在任一点的大小等于该点横坐标的平方,而方向与 y 轴正方向相反,求质点沿抛物线 $y^2 = 1 - x$ 从点 $(1,0)$ 移动到点 $(0,1)$ 时力场所做的功.

9.3　格林公式及其应用

9.3.1　格林公式

1. 引例

求 $\int_L (\mathrm{e}^x \sin y - my)\mathrm{d}x + (\mathrm{e}^x \cos y - nx)\mathrm{d}y$，如图 9-12 所

示，其中 L 为 $x^2 + y^2 = 2ax$ 的从 $(0,0)$ 到 $(0,2a)$ 的上半圆周.

如果按照 9.2.2 的方法求解，是相当麻烦的. 于是，我们考
虑引进新的方法.

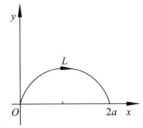

图 9-12

2. 基本概念

设 D 为一平面区域，若 D 内任一闭合曲线所围的点都属于
D，则称 D 为**平面单连通区域**，否则称 D 为**复连通区域**. 形象地
看，平面单连通区域就是没有"洞"的区域，复连通区域就是有"洞"的区域.

设平面区域 D 的边界曲线为 L，规定 L 的正向如下：假想某人沿此方向在 L 上前进
时，区域 D 总位于他的左边. 几何上看：对于单连通区域来说，其边界线的正向是逆时针
方向，而对于复连通区域，其边界线的正向是指外边界线逆时针、内边界线顺时针的方
向. 另外，我们称没有交点的曲线为**简单曲线**，只是起点和终点才重合的曲线为**简单闭
曲线**.

3. 格林公式

定理 9.1　设闭区域 D 由分段光滑的曲线 L 围成，函数 $P(x,y)$ 及 $Q(x,y)$ 在 D 上
具有一阶连续偏导数，则有

$$\oint_L P\,\mathrm{d}x + Q\,\mathrm{d}y = \iint_D \left(\frac{\partial Q}{\partial x} - \frac{\partial P}{\partial y} \right) \mathrm{d}x\mathrm{d}y.$$

其中 L 是 D 取正向的边界曲线.

证明　(1) 先设 D 是 $x-$型的简单区域，如图 9-13
所示.

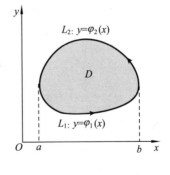

图 9-13

$$D: \begin{cases} a \leqslant x \leqslant b \\ \varphi_1(x) \leqslant y \leqslant \varphi_2(x) \end{cases},$$

$$\iint_D \frac{\partial P}{\partial y}\mathrm{d}\sigma = \int_a^b \mathrm{d}x \int_{\varphi_1(x)}^{\varphi_2(x)} \frac{\partial P}{\partial y}\mathrm{d}y = \int_a^b P(x,y)\Big|_{\varphi_1(x)}^{\varphi_2(x)} \mathrm{d}x$$

$$= \int_a^b [P(x,\varphi_2(x)) - P(x,\varphi_1(x))]\mathrm{d}x,$$

$$\oint_L P\,\mathrm{d}x = \int_{L_1} P(x,y)\mathrm{d}x + \int_{L_2} P(x,y)\mathrm{d}x$$

$$= \int_a^b P(x,\varphi_1(x))\mathrm{d}x + \int_b^a P(x,\varphi_2(x))\mathrm{d}x$$

$$= \int_a^b P(x, \varphi_1(x)) \mathrm{d}x - \int_a^b P(x, \varphi_2(x)) \mathrm{d}x$$

$$= -\int_a^b [P(x, \varphi_2(x)) - P(x, \varphi_1(x))] \mathrm{d}x,$$

从而证得
$$\oint_L P \mathrm{d}x = -\iint_D \frac{\partial P}{\partial y} \mathrm{d}\sigma.$$

若 D 是 $y-$型的简单区域,同理可证 $\oint_L Q \mathrm{d}y = \iint_D \frac{\partial Q}{\partial x} \mathrm{d}\sigma.$

(2) 如果 D 既是 $x-$型又是 $y-$型的简单区域,以上两部分同时成立,即

$$\oint_L P \mathrm{d}x + Q \mathrm{d}y = \iint_D \left(\frac{\partial Q}{\partial x} - \frac{\partial P}{\partial y} \right) \mathrm{d}\sigma.$$

对于一般的平面区域,可以适当地划分为若干个既是 $x-$型又是 $y-$型的简单区域,例如 $D = D_1 + D_2 + D_3$,如图 9-14 所示,D_1, D_2, D_3 既是 $x-$型又是 $y-$型的区域,则根据上面的讨论:

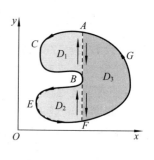

图 9-14

$$\oint_{ACBA} P \mathrm{d}x + Q \mathrm{d}y = \iint_{D_1} \left(\frac{\partial Q}{\partial x} - \frac{\partial P}{\partial y} \right) \mathrm{d}\sigma,$$

$$\oint_{BEFB} P \mathrm{d}x + Q \mathrm{d}y = \iint_{D_2} \left(\frac{\partial Q}{\partial x} - \frac{\partial P}{\partial y} \right) \mathrm{d}\sigma,$$

$$\oint_{ABFGA} P \mathrm{d}x + Q \mathrm{d}y = \iint_{D_3} \left(\frac{\partial Q}{\partial x} - \frac{\partial P}{\partial y} \right) \mathrm{d}\sigma.$$

将上面三式的两端分别相加得

$$右端 = \iint_{D_1} \left(\frac{\partial Q}{\partial x} - \frac{\partial P}{\partial y} \right) \mathrm{d}\sigma + \iint_{D_2} \left(\frac{\partial Q}{\partial x} - \frac{\partial P}{\partial y} \right) \mathrm{d}\sigma + \iint_{D_3} \left(\frac{\partial Q}{\partial x} - \frac{\partial P}{\partial y} \right) \mathrm{d}\sigma,$$

$$左端 = \oint_{ACBA} P \mathrm{d}x + Q \mathrm{d}y + \oint_{BEFB} P \mathrm{d}x + Q \mathrm{d}y + \oint_{ABFGA} P \mathrm{d}x + Q \mathrm{d}y$$

$$= \oint_{ACB} + \oint_{BA} + \oint_{BE} + \oint_{EF} + \oint_{FB} + \oint_{AB} + \oint_{BF} + \oint_{FGA} P \mathrm{d}x + Q \mathrm{d}y$$

$$= \oint_{ACBEFGA} P \mathrm{d}x + Q \mathrm{d}y = \oint_L P \mathrm{d}x + Q \mathrm{d}y.$$

从而证得
$$\oint_L P \mathrm{d}x + Q \mathrm{d}y = \iint_D \left(\frac{\partial Q}{\partial x} - \frac{\partial P}{\partial y} \right) \mathrm{d}\sigma.$$

最后,若 D 为复连通区域,如图 9-15 所示,可以适当添加辅助线,使其变为几个单连通区域,再利用积分的可加性,就可以证明格林公式对于复连通区域也成立.

如引例中,$P = \mathrm{e}^x \sin y - my$,$Q = \mathrm{e}^x \cos y - nx$,记 $L_1: y = 0, x: 2a \to 0$,则 $L + L_1$ 为平面闭合曲线,如图 9-16 所示.因此,

$$原式 = \oint_{L+L_1} P\mathrm{d}x + Q\mathrm{d}y - \int_{L_1} P\mathrm{d}x + Q\mathrm{d}y$$

$$= -\iint_D \left(\frac{\partial Q}{\partial x} - \frac{\partial P}{\partial y} \right) \mathrm{d}x\mathrm{d}y - \int_{L_1} P\mathrm{d}x + Q\mathrm{d}y$$

$$= (n-m) \iint_D \mathrm{d}x\mathrm{d}y - \int_{2\pi}^{0} 0\mathrm{d}x$$

$$= \frac{1}{2}(n-m)\pi a^2.$$

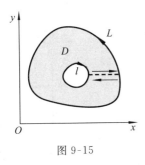

图 9-15

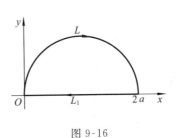

图 9-16

注意

(1) 格林公式将曲线积分转化为重积分;

(2) 在利用格林公式计算曲线积分时,一定要先验证定理中的条件是否成立;

(3) 利用第二类曲线积分计算面积. 适当选择函数 P 和 Q,使得 $\frac{\partial Q}{\partial x} - \frac{\partial P}{\partial y}$ 为常数. 如

$P = -y, Q = x$,则

$$\oint_L P\mathrm{d}x + Q\mathrm{d}y = \iint_D \left(\frac{\partial Q}{\partial x} - \frac{\partial P}{\partial y} \right) \mathrm{d}x\mathrm{d}y = \iint_D 2\mathrm{d}x\mathrm{d}y = 2S_D,$$

这里记 S_D 为 D 的面积. 故有 $S_D = \frac{1}{2}\oint_L -y\mathrm{d}x + x\mathrm{d}y.$ 也可用其他公式,如

$$S_D = \oint_L x\mathrm{d}y, \quad S_D = \oint_L -y\mathrm{d}x.$$

【例 1】　计算 $\oint_L (xy^2 + 2y)\mathrm{d}x + x^2 y\mathrm{d}y$,其中 L 是圆周 $x^2 + y^2 = 2y$,取正向.

解　因为 $P = xy^2 + 2y, Q = x^2 y$,所以,

$$原式 = \iint_D \left(\frac{\partial Q}{\partial x} - \frac{\partial P}{\partial y} \right) \mathrm{d}x\mathrm{d}y = \iint_D [2xy - (2xy + 2)]\mathrm{d}x\mathrm{d}y$$

$$= \iint_D (-2)\mathrm{d}x\mathrm{d}y = -2\pi.$$

【例 2】　椭圆 $x = a\cos\theta, y = b\sin\theta (0 \leqslant \theta \leqslant 2\pi)$ 所围成图形的面积 A.

解　设 D 是由椭圆 $x = a\cos\theta, y = b\sin\theta$ 所围成的区域.

令 $P = -\dfrac{1}{2}y, Q = \dfrac{1}{2}x$,则 $\dfrac{\partial Q}{\partial x} - \dfrac{\partial P}{\partial y} = \dfrac{1}{2} + \dfrac{1}{2} = 1$.

于是有格林公式:

$$A = \iint\limits_{D} \mathrm{d}x\mathrm{d}y = \oint_{L} -\frac{1}{2}y\mathrm{d}x + \frac{1}{2}x\mathrm{d}y = \frac{1}{2}\oint_{L} -y\mathrm{d}x + x\mathrm{d}y$$

$$= \frac{1}{2}\int_{0}^{2\pi}(ab\sin^2\theta + ab\cos^2\theta)\mathrm{d}\theta = \frac{1}{2}ab\int_{0}^{2\pi}\mathrm{d}\theta = \pi ab.$$

【例3】 计算 $\displaystyle\int_{L}(x\sin 2y - y)\mathrm{d}x + (x^2\cos 2y - 1)\mathrm{d}y$,其中 L 为圆周 $x^2 + y^2 = R^2$ 上从点 $A(R,0)$ 依逆时针方向到点 $B(0,R)$ 的一段弧.

解 做辅助线 L_1 和 L_2 与 L 构成区域 D 上正向闭曲线,如图 9-17 所示.由

$$P = x\sin 2y - y, \quad Q = x^2\cos 2y - 1$$

得 $\dfrac{\partial Q}{\partial x} - \dfrac{\partial P}{\partial y} = 2x\cos 2y - 2x\cos 2y + 1 = 1$,

于是 原式 $= \displaystyle\oint_{L+L_1+L_2} P\mathrm{d}x + Q\mathrm{d}y - \int_{L_1+L_2} P\mathrm{d}x + Q\mathrm{d}y$

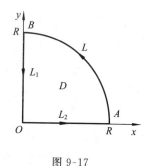

图 9-17

$$= \iint\limits_{D}\left(\frac{\partial Q}{\partial x} - \frac{\partial P}{\partial y}\right)\mathrm{d}\sigma - \int_{L_1} Q\mathrm{d}y - \int_{L_2} P\mathrm{d}x$$

$$= \iint\limits_{D}\mathrm{d}\sigma - \int_{R}^{0}(-1)\mathrm{d}y - \int_{0}^{R}0\mathrm{d}x = \frac{1}{4}\pi R^2 - R.$$

注意 格林公式要求 L 为分段光滑的简单正向闭曲线,如果 L 不是闭的就要"补线",为了计算简便,补线一般要平行于坐标轴.

【例4】 计算曲线积分 $\displaystyle\oint_{L}\frac{x\mathrm{d}y - y\mathrm{d}x}{x^2 + y^2}$,其中 L 为一条不经过原点的分段光滑简单闭曲线,取逆时针方向.

解 由 $P = \dfrac{-y}{x^2 + y^2}, Q = \dfrac{x}{x^2 + y^2}$,得

$$\frac{\partial Q}{\partial x} = \frac{y^2 - x^2}{x^2 + y^2} = \frac{\partial P}{\partial y} \quad (x^2 + y^2 \neq 0).$$

(1) 当 L 所围闭区域 D 内不含原点 $O(0,0)$ 时,如图 9-18 所示.上面两个偏导数在 D 上连续,故由格林公式得

$$\oint_{L}\frac{x\mathrm{d}y - y\mathrm{d}x}{x^2 + y^2} = \iint\limits_{D}\left(\frac{\partial Q}{\partial x} - \frac{\partial P}{\partial y}\right)\mathrm{d}x\mathrm{d}y = \iint\limits_{D}0\mathrm{d}x\mathrm{d}y = 0.$$

(2) 当 L 所围闭区域 D 的内部含原点 $O(0,0)$ 时,在 L 内部做一个以原点 O 为圆心的圆周 $l: x^2 + y^2 = r^2$,取顺时针方向,如图 9-19 所示.记 l 所围区域为 D_1,则 D 挖去了 D_1 得到区域 $D' = D - D_1$,其正向边界为 $L + l$,应用格林公式,得

$$\oint_{L+l}\frac{x\mathrm{d}y - y\mathrm{d}x}{x^2 + y^2} = \iint\limits_{D'}\left(\frac{\partial Q}{\partial x} - \frac{\partial P}{\partial y}\right)\mathrm{d}x\mathrm{d}y = \iint\limits_{D'}0\mathrm{d}x\mathrm{d}y = 0,$$

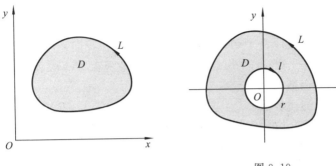

图 9-18　　　　　　　　　图 9-19

即
$$\oint_L \frac{x\,dy - y\,dx}{x^2 + y^2} = -\oint_l \frac{x\,dy - y\,dx}{x^2 + y^2} = -\oint_l \frac{x\,dy - y\,dx}{r^2}$$

$$= -\frac{1}{r^2}\oint_l x\,dy - y\,dx = -\frac{1}{r^2}\iint_{D_1}[1 - (-1)]d\sigma = 2\pi.$$

9.3.2　平面曲线积分与路径无关

从定义可以知道,曲线积分的值除了与被积函数有关,还与积分路径有关.但也有特殊情形,如重力场中,重力所做的功与路径无关.在静电场中也有类似性质.现在就在数学上讨论一下曲线积分与路径无关的条件.

定义 9.1　设 G 是一个开区域,$P(x,y)$ 及 $Q(x,y)$ 在区域 G 内具有一阶连续偏导数.如果对 G 内任意指定的两个点 A 和 B 以及 G 内从点 A 到点 B 的任意两条曲线 L_1、L_2(见图 9-20),都有等式

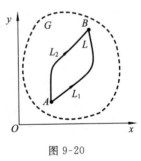

$$\int_{L_1} P\,dx + Q\,dy = \int_{L_2} P\,dx + Q\,dy$$

就称曲线积分 $\int_L P\,dx + Q\,dy$ 在 G 内**与路径无关**.否则就称该曲线积分**与路径有关**.

图 9-20

定理 9.2　曲线积分 $\int_L P\,dx + Q\,dy$ 在 G 内与路径无关的充要条件是:沿 G 内任意闭合曲线 C 的曲线积分 $\oint_C P\,dx + Q\,dy$ 等于零.

定理 9.3　设 G 是一个单连通区域,函数 $P(x,y)$ 及 $Q(x,y)$ 在区域 G 内具有一阶连续偏导数,则曲线积分 $\int_C P\,dx + Q\,dy$ 在 G 内与路径无关(或沿 G 内任意闭合曲线的曲线积分为零)的充要条件是:在 G 内恒有 $\dfrac{\partial P}{\partial y} = \dfrac{\partial Q}{\partial x}$.

9.3.3 原函数

在第7章我们讨论过求一个函数的全微分问题,现在我们来讨论相反的问题:给定一个表达式 $P(x,y)\mathrm{d}x + Q(x,y)\mathrm{d}y$,在什么条件下,它是某一个二元函数的全微分?并且如何求出这个二元函数?

定义 9.2 若二元函数 $u(x,y)$ 满足

$$\mathrm{d}u(x,y) = P(x,y)\mathrm{d}x + Q(x,y)\mathrm{d}y,$$

则称函数 $u(x,y)$ 是表达式 $P(x,y)\mathrm{d}x + Q(x,y)\mathrm{d}y$ 的一个原函数.

定理 9.4 设 D 是单连通区域,P、Q 的一阶偏导数在 D 内连续,则以下四个命题等价.

(1) 在 D 内,$\dfrac{\partial Q}{\partial x} = \dfrac{\partial P}{\partial y}$;

(2) 对于 D 内的任意一条闭曲线 L,$\oint_L P\mathrm{d}x + Q\mathrm{d}y = 0$;

(3) 对于 D 内任意一条曲线 L,积分 $\int_L P\mathrm{d}x + Q\mathrm{d}y$ 的值与路径无关,只与 L 的起点、终点有关;

(4) 存在 D 内可微函数 $u(x,y)$,使得 $\mathrm{d}u = P\mathrm{d}x + Q\mathrm{d}y$.

证明 (采用循环证明,即(1)$\Rightarrow$(2)$\Rightarrow$(3)$\Rightarrow$(4)$\Rightarrow$(1))

(1)$\Rightarrow$(2):设 L 是 D 内的任意一条闭曲线,因为在 D 内,$\dfrac{\partial Q}{\partial x} = \dfrac{\partial P}{\partial y}$,故在 L 围成的区域 $D_0 \subset D$ 内,$\dfrac{\partial Q}{\partial x} = \dfrac{\partial P}{\partial y}$ 也成立,由格林公式 $\oint_L P\mathrm{d}x + Q\mathrm{d}y = 0$;

(2)$\Rightarrow$(3):设 L_1,L_2 是 D 内任意两条具有相同起点、终点的曲线,则 $L_1 + (-L_2)$ 是 D 内的一条闭曲线,则 $\oint_{L_1+(-L_2)} P\mathrm{d}x + Q\mathrm{d}y = 0$,即

$$\int_{L_1} + \int_{-L_2} P\mathrm{d}x + Q\mathrm{d}y = 0, \qquad \int_{L_1} P\mathrm{d}x + Q\mathrm{d}y = -\int_{-L_2} P\mathrm{d}x + Q\mathrm{d}y,$$

$$\int_{L_1} P\mathrm{d}x + Q\mathrm{d}y = \int_{L_2} P\mathrm{d}x + Q\mathrm{d}y,$$

这表明积分与路径无关,只与起点、终点有关.

(3)$\Rightarrow$(4):因为积分与路径无关,对于 D 内的任意两点 A、B(见图 9-21),从 A 到 B 的积分可以写做:

$$\int_{AB} P\mathrm{d}x + Q\mathrm{d}y = \int_A^B P\mathrm{d}x + Q\mathrm{d}y$$

$$= \int_{(x_0,y_0)}^{(x,y)} P\mathrm{d}x + Q\mathrm{d}y \underline{\triangle} u(x,y).$$

事实上 $u(x,y)$ 即为所求,因为

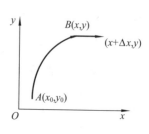

图 9-21

$$u(x + \Delta x, y) = \int_{(x_0, y_0)}^{(x + \Delta x, y)} P \mathrm{d}x + Q \mathrm{d}y$$

$$= \int_{(x_0, y_0)}^{(x, y)} P \mathrm{d}x + Q \mathrm{d}y + \int_{(x, y)}^{(x + \Delta x, y)} P \mathrm{d}x + Q \mathrm{d}y$$

$$= u(x, y) + \int_x^{x + \Delta x} P(x, y) \mathrm{d}x,$$

$$u(x + \Delta x, y) - u(x, y) = \int_x^{x + \Delta x} P(x, y) \mathrm{d}x = P(\xi, y) \Delta x \quad (\xi \text{ 介于 } x, x + \Delta x \text{ 之间}),$$

$$\frac{\partial u}{\partial x} = \lim_{\Delta x \to 0} \frac{u(x + \Delta x, y) - u(x, y)}{\Delta x} = \lim_{\Delta x \to 0} \frac{P(\xi, y) \Delta x}{\Delta x}$$

$$= \lim_{\Delta x \to 0} P(\xi, y) = P(x, y).$$

同理可证 $\dfrac{\partial u}{\partial y} = Q(x, y)$, 表明 $u(x, y)$ 一阶偏导数存在, 且 $\dfrac{\partial u}{\partial x} = P(x, y), \dfrac{\partial u}{\partial y} = Q(x, y)$.

由于 P, Q 是连续函数, 从而表明 $u(x, y)$ 一阶偏导数连续, 即 $u(x, y)$ 可微, 从而

$$\mathrm{d}u = \frac{\partial u}{\partial x} \mathrm{d}x + \frac{\partial u}{\partial y} \mathrm{d}y$$

或

$$\mathrm{d}u = P \mathrm{d}x + Q \mathrm{d}y.$$

(4)$\Rightarrow$(1): 已知 $\mathrm{d}u = P \mathrm{d}x + Q \mathrm{d}y$, 则 $P = \dfrac{\partial u}{\partial x}, Q = \dfrac{\partial u}{\partial y}$.

$$\frac{\partial P}{\partial y} = \frac{\partial}{\partial y}\left(\frac{\partial u}{\partial x}\right) = \frac{\partial^2 u}{\partial x \partial y}, \qquad \frac{\partial Q}{\partial x} = \frac{\partial}{\partial x}\left(\frac{\partial u}{\partial y}\right) = \frac{\partial^2 u}{\partial y \partial x}.$$

因为 P, Q 的一阶偏导数连续, 则 $\dfrac{\partial^2 u}{\partial x \partial y} = \dfrac{\partial^2 u}{\partial y \partial x}$, 即 $\dfrac{\partial P}{\partial y} = \dfrac{\partial Q}{\partial x}$.

注意　原函数的计算公式 $u(x, y) = \displaystyle\int_{(x_0, y_0)}^{(x, y)} P(x, y) \mathrm{d}x + Q(x, y) \mathrm{d}y$. 由于右端曲线

积分与路径无关, 为计算简单, 可选用平行于坐标轴的折线作为积分路径. 则有

$$u(x, y) = \int_{x_0}^x P(x, y_0) \mathrm{d}x + \int_{y_0}^y Q(x, y) \mathrm{d}y$$

或

$$u(x, y) = \int_{y_0}^y Q(x_0, y) \mathrm{d}y + \int_{x_0}^x P(x, y) \mathrm{d}x.$$

不同方法求出的原函数至多相差一个常数. 区域 D 包含原点时, 一般选原点 $(0, 0)$ 作为起点.

【例 5】　求 $u(x, y)$, 使 $\mathrm{d}u(x, y) = 2xy \mathrm{d}x + (x^2 + \cos y) \mathrm{d}y$.

解法一　由题意 $P = 2xy, Q = x^2 + \cos y$, 于是 $\dfrac{\partial P}{\partial y} = 2x = \dfrac{\partial Q}{\partial x}$, 故有

$$u(x, y) = \int_0^x 2x \cdot 0 \mathrm{d}x + \int_0^y (x^2 + \cos y) \mathrm{d}y = x^2 y + \sin y.$$

解法二（凑微分法）　$\mathrm{d}u(x, y) = 2xy \mathrm{d}x + x^2 \mathrm{d}y + \cos y \mathrm{d}y = y \mathrm{d}x^2 + x^2 \mathrm{d}y + \cos y \mathrm{d}y$

$$= \mathrm{d}(x^2 y + \sin y).$$

解法三（待定函数法）　由 $\dfrac{\partial u}{\partial x} = 2xy$, 可设 $u(x, y) = x^2 y + \psi(y)$, 其中 $\psi(y)$ 待定.

又 $\dfrac{\partial u}{\partial y}=x^2+\psi'(y)=x^2+\cos y$，于是 $\psi(y)=\sin y$.

【例6】 计算 $\displaystyle\int_L (x^2+y)\mathrm{d}x+(x+\sin^2 y)\mathrm{d}y$，$L$ 是上半圆

周 $y=\sqrt{2x-x^2}$ 上从 $(0,0)$ 到 $(1,1)$ 的圆弧，如图 9-22 所示.

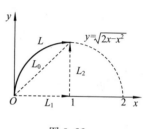

解 $P=x^2+y,\ Q=x+\sin^2 y,\ \dfrac{\partial P}{\partial y}=1=\dfrac{\partial Q}{\partial x}$ 在 xOy 平

面上处处成立，所以在 xOy 平面内的曲线积分与路径无关，从

而有

图 9-22

$$\int_L (x^2+y)\mathrm{d}x+(x+\sin^2 y)\mathrm{d}y$$

$$=\int_{L_1}+\int_{L_2}(x^2+y)\mathrm{d}x+(x+\sin^2 y)\mathrm{d}y$$

$$=\int_{L_1}(x^2+y)\mathrm{d}x+\int_{L_2}(x+\sin^2 y)\mathrm{d}y$$

$$=\int_0^1 (x^2+0)\mathrm{d}x+\int_0^1 (1+\sin^2 y)\mathrm{d}y$$

$$=\frac{1}{3}+1+\int_0^1 \frac{1-\cos 2y}{2}\mathrm{d}y$$

$$=\frac{1}{3}+1+\frac{1}{2}-\frac{1}{4}\sin 2=\frac{11}{6}-\frac{1}{4}\sin 2.$$

也可取 $L_0:y=x,x:0\to 1$，则

$$\int_L (x^2+y)\mathrm{d}x+(x+\sin^2 y)\mathrm{d}y=\int_{L_0}(x^2+y)\mathrm{d}x+(x+\sin^2 y)\mathrm{d}y$$

$$=\int_0^1 [(x^2+x)+(x+\sin^2 x)]\mathrm{d}x=\frac{1}{3}+1+\int_0^1 \sin^2 x\mathrm{d}x=\frac{11}{6}-\frac{1}{4}\sin 2.$$

【例7】 计算 $\displaystyle\int_L 2xy\mathrm{d}x+x^2\mathrm{d}y$，其中 L 为抛物线 $y=x^2$ 上

从 $O(0,0)$ 到 $B(1,1)$ 的一段弧，如图 9-23 所示.

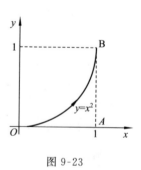

解 因为 $\dfrac{\partial P}{\partial y}=\dfrac{\partial Q}{\partial x}=2x$ 在整个 xOy 面内都成立，所以在

整个 xOy 面内，积分 $\displaystyle\int_L 2xy\mathrm{d}x+x^2\mathrm{d}y$ 与路径无关. 于是

$$\int_L 2xy\mathrm{d}x+x^2\mathrm{d}y=\int_{OA}2xy\mathrm{d}x+x^2\mathrm{d}y+\int_{AB}2xy\mathrm{d}x+x^2\mathrm{d}y$$

$$=\int_0^1 1^2\mathrm{d}y=1.$$

图 9-23

习题 9-3

1. 利用格林公式计算下列曲线积分：

(1) $\oint_L - x^2 y \mathrm{d}x + xy^2 \mathrm{d}y$，其中 L 是圆周 $x^2 + y^2 = a^2$，取正向；

(2) $\oint_L (x + y)\mathrm{d}x - (x - y)\mathrm{d}y$，其中 L 是椭圆 $\dfrac{x^2}{a^2} + \dfrac{y^2}{b^2} = 1$，取正向；

(3) $\oint_L (x + y)^2 \mathrm{d}x + (x^2 - y^2)\mathrm{d}y$，其中 L 是顶点为 $A(1,1), B(3,2), C(3,5)$ 的 $\triangle ABC$ 的边界，取正向.

2. 用曲线积分求下列闭合曲线所围图形的面积：

(1) 星形线：$\begin{cases} x = a\cos^3 t \\ y = a\sin^3 t \end{cases}$　$(0 \leqslant t \leqslant 2\pi)$；

(2) 椭圆：$\begin{cases} x = a\cos t \\ y = b\sin t \end{cases}$　$(0 \leqslant t \leqslant 2\pi)$.

3. 证明下列各式是某一函数的全微分，并求出原函数.

(1) $2xy\mathrm{d}x + x^2\mathrm{d}y$；

(2) $4(x^2 + y^2)(x\mathrm{d}x + y\mathrm{d}y)$；

(3) $\dfrac{x\mathrm{d}x + y\mathrm{d}y}{x^2 + y^2}$.

4. 求出下列曲线积分：

(1) $\displaystyle\int_L (3x^2 - xy^2)\mathrm{d}x - x^2 y\mathrm{d}y$，其中 L 是沿上半圆周 $x^2 + y^2 = 1$ 上的点 $A(1,0)$ 到 $B(-1,0)$ 一段弧；

(2) $\displaystyle\int_L (x^2 + y)\mathrm{d}x + (x + y^2)\mathrm{d}y$，其中 L 是从点 $A(1,0)$ 沿曲线 $(x-2)^2 + y^2 = 1$ 的上半部分到点 $B(3,0)$ 的半圆弧；

(3) $\displaystyle\oint_L \dfrac{-y\mathrm{d}x + x\mathrm{d}y}{x^2 + y^2}$，其中 L 是圆周 $x^2 + y^2 = 1$，取逆时针方向.

5. 证明下列曲线积分与路径无关，并求其值：

(1) $\displaystyle\int_{(0,1)}^{(2,3)} (x + y)\mathrm{d}x + (x - y)\mathrm{d}y$；

(2) $\displaystyle\int_{(2,1)}^{(1,2)} \dfrac{y\mathrm{d}x - x\mathrm{d}y}{x^2}$　（在右半平面内）.

9.4　对面积的曲面积分（第一类曲面积分）

在实际问题中，可能会遇到积分区域为空间中的曲面的情况，因此要介绍曲面积分的相关内容.

9.4.1 引例

设空间有一曲面 Σ,其面密度为 $\rho = \rho(x,y,z)$,$\rho(x,y,z)$ 在曲面 Σ 上连续,则曲面的质量 $M = \lim\limits_{\lambda \to 0} \sum\limits_{i=1}^{n} \rho(\xi_i,\eta_i,\zeta_i) \Delta S_i$.

9.4.2 对面积的曲面积分的概念

1. 定义

设函数 $f(x,y,z)$ 在光滑曲面 Σ 上有界,任意分割曲面 Σ 为 $\Delta S_1,\Delta S_2,\cdots \Delta S_n$,其中 ΔS_i 既表示第 i 块小曲面也表示其面积.任取 $(\xi_i,\eta_i,\zeta_i) \in \Delta S_i$,$\lambda = \max\{\Delta S_i$ 的直径$\}$,$i = 1,2,\cdots,n$. 若极限 $\lim\limits_{\lambda \to 0} \sum\limits_{i=1}^{n} f(\xi_i,\eta_i,\zeta_i) \Delta S_i$ 存在,称该极限为函数 $f(x,y,z)$ 在曲面 Σ 上的**对面积的曲面积分**,记作 $\iint\limits_{\Sigma} f(x,y,z) \mathrm{d}S = \lim\limits_{\lambda \to 0} \sum\limits_{i=1}^{n} f(\xi_i,\eta_i,\zeta_i) \Delta S_i$.

由此定义,曲面 Σ 的质量 $M = \iint\limits_{\Sigma} \rho(x,y,z) \mathrm{d}S$.

注意 $\mathrm{d}S$ 相应于和式中的 ΔS_i,故 $\mathrm{d}S > 0$,且称之为曲面 Σ 的**面积微元**.

2. 性质

若 $\Sigma = \Sigma_1 + \Sigma_2$,则

$$\iint\limits_{\Sigma} f(x,y,z) \mathrm{d}S = \iint\limits_{\Sigma_1} f(x,y,z) \mathrm{d}S + \iint\limits_{\Sigma_2} f(x,y,z) \mathrm{d}S.$$

3. 几何意义

若 $f(x,y,z) \equiv 1$,则 $\iint\limits_{\Sigma} \mathrm{d}S = S$,其中 S 为曲面 Σ 的面积.

9.4.3 对面积的曲面积分的计算

设曲面 $\Sigma: z = z(x,y)$,$(x,y) \in D$,且 $z(x,y)$ 在 D 上一阶偏导数连续,根据二重积分应用部分对空间曲面面积的讨论,曲面的面积微元为 $\mathrm{d}S = \sqrt{1 + z_x^2 + z_y^2}\,\mathrm{d}\sigma$,从而

$$\iint\limits_{\Sigma} f(x,y,z) \mathrm{d}S = \iint\limits_{D} f(x,y,z(x,y)) \sqrt{1 + z_x^2 + z_y^2}\,\mathrm{d}\sigma$$

特别地,当 $f(x,y,z) \equiv 1$ 时,$S = \iint\limits_{\Sigma} \mathrm{d}S = \iint\limits_{D} \sqrt{1 + z_x^2 + z_y^2}\,\mathrm{d}\sigma$,与二重积分中的结论一致.

注意 (1) 如果曲面为 $\Sigma: y = y(x,z)$,在 xOz 坐标面上的投影区域为 D,$y(x,z)$ 在 D 上一阶偏导数连续,则对面积的曲面积分计算公式为

$$\iint\limits_{\Sigma} f(x,y,z) \mathrm{d}S = \iint\limits_{D} f(x,y(x,z),z) \sqrt{1 + y_x^2 + y_z^2}\,\mathrm{d}\sigma;$$

（2）如果曲面为 $\Sigma : x = x(y,z)$，在 yOz 坐标面上的投影区域为 D，$x = x(y,z)$ 在 D 上一阶偏导数连续，则对面积的曲面积分计算公式为

$$\iint\limits_{\Sigma} f(x,y,z)\mathrm{d}S$$

$$= \iint\limits_{D} f(x(y,z),y,z)\ \sqrt{1+x_y^2+x_z^2}\mathrm{d}\sigma$$

（3）如果 Σ 恰好是 xOy 坐标面的平面区域，即 $\Sigma = D : z = 0$，则 $\sqrt{1+z_x^2+z_y^2} = 1$，从而

$$\iint\limits_{\Sigma} f(x,y,z)\mathrm{d}S = \iint\limits_{D} f(x,y,0)\mathrm{d}\sigma.$$

【例 1】　计算积分 $\displaystyle\iint\limits_{\Sigma}\frac{1}{z}\mathrm{d}S$，$\Sigma$ 是球面 $x^2+y^2+z^2$ $= R^2$ 被平面 $z = h(0 < h < R)$ 截出的顶部，见图 9-24。

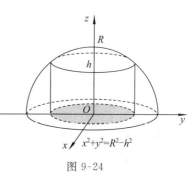

图 9-24

解　$\Sigma : z = \sqrt{R^2-x^2-y^2}$ 在 xOy 面上的投影区域为 $D : x^2+y^2 = R^2-h^2$，则

$$\sqrt{1+z_x^2+z_y^2} = \sqrt{1+\frac{x^2}{R^2-x^2-y^2}+\frac{y^2}{R^2-x^2-y^2}}$$

$$= \frac{R}{\sqrt{R^2-x^2-y^2}},$$

$$\iint\limits_{\Sigma}\frac{1}{z}\mathrm{d}S = \iint\limits_{D}\frac{1}{\sqrt{R^2-x^2-y^2}}\cdot\frac{R}{\sqrt{R^2-x^2-y^2}}\mathrm{d}\sigma$$

$$= \iint\limits_{D}\frac{R}{R^2-x^2-y^2}\mathrm{d}\sigma$$

$$= R\int_0^{2\pi}\mathrm{d}\theta\int_0^{\sqrt{R^2-h^2}}\frac{r}{R^2-r^2}\mathrm{d}r = 2\pi R\cdot\left(-\frac{1}{2}\ln(R^2-r^2)\right)\Big|_0^{\sqrt{R^2-h^2}}$$

$$= \pi R\cdot(2\ln R - 2\ln h) = 2\pi R\ln\frac{R}{h}.$$

【例 2】　计算积分 $\displaystyle\oiint\limits_{\Sigma}xy\mathrm{d}S$，$\Sigma$ 是圆柱面 $x^2+y^2 = 1$ 与平面 $z = 0$，$x+z = 2$ 围成的立体的全表面，如图 9-25 所示.

解　$\Sigma = \Sigma_1 + \Sigma_2 + \Sigma_3$，其中，

$$\Sigma_1 : z = 0, D_1 : x^2+y^2 \leqslant 1;$$

$$\iint\limits_{\Sigma_1}xy\mathrm{d}S = \iint\limits_{D_1}xy\ \sqrt{1+0+0}\mathrm{d}\sigma = \iint\limits_{D_1}xy\mathrm{d}\sigma = 0.$$

$$\Sigma_2 : z = 2-x, D_2 : x^2+y^2 \leqslant 1;$$

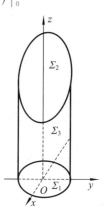

图 9-25

$$\iint\limits_{\Sigma_2} xy\,\mathrm{d}S = \iint\limits_{D_2} xy\,\sqrt{1+(-1)^2+0}\,\mathrm{d}\sigma = \sqrt{2}\iint\limits_{D_2} xy\,\mathrm{d}\sigma = 0.$$

$$\Sigma_3 : x^2+y^2=1, \Sigma_3 = \Sigma_{31}+\Sigma_{32};$$

$$\Sigma_{31} : y = \sqrt{1-x^2}, \Sigma_{32} : y = -\sqrt{1-x^2},$$

其中 Σ_{31}、Σ_{32} 在 xOz 面上的投影区域均为 D_3,且 D_3 由 $x+z=2$,$x=1,x=-1,z=0$ 围成,如图 9-26 所示.

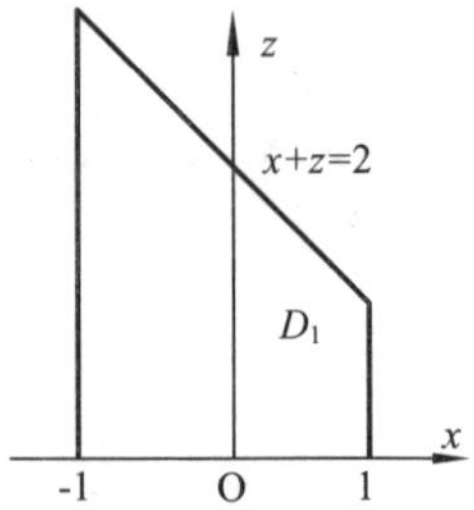

又 $\sqrt{1+y_x^2+y_z^2} = \sqrt{1+\dfrac{x^2}{1-x^2}+0} = \dfrac{1}{\sqrt{1-x^2}}$,

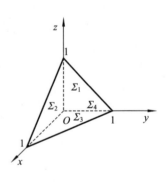

图 9-26

$$\oiint\limits_{\Sigma} xy\,\mathrm{d}S = \iint\limits_{\Sigma_1} + \iint\limits_{\Sigma_2} + \iint\limits_{\Sigma_3} xy\,\mathrm{d}S$$

$$= \iint\limits_{\Sigma_3} xy\,\mathrm{d}S = \iint\limits_{\Sigma_{31}} xy\,\mathrm{d}S + \iint\limits_{\Sigma_{32}} xy\,\mathrm{d}S$$

$$= \iint\limits_{D_3} x\,\sqrt{1-x^2}\cdot\dfrac{1}{\sqrt{1-x^2}}\,\mathrm{d}\sigma + \iint\limits_{D_3} x(-\sqrt{1-x^2})\cdot\dfrac{1}{\sqrt{1-x^2}}\,\mathrm{d}\sigma$$

$$= 0.$$

【例3】 计算 $\oiint\limits_{\Sigma} xyz\,\mathrm{d}S$,其中 Σ 是由平面 $x=0,y=0,z=0$ 及 $x+y+z=1$ 所围成的四面体的整个边界曲面,见图 9-27.

解 整个边界曲面 Σ 在平面 $x=0$、$y=0$、$z=0$ 及 $x+y+z=1$ 上的部分依次记为 Σ_1、Σ_2、Σ_3 及 Σ_4,于是

$$\oiint\limits_{\Sigma} xyz\,\mathrm{d}S = \iint\limits_{\Sigma_1} xyz\,\mathrm{d}S + \iint\limits_{\Sigma_2} xyz\,\mathrm{d}S + \iint\limits_{\Sigma_3} xyz\,\mathrm{d}S + \iint\limits_{\Sigma_4} xyz\,\mathrm{d}S$$

$$= 0+0+0+\iint\limits_{\Sigma_4} xyz\,\mathrm{d}S$$

$$= \iint\limits_{D_{xy}} \sqrt{3}xy(1-x-y)\,\mathrm{d}x\mathrm{d}y$$

$$= \sqrt{3}\int_0^1 x\,\mathrm{d}x\int_0^{1-x} y(1-x-y)\,\mathrm{d}y$$

$$= \sqrt{3}\int_0^1 x\cdot\dfrac{(1-x)^3}{6}\,\mathrm{d}x = \dfrac{\sqrt{3}}{120}.$$

图 9-27

9.4.4 对面积的曲面积分的应用

(1) 求曲面的面积: $S = \iint\limits_{\Sigma}\mathrm{d}S.$

(2) 求曲面的质量: $M = \iint\limits_{\Sigma}\rho(x,y,z)\,\mathrm{d}S.$

（3）转动惯量：$I_z = \iint\limits_{\Sigma}(x^2 + y^2)\rho(x,y,z)\mathrm{d}S.$

（4）求曲面的质心：$\bar{x} = \dfrac{\iint\limits_{\Sigma}x\rho(x,y,z)\mathrm{d}S}{\iint\limits_{\Sigma}\rho(x,y,z)\mathrm{d}S},$

$$\bar{y} = \frac{\iint\limits_{\Sigma}y\rho(x,y,z)\mathrm{d}S}{\iint\limits_{\Sigma}\rho(x,y,z)\mathrm{d}S}, \quad \bar{z} = \frac{\iint\limits_{\Sigma}z\rho(x,y,z)\mathrm{d}S}{\iint\limits_{\Sigma}\rho(x,y,z)\mathrm{d}S}.$$

特别地，当 $\rho(x,y,z) = $ 常数时，质心在对称面上或对称轴上，此时质心也称为形心，且

$$\bar{x} = \frac{\iint\limits_{\Sigma}x\,\mathrm{d}S}{\iint\limits_{\Sigma}\mathrm{d}S} = \frac{\iint\limits_{\Sigma}x\,\mathrm{d}S}{S}, \quad \bar{y} = \frac{\iint\limits_{\Sigma}y\,\mathrm{d}S}{S}, \quad \bar{z} = \frac{\iint\limits_{\Sigma}z\,\mathrm{d}S}{S}.$$

【例 4】　计算半径为 a 的均匀半球壳的重心.

解　设半球壳为上半球壳，即 $\Sigma: z = \sqrt{a^2 - x^2 - y^2}, D: x^2 + y^2 \leqslant a^2$；由球面的均匀性知，重心在对称轴 z 轴上，即 $\bar{x} = \bar{y} = 0$，且

$$\iint\limits_{\Sigma}\mathrm{d}S = 2\pi a^2,$$

$$\iint\limits_{\Sigma}z\,\mathrm{d}S = \iint\limits_{D}\sqrt{a^2 - x^2 - y^2} \cdot \frac{a}{\sqrt{a^2 - x^2 - y^2}}\mathrm{d}\sigma = a\iint\limits_{D}\mathrm{d}\sigma = \pi a^3,$$

所以，$\bar{z} = \dfrac{\iint\limits_{\Sigma}z\,\mathrm{d}S}{\iint\limits_{\Sigma}\mathrm{d}S} = \dfrac{\pi a^3}{2\pi a^2} = \dfrac{a}{2}$，重心坐标为 $\left(0, 0, \dfrac{a}{2}\right)$.

习题 9-4

1. 计算 $\iint\limits_{\Sigma}f(x,y,z)\mathrm{d}S$，其中 Σ 为抛物面 $z = 2 - (x^2 + y^2)$ 在 xOy 面上方的部分，$f(x,y,z)$ 分别为以下函数：

（1）$f(x,y,z) = 1$；

（2）$f(x,y,z) = x^2 + y^2$；

（3）$f(x,y,z) = 3z.$

2. 计算 $\iint\limits_{\Sigma}\dfrac{1}{1 + 4x^2 + 4y^2}\mathrm{d}S$，其中 Σ 为曲面 $z = x^2 + y^2(0 \leqslant z \leqslant 1)$.

3. 求 $\iint\limits_{\Sigma}(x + y + z)\mathrm{d}S$，其中 Σ 是上半球面 $x^2 + y^2 + z^2 = a^2(z \geqslant 0)$.

4. 求面密度 $\rho = z$ 的非均匀薄壳 $z = \dfrac{1}{2}(x^2 + y^2)(0 \leqslant z \leqslant 1)$ 的质量.

9.5　对坐标的曲面积分(第二类曲面积分)

9.5.1　对坐标的曲面积分的概念与性质

曲面的侧的定义如下:若曲面是闭的,则内侧是指法向量向内指,外侧是指法向量向外指;若曲面是非闭的,则上侧和下侧分别指法向量与 z 轴正向夹角为锐角和钝角,右侧和左侧分别指法向量与 y 轴正向夹角为锐角和钝角,而前侧和后侧分别指法向量与 x 轴正向夹角为锐角和钝角. 按以上约定取定了侧(即指定了法向量)的曲面称为**有向曲面**.

光滑曲面指切平面可以连续变化的曲面.

流向曲面一侧的流量　设稳定流动的不可压缩流体(假定密度为 1)的速度场由
$$\boldsymbol{v} = (P(x,y,z), Q(x,y,z), R(x,y,z))$$
给出,Σ 是速度场中的一片有向曲面,函数 $P(x,y,z)$、$Q(x,y,z)$、$R(x,y,z)$ 都在 Σ 上连续,求在单位时间内流向指定侧的流体的质量,即**流量** Φ.

如果流体流过平面上面积为 A 的一个闭区域,且流体在闭区域上各点处的流速为 $\boldsymbol{v}$(常向量),又设 $\boldsymbol{n}$ 为该平面的单位法向量,那么在单位时间内流过该闭区域的流体组成一个底面积为 A、斜高为 $|\boldsymbol{v}|$ 的斜柱体(见图 9-28).

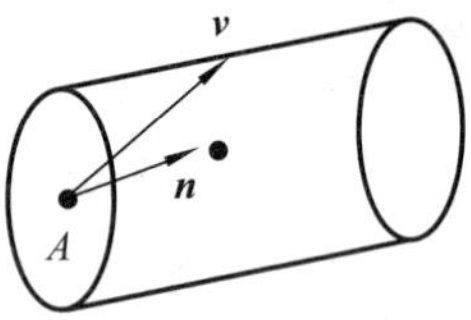

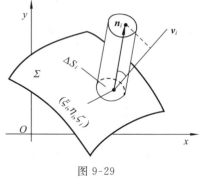

图 9-28

当 $(\boldsymbol{v},\boldsymbol{n}) = \theta < \dfrac{\pi}{2}$ 时,斜柱体的体积为
$$A \mid \boldsymbol{v} \mid \cos\theta = A\boldsymbol{v} \cdot \boldsymbol{n}.$$

当 $(\boldsymbol{v},\boldsymbol{n}) = \dfrac{\pi}{2}$ 时,显然流体通过闭区域 A 流向 $\boldsymbol{n}$ 所指一侧的流量 Φ 为零,而 $A\boldsymbol{v} \cdot \boldsymbol{n} = 0$,故 $\Phi = A\boldsymbol{v} \cdot \boldsymbol{n}$;

当 $(\boldsymbol{v},\boldsymbol{n}) > \dfrac{\pi}{2}$ 时,$A\boldsymbol{v} \cdot \boldsymbol{n} < 0$,这时我们仍把 $A\boldsymbol{v} \cdot \boldsymbol{n}$ 称为流体通过闭区域 A 流向 $\boldsymbol{n}$ 所指一侧的流量,它表示流体通过闭区域 A 实际上流向 $-\boldsymbol{n}$ 所指一侧,且流向 $-\boldsymbol{n}$ 所指一侧的流量为 $-A\boldsymbol{v} \cdot \boldsymbol{n}$.因此,不论 $(\boldsymbol{v},\boldsymbol{n})$ 为何值,流体通过闭区域 A 流向 $\boldsymbol{n}$ 所指一侧的流量均为 $A\boldsymbol{v} \cdot \boldsymbol{n}$.

把曲面 Σ 分成 n 小块:ΔS_1,ΔS_2,…,ΔS_n(ΔS_i 同时也代表第 i 小块曲面的面积),如图 9-29 所示.在 Σ 是光滑的和 v 是连续的前提下,只要 ΔS_i 的直径很小,我们就可以用 ΔS_i 上任一点 (ξ_i, η_i, ζ_i) 处的流速

图 9-29

$$\boldsymbol{v}_i = (P(\xi_i, \eta_i, \zeta_i), Q(\xi_i, \eta_i, \zeta_i), R(\xi_i, \eta_i, \zeta_i))$$

代替 ΔS_i 上其他各点处的流速, 以点 (ξ_i, η_i, ζ_i) 处曲面 Σ 的单位法向量

$$\boldsymbol{n}_i = (\cos \alpha_i, \cos \beta_i, \cos \gamma_i)$$

代替 ΔS_i 上其他各点处的单位法向量. 从而得到通过 ΔS_i 流向指定侧的流量的近似值

$$\boldsymbol{v}_i \cdot \boldsymbol{n}_i \Delta S_i \quad (i = 1, 2, \cdots, n),$$

于是, 通过 Σ 流向指定侧的流量为

$$\Phi \approx \sum_{i=1}^{n} \boldsymbol{v}_i \cdot \boldsymbol{n}_i \Delta S_i$$

$$= \sum_{i=1}^{n} [P(\xi_i, \eta_i, \zeta_i) \cos \alpha_i + Q(\xi_i, \eta_i, \zeta_i) \cos \beta_i + R(\xi_i, \eta_i, \zeta_i) \cos \gamma_i] \Delta S_i,$$

但 $\quad \cos \alpha_i \cdot \Delta S_i \approx (\Delta S_i)_{yz}, \quad \cos \beta_i \cdot \Delta S_i \approx (\Delta S_i)_{zx}, \quad \cos \gamma_i \cdot \Delta S_i \approx (\Delta S_i)_{xy},$
因此上式可以写成

$$\Phi \approx \sum_{i=1}^{n} [P(\xi_i, \eta_i, \zeta_i)(\Delta S_i)_{yz} + Q(\xi_i, \eta_i, \zeta_i)(\Delta S_i)_{zx} + R(\xi_i, \eta_i, \zeta_i)(\Delta S_i)_{xy}].$$

令 $\lambda = \max\{\Delta S_i \text{ 的直径}\} \to 0$, 取上述和的极限, 就得到流量 Φ 的精确值, 这样的极限还会在其他问题中遇到. 抽去它们的具体意义, 就得出下列对坐标的曲面积分的概念.

1. 定义

设 Σ 为光滑的有向曲面, 函数 $R(x, y, z)$ 在光滑曲面 Σ 上有界. 任意分割曲面 Σ 为 $\Delta S_1, \Delta S_2, \cdots, \Delta S_n$, 其中 ΔS_i 既表示第 i 块小曲面, 也表示其面积, λ 为 ΔS_i 的直径的最大值; 任取 $(\xi_i, \eta_i, \zeta_i) \in \Delta S_i, i = 1, 2, \cdots, n$, 如果极限

$$\lim_{\lambda \to 0} \sum_{i=1}^{n} R(\xi_i, \eta_i, \zeta_i) \cos \gamma_i \Delta S_i$$

的存在与对 Σ 的分法及点 (ξ_i, η_i, ζ_i) 的取法无关, 则称此极限值为函数 $R(x, y, z)$ 在有向曲面 Σ 上**对坐标** (x, y) **的曲面积分**, 记作 $\iint\limits_{\Sigma} R(x, y, z) \mathrm{d}x\mathrm{d}y$, 即

$$\iint\limits_{\Sigma} R(x, y, z) \mathrm{d}x\mathrm{d}y = \lim_{\lambda \to 0} \sum_{i=1}^{n} R(\xi_i, \eta_i, \zeta_i) \cos \gamma_i \Delta S_i,$$

其中, 称 $R(x, y, z)$ 为**被积函数**, Σ 为**积分曲面**.

同理, 可以分别定义 $P(x, y, z)$、$Q(x, y, z)$ 在有向曲面 Σ 上对坐标 (y, z)、(z, x) 的曲面积分,

$$\iint\limits_{\Sigma} P(x, y, z) \mathrm{d}y\mathrm{d}z = \lim_{\lambda \to 0} \sum_{i=1}^{n} P(\xi_i, \eta_i, \zeta_i) \cos \alpha_i \Delta S_i,$$

$$\iint\limits_{\Sigma} Q(x, y, z) \mathrm{d}z\mathrm{d}x = \lim_{\lambda \to 0} \sum_{i=1}^{n} Q(\xi_i, \eta_i, \zeta_i) \cos \beta_i \Delta S_i.$$

由于在应用中通常三项同时出现, 因此简记为

$$\iint\limits_{\Sigma} P\,\mathrm{d}y\mathrm{d}z + Q\mathrm{d}z\mathrm{d}x + R\mathrm{d}x\mathrm{d}y = \iint\limits_{\Sigma} P\,\mathrm{d}y\mathrm{d}z + \iint\limits_{\Sigma} Q\mathrm{d}z\mathrm{d}x + \iint\limits_{\Sigma} R\mathrm{d}x\mathrm{d}y.$$

于是,引例中流量可表示为

$$\Phi = \iint\limits_{\Sigma} P\,\mathrm{d}y\mathrm{d}z + Q\mathrm{d}z\mathrm{d}x + R\mathrm{d}x\mathrm{d}y.$$

注意 $P(x,y,z), Q(x,y,z)$ 和 $R(x,y,z)$ 都定义在 Σ 上.

2. 性质

假设以下出现的曲面积分均存在,且以对坐标 (x,y) 的曲面积分为例.

性质 9.1 (线性运算性质)

$$\iint\limits_{\Sigma} [k_1 R_1(x,y,z) + k_2 R_2(x,y,z)]\mathrm{d}y\mathrm{d}z$$

$$= k_1 \iint\limits_{\Sigma} R_1(x,y,z)\mathrm{d}y\mathrm{d}z + k_2 \iint\limits_{\Sigma} R_2(x,y,z)\mathrm{d}y\mathrm{d}z.$$

性质 9.2 (对积分曲面的可加性)

$$\iint\limits_{\Sigma_1 + \Sigma_2} R(x,y,z)\mathrm{d}y\mathrm{d}z = \iint\limits_{\Sigma_1} R(x,y,z)\mathrm{d}y\mathrm{d}z + \iint\limits_{\Sigma_2} R(x,y,z)\mathrm{d}y\mathrm{d}z.$$

性质 9.3 (有向性)

记 Σ^- 表示 Σ 的反侧曲面,则

$$\iint\limits_{\Sigma^-} R(x,y,z)\mathrm{d}y\mathrm{d}z = -\iint\limits_{\Sigma} R(x,y,z)\mathrm{d}y\mathrm{d}z.$$

9.5.2 对坐标的曲面积分的计算

对坐标的曲面积分也可以化为二重积分来计算.

(1) 设 $\Sigma: z = z(x,y)$,取上侧. 计算 $\iint\limits_{\Sigma} R(x,y,z)\mathrm{d}x\mathrm{d}y$.

此时,$\cos\gamma > 0$,$(\Delta S_i)_{xy} = (\Delta\sigma_i)_{xy}$,这里,$(\Delta S_i)_{xy}$ 是 ΔS_i 在 xOy 面上投影,$(\Delta\sigma_i)_{xy}$ 是 ΔS_i 在 xOy 面上投影的面积. 于是

$$\iint\limits_{\Sigma} R(x,y,z)\mathrm{d}x\mathrm{d}y = \iint\limits_{D_{xy}} R(x,y,z(x,y))\mathrm{d}\sigma,$$

其中,D_{xy} 为 Σ 在 xOy 面上的投影.

若 Σ 取下侧,则 $\iint\limits_{\Sigma} R(x,y,z)\mathrm{d}x\mathrm{d}y = -\iint\limits_{D_{xy}} R(x,y,z(x,y))\mathrm{d}\sigma.$

(2) 设 $\Sigma: x = x(y,z)$,则有

$$\iint\limits_{\Sigma} P(x,y,z)\mathrm{d}y\mathrm{d}z = \begin{cases} \iint\limits_{D_{yz}} P(x(y,z),y,z)\mathrm{d}\sigma & \text{当 } \Sigma \text{ 取前侧} \\ -\iint\limits_{D_{yz}} P(x(y,z),y,z)\mathrm{d}\sigma & \text{当 } \Sigma \text{ 取后侧} \end{cases}$$

（3）设 $\Sigma:y = y(z,x)$，则有

$$
\iint\limits_{\Sigma}Q(x,y,z)\mathrm{d}z\mathrm{d}x = \begin{cases} \iint\limits_{D_{zx}}P(x,y(z,x),z)\mathrm{d}\sigma & \text{当}\Sigma\text{取右侧} \\[3mm] -\iint\limits_{D_{zx}}P(x,y(z,x),z)\mathrm{d}\sigma & \text{当}\Sigma\text{取左侧} \end{cases}.
$$

【例 1】　计算 $\iint\limits_{\Sigma}x\,\mathrm{d}y\mathrm{d}z + y\mathrm{d}z\mathrm{d}x + z\mathrm{d}x\mathrm{d}y$，其中 Σ 是平面

$x + \dfrac{y}{2} + z = 1$ 位于第一象限部分的上侧，如图 9-30 所示.

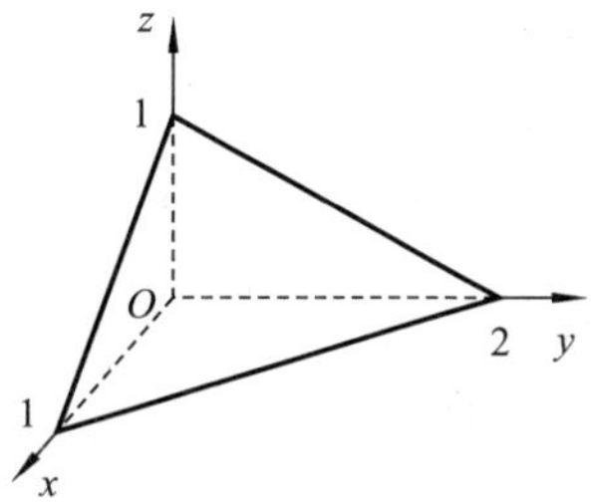

解　Σ 的方程可以表示为 $z = 1-x-\dfrac{y}{2}$，$D_{xy}:0 \leqslant y \leqslant$

$2(1-x),0 \leqslant x \leqslant 1$. 所以，有

$$
\begin{aligned}
\iint\limits_{\Sigma}z\mathrm{d}x\mathrm{d}y &= \iint\limits_{D_{xy}}\left(1-x-\frac{y}{2}\right)\mathrm{d}x\mathrm{d}y \\
&= \int_0^1\mathrm{d}x\int_0^{2(1-x)}\left(1-x-\frac{y}{2}\right)\mathrm{d}y \\
&= \int_0^1(1-x)^2\mathrm{d}x = \frac{1}{3}.
\end{aligned}
$$

图 9-30

Σ 的方程也可表示为 $x = 1-z-\dfrac{y}{2}$，$D_{yz}:0 \leqslant y \leqslant 2(1-z),0 \leqslant z \leqslant 1$. 所以，有

$$
\begin{aligned}
\iint\limits_{\Sigma}x\mathrm{d}y\mathrm{d}z &= \iint\limits_{D_{yz}}\left(1-z-\frac{y}{2}\right)\mathrm{d}y\mathrm{d}z = \int_0^1\mathrm{d}z\int_0^{2(1-z)}\left(1-z-\frac{y}{2}\right)\mathrm{d}y \\
&= \int_0^1(1-z)^2\mathrm{d}z = \frac{1}{3}.
\end{aligned}
$$

Σ 的方程还可表为 $y = 2(1-x-z)$，$D_{zx}:0 \leqslant z \leqslant 1-x,0 \leqslant x \leqslant 1$. 所以，有

$$
\begin{aligned}
\iint\limits_{\Sigma}y\mathrm{d}z\mathrm{d}x &= \iint\limits_{D_{zx}}2(1-x-z)\mathrm{d}z\mathrm{d}x = 2\int_0^1\mathrm{d}x\int_0^{1-x}(1-x-z)\mathrm{d}z \\
&= \int_0^1(1-x)^2\mathrm{d}x = \frac{1}{3}.
\end{aligned}
$$

于是，所求曲面积分为 $\dfrac{1}{3} + \dfrac{1}{3} + \dfrac{1}{3} = 1$.

9.5.3　两类曲面积分之间的联系

记 $\mathrm{d}\boldsymbol{S} = (\mathrm{d}y\mathrm{d}z,\mathrm{d}z\mathrm{d}x,\mathrm{d}x\mathrm{d}y)$，它称为**有向曲面元素**.
设有向曲面 Σ（见图 9-31）在 $M(x,y,z)$ 处的单位法向量
$\boldsymbol{n}^0 = (\cos\alpha,\cos\beta,\cos\gamma)$，则有

$$
\mathrm{d}\boldsymbol{S} = (\mathrm{d}s\cos\alpha,\mathrm{d}s\cos\beta,\mathrm{d}s\cos\gamma) = \boldsymbol{n}^0\mathrm{d}S,
$$

其中 $\mathrm{d}S$ 为 Σ 在 $M(x,y,z)$ 处的曲面面积元素. 则有两类

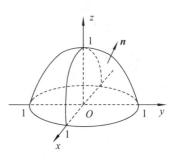

图 9-31

曲面积分之间的联系:

$$\iint\limits_{\Sigma} P\,\mathrm{d}y\mathrm{d}z + Q\mathrm{d}z\mathrm{d}x + R\mathrm{d}x\mathrm{d}y$$

$$= \iint\limits_{\Sigma} \boldsymbol{A} \cdot \mathrm{d}\boldsymbol{S} = \iint\limits_{\Sigma} (\boldsymbol{A} \cdot \boldsymbol{n}^0)\mathrm{d}S$$

$$= \iint\limits_{\Sigma} (P\cos\alpha + Q\cos\beta + R\cos\gamma)\mathrm{d}S = \iint\limits_{\Sigma} A_n\mathrm{d}S,$$

其中 $\boldsymbol{A} = (P,Q,R)$，A_n 为向量 $\boldsymbol{A}$ 在 Σ 的法向量 $\boldsymbol{n}$ 上的投影.

【例2】 计算曲面积分 $\iint\limits_{\Sigma}(y-z^2)\mathrm{d}z\mathrm{d}x + z\mathrm{d}x\mathrm{d}y$，其中 Σ 是由平面曲线 $\begin{cases} z = 1 - x^2 \\ y = 0 \end{cases}$ 对应于 $x \geqslant 0, z \geqslant 0$ 的部分绕 z 轴旋转一周所得的旋转曲面，取上侧.

解 由题意知，$\Sigma: z = 1 - x^2 - y^2 (x^2 + y^2 \leqslant 1)$，在 Σ 上 $M(x,y,z)$ 处的法向量 $\boldsymbol{n} = (2x, 2y, 1)$，故有 $\boldsymbol{n}^0 = \dfrac{1}{\sqrt{1 + 4x^2 + 4y^2}}(2x, 2y, 1)$，

$$\iint\limits_{\Sigma}(y-z^2)\mathrm{d}z\mathrm{d}x + z\mathrm{d}x\mathrm{d}y = \iint\limits_{\Sigma} \frac{1}{\sqrt{1 + 4x^2 + 4y^2}}(0, y-z^2, z) \cdot (2x, 2y, 1)\mathrm{d}S$$

$$= \iint\limits_{\Sigma} \frac{2y^2 - 2yz^2 + z}{\sqrt{1 + 4x^2 + 4y^2}}\mathrm{d}S.$$

$$= \iint\limits_{D_{xy}: x^2 + y^2 \leqslant 1} [1 + y^2 - 2y(1 - x^2 - y^2)^2 - x^2]\mathrm{d}x\mathrm{d}y,$$

由 D_{xy} 关于 x 轴对称，$y(1 - x^2 - y^2)^2$ 为关于 y 的整函数，故

$$\iint\limits_{D_{xy}} y(1 - x^2 - y^2)^2 \mathrm{d}x\mathrm{d}y = 0$$

又由 D_{xy} 关于 $y = x$ 对称，有 $\iint\limits_{D_{xy}} x^2 \mathrm{d}x\mathrm{d}y = \iint\limits_{D_{xy}} y^2 \mathrm{d}x\mathrm{d}y$，从而

$$\iint\limits_{\Sigma}(y-z^2)\mathrm{d}z\mathrm{d}x + z\mathrm{d}x\mathrm{d}y = \iint\limits_{D_{xy}} \mathrm{d}x\mathrm{d}y = \pi.$$

习题 9-5

1. 计算下列第二类曲面积分:

(1) $\iint\limits_{\Sigma} x^2 y^2 z\mathrm{d}x\mathrm{d}y$，其中 Σ 为下半球面 $x^2 + y^2 + z^2 = R^2 (z \leqslant 0)$ 的下侧;

(2) $\iint\limits_{\Sigma} x^2 \sqrt{z}\mathrm{d}x\mathrm{d}y$，其中 Σ 为抛物面 $z = x^2 + y^2$ 被圆柱面 $x^2 + y^2 = R^2$ 所截部分的上侧;

(3) $\oiint\limits_{\Sigma} \dfrac{e^z \mathrm{d}x\mathrm{d}y}{\sqrt{x^2 + y^2}}$，其中 Σ 为锥面 $z = \sqrt{x^2 + y^2}$ 及平面 $z = 1, z = 2$ 所围立体的边

界面的外侧;

$(4) \oiint\limits_{\Sigma}(x+y+z)\mathrm{d}x\mathrm{d}y+(y-z)\mathrm{d}y\mathrm{d}z$,其中 Σ 为三坐标面及 $y=1,x=1,z=1$ 所围正方体的边界面的外侧;

$(5) \oiint\limits_{\Sigma}xy\mathrm{d}y\mathrm{d}z+yz\mathrm{d}z\mathrm{d}x+xz\mathrm{d}x\mathrm{d}y$,其中 Σ 为坐标面 $x=0,y=0,z=0$ 及平面 $x+y+z=1$ 所围立体的边界面的外侧.

2. 求向量 $\boldsymbol{r}=(x,y,z)$ 穿过有向曲面 $\Sigma:z=\sqrt{x^2+y^2}(z\leqslant h)$ 外侧的流量.

3. 求 $\oiint\limits_{\Sigma}\boldsymbol{r}\cdot\mathrm{d}\boldsymbol{S}$,其中 $\boldsymbol{r}=(x,y,z)$,Σ 为球面 $x^2+y^2+z^2=a^2$,取外侧.

9.6　高斯公式

9.6.1　高斯公式

空间区域 G 是**一维（线）单连通**的指其内的任何闭曲线 Γ 都可以张成全部位于 G 内的曲面;空间区域 G 是**二维（面）单连通**的指其内的任何闭曲面 Σ 所围部分全部位于 G 内.

定理 9.5　设空间闭区域 Ω 是由分片光滑的闭曲面所围成,函数 $P(x,y,z)$、$Q(x,y,z)$、$R(x,y,z)$ 在 Ω 上具有一阶连续偏导数,则有

$$\iiint\limits_{\Omega}\left(\frac{\partial P}{\partial x}+\frac{\partial Q}{\partial y}+\frac{\partial R}{\partial z}\right)\mathrm{d}V=\oiint\limits_{\Sigma}P\mathrm{d}y\mathrm{d}z+Q\mathrm{d}z\mathrm{d}x+R\mathrm{d}x\mathrm{d}y,$$

或

$$\iiint\limits_{\Omega}\left(\frac{\partial P}{\partial x}+\frac{\partial Q}{\partial y}+\frac{\partial R}{\partial z}\right)\mathrm{d}V=\oiint\limits_{\Sigma}(P\cos\alpha+Q\cos\beta+R\cos\gamma)\mathrm{d}S,$$

这里 Σ 是 Ω 的整个边界曲面的外侧,$\cos\alpha,\cos\beta,\cos\gamma$ 是 Σ 上点 (x,y,z) 处的方向余弦.

证明　首先假设平行于坐标轴并且穿过区域 Ω 内部的直线与 Ω 的边界曲面 Σ 的交点恰有两个. 这时,Σ 可以分成三个部分:下曲面 Σ_1、上曲面 Σ_2 与侧面 Σ_3,如图 9-32 所示. 曲面 Σ_1 和 Σ_2 分别由方程 $z=z_1(x,y),(x,y)\in D_{xy}$ 和 $z=z_2(x,y),(x,y)\in D_{xy}$ 给定,其中,D_{xy} 是闭区域 Ω 在 xOy 面上的投影区域,并且在 D_{xy} 上恒有 $z_1(x,y)\leqslant z_2(x,y)$,$\Sigma_1$ 取下侧,而 Σ_2 取上侧. 曲面 Σ_3 是以 D_{xy} 的边界曲线为准线,母线平行于 z 轴的柱面的一部分,取外侧. 有时,Σ_3 也可以退化或部分退化为位于该柱面上区分 Σ_1 与 Σ_2 的空间曲线. 闭区域 Ω 可以表示为

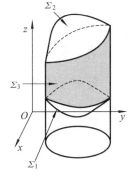

图 9-32

$$\Omega:z_1(x,y)\leqslant z\leqslant z_2(x,y),(x,y)\in D_{xy}.$$

根据三重积分的计算法,有

$$\iiint\limits_{\Omega} \frac{\partial R}{\partial z}\mathrm{d}x\mathrm{d}y\mathrm{d}z = \iint\limits_{D_{xy}}\mathrm{d}x\mathrm{d}y\int_{z_1(x,y)}^{z_2(x,y)}\frac{\partial R}{\partial z}\mathrm{d}z$$

$$= \iint\limits_{D_{xy}}[R(x,y,z_2(x,y)) - R(x,y,z_1(x,y))]\mathrm{d}x\mathrm{d}y.$$

根据对坐标的曲面积分的计算法,有

$$\iint\limits_{\Sigma_1}R(x,y,z)\mathrm{d}x\mathrm{d}y = -\iint\limits_{D_{xy}}R(x,y,z_1(x,y))\mathrm{d}x\mathrm{d}y,$$

$$\iint\limits_{\Sigma_2}R(x,y,z)\mathrm{d}x\mathrm{d}y = \iint\limits_{D_{xy}}R(x,y,z_2(x,y))\mathrm{d}x\mathrm{d}y,$$

$$\iint\limits_{\Sigma_3}R(x,y,z)\mathrm{d}x\mathrm{d}y = 0.$$

综合上面结果,就有

$$\iiint\limits_{\Omega}\frac{\partial R}{\partial z}\mathrm{d}x\mathrm{d}y\mathrm{d}z = \oiint\limits_{\Sigma}R(x,y,z)\mathrm{d}x\mathrm{d}y.$$

同理,可得

$$\iiint\limits_{\Omega}\frac{\partial P}{\partial x}\mathrm{d}x\mathrm{d}y\mathrm{d}z = \oiint\limits_{\Sigma}P(x,y,z)\mathrm{d}y\mathrm{d}z,$$

$$\iiint\limits_{\Omega}\frac{\partial Q}{\partial y}\mathrm{d}x\mathrm{d}y\mathrm{d}z = \oiint\limits_{\Sigma}Q(x,y,z)\mathrm{d}z\mathrm{d}x,$$

三式相加,即得**高斯公式**.

如果空间闭区域 Ω 不具备以上条件,那么,可以引进几个辅助曲面把 Ω 分为有限个闭区域,使得每个小闭区域都满足以上条件. 于是,对每个小闭区域,高斯公式都成立. 将这些等式的两端分别相加,由三重积分的区域可加性知三重积分一端之和恰为 Ω 上的三重积分,又注意到每个辅助曲面相反两侧的曲面积分互为相反数,相加时恰好抵消,所以,曲面积分的一端之和即为 Σ 上的曲面积分. 于是,高斯公式仍然成立.

【例1】 证明由闭曲面 S 所包围的体积 $V = \dfrac{1}{3}\oiint\limits_{S}(x\cos\alpha + y\cos\beta + z\cos\gamma)\mathrm{d}S$,其中 $\cos\alpha,\cos\beta,\cos\gamma$ 为 S 的外法线方向余弦.

证明 右端 $= \dfrac{1}{3}\oiint\limits_{S}x\mathrm{d}y\mathrm{d}z + y\mathrm{d}z\mathrm{d}x + z\mathrm{d}x\mathrm{d}y \xrightarrow{\text{由高斯公式}} \dfrac{1}{3}\iiint\limits_{\Omega}3\mathrm{d}V = \iiint\limits_{\Omega}\mathrm{d}V = V = $ 左端.

【例2】 计算 $\oiint\limits_{\Sigma}x^2 y\mathrm{d}y\mathrm{d}z + 4y\mathrm{d}z\mathrm{d}x - (2xyz + xz^2)\mathrm{d}x\mathrm{d}y$,$\Sigma$ 是由下半椭球面 $\dfrac{x^2}{a^2} + \dfrac{y^2}{b^2} + \dfrac{(z-c)^2}{c^2} = 1(z \leqslant c)$ 及 $z = c$ 所围闭合曲面内侧.

解 原式 $= -\iiint\limits_{\Omega}(2xy + 4 - 2xy - 2xz)\mathrm{d}V = -\iiint\limits_{\Omega}4\mathrm{d}V + 2\iiint\limits_{\Omega}xz\mathrm{d}V$

$$= -4 \cdot \frac{1}{2} \cdot \frac{4}{3}\pi abc + 0 = -\frac{8}{3}\pi abc.$$

【例 3】　计算

$$\iint\limits_{\Sigma}(x^3+az^2)\mathrm{d}y\mathrm{d}z+(y^3+ax^2)\mathrm{d}x\mathrm{d}z+(z^3+ay^2)\mathrm{d}x\mathrm{d}y,$$

Σ 是上半球面 $z=\sqrt{a^2-x^2-y^2}$ 的上侧,如图 9-33 所示.

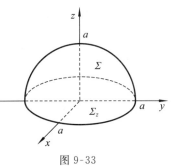

图 9-33

解　利用高斯公式得

$$原式=\iint\limits_{\Sigma+\Sigma_{z=0}}-\iint\limits_{\Sigma_{z=0}}$$

$$=\iiint\limits_{\Omega}(3x^2+3y^2+3z^2)\mathrm{d}V-\iint\limits_{D}(0^3+ay^2)(-\mathrm{d}x\mathrm{d}y)$$

$$=3\int_0^{2\pi}\int_0^{\frac{\pi}{2}}\int_0^a r^2 r^2\sin\varphi\mathrm{d}r\mathrm{d}\varphi\mathrm{d}\theta+\int_0^{2\pi}\int_0^a ar^2\sin^2\theta\cdot r\mathrm{d}r\mathrm{d}\theta$$

$$=3\int_0^{2\pi}\mathrm{d}\theta\cdot\int_0^{\frac{\pi}{2}}\sin\varphi\mathrm{d}\varphi\cdot\int_0^a r^2 r^2\mathrm{d}r+a\int_0^{2\pi}\sin^2\theta\mathrm{d}\theta\cdot\int_0^a r^2 r\mathrm{d}r$$

$$=3\cdot2\pi\cdot1\cdot\frac{a^5}{5}+a\pi\cdot\frac{a^4}{4}=\frac{29}{20}\pi a^5.$$

9.6.2　通量与散度

设稳定的不可压缩流体($\rho=1$)的速度场为

$$\boldsymbol{v}=P(x,y,z)\boldsymbol{i}+Q(x,y,z)\boldsymbol{j}+R(x,y,z)\boldsymbol{k},$$

其中 $P(x,y,z),Q(x,y,z),R(x,y,z)$ 具有一阶连续偏导数,Σ 是速度场中分片光滑曲面,其上点 $M(x,y,z)$ 在指定侧的单位法向量为 $\boldsymbol{n}^0=(\cos\alpha,\cos\beta,\cos\gamma)$,则由对坐标的曲面积分的引例知,单位时间内沿 Σ 指定侧穿过的流量(总质量)为

$$\iint\limits_{\Sigma}P\mathrm{d}y\mathrm{d}z+Q\mathrm{d}z\mathrm{d}x+R\mathrm{d}x\mathrm{d}y=\iint\limits_{\Sigma}\boldsymbol{v}\cdot\boldsymbol{n}^0\mathrm{d}S=\Phi,$$

它称为速度场沿曲面 Σ 指定侧的**通量**.

设空间区域 Ω 上有稳定的不可压缩速度场,$M(x,y,z)$ 是 Ω 内任意一点,Ω' 是 Ω 内含点的任意闭区域,其边界面 Σ' 分片光滑,取外侧,则由高斯公式有

$$\iiint\limits_{\Omega'}\left(\frac{\partial P}{\partial x}+\frac{\partial Q}{\partial y}+\frac{\partial R}{\partial z}\right)\mathrm{d}V=\iint\limits_{\Sigma'}v_n\mathrm{d}S.$$

对左端利用积分中值定理,则

$$\left(\frac{\partial P}{\partial x}+\frac{\partial Q}{\partial y}+\frac{\partial R}{\partial z}\right)\bigg|_{(\xi,\eta,\zeta)}\cdot V'=\iint\limits_{\Sigma'}v_n\mathrm{d}S,$$

其中 V' 为 Ω' 占据立体的体积,(ξ,η,ζ) 是 Ω' 上某一点.

令 Ω' 无限缩向点 $M(x,y,z)$,因为偏导数连续,得在点 $M(x,y,z)$ 处的通量对体积的变化率,即

$$\frac{\partial P}{\partial x}+\frac{\partial Q}{\partial y}+\frac{\partial R}{\partial z}=\lim_{\Omega'\to M}\frac{1}{V'}\iint\limits_{\Sigma'}v_n\mathrm{d}S,$$

它称为向量场 $\boldsymbol{v}$ 在点 $M(x,y,z)$ 处的**散度**,记为 div $\boldsymbol{v}$,即

$$\mathrm{div}\,\boldsymbol{v} = \frac{\partial P}{\partial x} + \frac{\partial Q}{\partial y} + \frac{\partial R}{\partial z},$$

为点 M 处单位体积产生流量的能力,称为点 M 处的**源头强度**.

当 div $\boldsymbol{v} > 0$ 时,它表示单位时间内 Ω 中 M 点处产生的流体的质量,称 Ω 中有"源";当 div $\boldsymbol{v} < 0$ 时,表明有流体在 Ω 中 M 点处消失,称 Ω 中有"洞".

注意 高斯公式常用的几种形式

$$\iiint_{\Omega} \left(\frac{\partial P}{\partial x} + \frac{\partial Q}{\partial y} + \frac{\partial R}{\partial z} \right) \mathrm{d}V = \iint_{\Sigma} P\,\mathrm{d}y\mathrm{d}z + Q\,\mathrm{d}z\mathrm{d}x + R\,\mathrm{d}x\mathrm{d}y$$

$$= \iint_{\Sigma} (P\cos\alpha + Q\cos\beta + R\cos\gamma)\,\mathrm{d}S,$$

或

$$\iiint_{\Omega} \mathrm{div}\,\boldsymbol{v}\mathrm{d}V = \iint_{\Sigma} \boldsymbol{v} \cdot \boldsymbol{n}^0 \mathrm{d}S \left(= \iint_{\Sigma} v_n \mathrm{d}S \right).$$

【例 4】 已知 $\boldsymbol{A} = (x^2 y, y^2 z, z^2 x)$,求散度 div$\boldsymbol{A}$.

解 $\mathrm{div}\boldsymbol{A} = 2xy + 0 + 2zx = 2x(y+z).$

【例 5】 求向量 $\boldsymbol{A} = (yz, xz, xy)$ 穿过曲面 Σ 指定侧的通量. 其中 Σ 为圆柱 $x^2 + y^2 \leqslant a^2$ $(0 \leqslant z \leqslant h)$ 的全表面,指向外侧.

解 $\Phi = \oiint_{\Sigma} P\,\mathrm{d}y\mathrm{d}z + Q\,\mathrm{d}z\mathrm{d}x + R\,\mathrm{d}x\mathrm{d}y = \iiint_{\Omega}(0+0+0)\mathrm{d}V = 0.$

习题 9-6

1. 求下列向量场的散度:

(1) $\boldsymbol{A} = (x^2 + yz, y^2 + xz, z^2 + xy)$;

(2) $\boldsymbol{A} = (y^2, xy, xz)$;

(3) $\boldsymbol{A} = (x^3, y^3, z^3)$ 在点 $M(1,0,-1)$ 处;

(4) $\boldsymbol{A} = \dfrac{1}{2\pi r^2}(-y, x)$,其中 $r = \sqrt{x^2 + y^2}$,在点 $M(x,y)$ 处.

2. 利用高斯公式计算下列曲面积分:

(1) $\oiint_{\Sigma} xz^2\,\mathrm{d}y\mathrm{d}z + (x^2 y - z)\mathrm{d}z\mathrm{d}x + (2xy + y^2 z)\mathrm{d}x\mathrm{d}y$,其中 Σ 为上半球面 $z = \sqrt{a^2 - x^2 - y^2}$ 和平面 $z = 0$ 所围立体表面的外侧;

(2) $\iint_{\Sigma} x\,\mathrm{d}y\mathrm{d}z + y\,\mathrm{d}z\mathrm{d}x + z\,\mathrm{d}x\mathrm{d}y$,其中 Σ 为上半球面 $z = \sqrt{a^2 - x^2 - y^2}$ 的上侧;

(3) $\oiint_{\Sigma} xz\,\mathrm{d}y\mathrm{d}z$,其中 Σ 是由 $z = x^2 + y^2$,$x^2 + y^2 = 1$ 及 $z = 0$ 所围立体表面的外侧.

3. 设空间区域 Ω 由曲面 $z = a^2 - x^2 - y^2$ 与平面 $z = 0$ 所围,其中 a 为正常数,记 Ω 表面的外侧为 Σ,Ω 的体积为 V,证明:

$$\oiint\limits_{\Sigma} x^2 yz^2 \, \mathrm{d}y\mathrm{d}z - xy^2z^2 \, \mathrm{d}z\mathrm{d}x + z(1+xyz)\mathrm{d}x\mathrm{d}y = V.$$

4. 求下列向量场穿过指定曲面 Σ,流向指定侧的通量.

(1) $\boldsymbol{A} = \{2x-z, x^2y, -xz^2\}$,$\Sigma$ 是立方体 $0 \leqslant x \leqslant a, 0 \leqslant y \leqslant a, 0 \leqslant z \leqslant a$ 的全表面,流向外侧;

(2) $\boldsymbol{A} = \{2x+3z, -(xz+y), y^2+2z\}$,$\Sigma$ 是以点 $(3,-1,2)$ 为球心,半径 $R=3$ 的球面,流向外侧.

小　　结

教学目的

1. 理解两类曲线积分的概念,了解两类曲线积分的性质及两类曲线积分的关系;

2. 掌握计算两类曲线积分的方法;

3. 熟练掌握格林公式并会运用平面曲线积分与路径无关的条件,会求全微分的原函数;

4. 了解两类曲面积分的概念、性质及两类曲面积分的关系,掌握计算两类曲面积分的方法,了解高斯公式,会用高斯公式计算曲面积分;

5. 理解散度的概念,并会计算;

6. 会用曲线积分及曲面积分求一些几何量与物理量.

教学重点

1. 两类曲线积分的计算方法;

2. 格林公式及其应用;

3. 两类曲面积分的计算方法;

4. 高斯公式;

5. 两类曲线积分与两类曲面积分的应用.

教学难点

1. 两类曲线积分的关系及两类曲面积分的关系;

2. 对坐标的曲线积分与对坐标的曲面积分的计算;

3. 应用格林公式计算对坐标的曲线积分;

4. 应用高斯公式计算对坐标的曲面积分.

本章主要内容如下图所示.

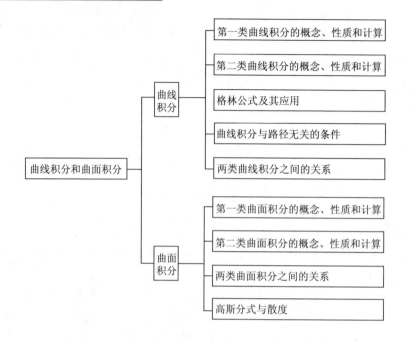

综合习题 9

1. 选择题

(1) 设 L 为 $(x-1)^2+(y-1)^2=1$ 上从 $(2,1)$ 到 $(0,1)$ 的上半部分,则 $\int_L \dfrac{x\,\mathrm{d}y-y\,\mathrm{d}x}{x^2+y^2}$ = ( ).

   A. 0   B. $\dfrac{\pi}{4}$ C. $\arctan 2$ D. 1

(2) 若 L 是 $y^2=x$ 上从点 $(1,-1)$ 到点 $(1,1)$ 的一段弧,则 $\int_L xy\,\mathrm{d}x = ($ $)$.

   A. $\dfrac{4}{3}$ B. $\dfrac{4}{5}$ C. 1   D. $\dfrac{5}{4}$

(3) 若 $f(x,y)$ 具有连续的二阶偏导数,L 为圆周 $x^2+y^2=1$ 正向,则 $\oint_L [3y+f'_x(x, y)]\mathrm{d}x + f'_y(x,y)\mathrm{d}y = ($ $)$.

   A. 3π B. 4π C. -2π D. -3π

(4) 设 L 为折线 OBA,三点坐标分别 $O(0,0)$,$B(2,0)$,$A(2,1)$,则 $\int_L 2xy\,\mathrm{d}x - x^2\,\mathrm{d}y = ($ $)$.

   A. 3   B. 4   C. -4 D. -3

(5) 设 S 是平面 $x+y+z=4$ 被圆柱 $x^2+y^2=1$ 截出的有限部分,则曲面积分 $\iint_S y\,\mathrm{d}S$

的值是(　　).

A. $\dfrac{4}{3}\sqrt{3}$　　　　B. $4\sqrt{3}$　　　　C. 0　　　　D. π

2. 填空题

(1) 设 L 为正向圆周 $x^2 + y^2 = 2$ 在第一象限的部分,则曲线积分 $\displaystyle\int_L x\,\mathrm{d}y - 2y\,\mathrm{d}x$ 的值为_____.

(2) 设 L 是椭圆 $\dfrac{x^2}{4} + \dfrac{y^2}{5} = 1$,其周长是 a,则 $\displaystyle\oint_L (xy + 5x^2 + 4y^2)\,\mathrm{d}S =$ _____.

(3) 设 $r = \sqrt{x^2 + y^2 + z^2}$,则 $\operatorname{div}\operatorname{grad} r\big|_{(1,-2,2)} =$ _____.

第 10 章

常微分方程

函数是实际问题中抽象出来的反映客观现实世界运动过程中量与量之间的一种关系,但在实际问题中,往往很难直接得到所研究的变量之间的函数关系,却比较容易建立变量和它的导数(或微分)之间的联系,从而得到一个关于未知函数的导数(或微分)的方程,就是所谓微分方程.通过求解这种方程,同样可以找到变量之间的函数关系.因此,微分方程是数学联系实际,并应用于实际的重要途径和桥梁,是各个学科进行科学研究的强有力的工具.

微分方程是一门独立的数学学科,有完整的理论体系.本章我们主要介绍微分方程的一些基本概念,几种常用的微分方程的求解方法及线性微分方程解的理论.

10.1 微分方程的基本概念

10.1.1 引例

引例 1 一曲线通过点 $(1,2)$,且在该曲线上任一点 $M(x,y)$ 处切线的斜率为 $2x$,求该曲线方程.

解 设所求曲线方程为 $y = y(x)$,根据题意和导数的几何意义,该曲线应满足下面关系:

$$\frac{\mathrm{d}y}{\mathrm{d}x} = 2x \tag{10.1}$$

和已知条件

$$y\big|_{x=1} = 2. \tag{10.2}$$

将(10.1)式两边积分得

$$y = \int 2x\mathrm{d}x = x^2 + C, \tag{10.3}$$

其中 C 为任意常数.

将条件 $y\big|_{x=1} = 2$ 代入(10.3)式,得 $C = 1$.故所求曲线方程为 $y = x^2 + 1$.

引例 2 质量为 m 的物体,只受重力影响自由下落.设自由落体的初始位置和初速度均为零,试求该物体下落的距离 s 和时间 t 的关系.

解 设物体自由下落的距离 s 和时间 t 的关系为 $s = s(t)$,根据牛顿第二定律,所求未知函数 $s(t)$ 应满足方程

$$\frac{\mathrm{d}^2 s}{\mathrm{d}t^2} = g \tag{10.4}$$

和初始条件

$$s\Big|_{t=0} = 0, \quad v\Big|_{t=0} = \frac{\mathrm{d}s}{\mathrm{d}t}\Big|_{t=0} = 0. \tag{10.5}$$

为此,对(10.4)式两边积分两次,得

$$\frac{\mathrm{d}s}{\mathrm{d}t} = \int \frac{\mathrm{d}^2 s}{\mathrm{d}t^2}\,\mathrm{d}t = \int g\,\mathrm{d}t = gt + C_1 \tag{10.6}$$

$$s = \int \frac{\mathrm{d}s}{\mathrm{d}t}\,\mathrm{d}t = \int (gt + C_1)\,\mathrm{d}t = \frac{1}{2}\,gt^2 + C_1 t + C_2, \tag{10.7}$$

其中 C_1, C_2 都是任意常数.

由条件(10.5)得

$$\frac{\mathrm{d}s}{\mathrm{d}t}\Big|_{t=0} = (gt + C_1)\big|_{t=0} = 0,$$

即

$$C_1 = 0.$$

$$s\big|_{t=0} = \left(\frac{1}{2}gt^2 + C_1 t + C_2\right)\Big|_{t=0} = 0,$$

即

$$C_2 = 0.$$

将 C_1, C_2 的值代入(10.7)式得　　　　　$s = \frac{1}{2}gt^2.$

上面两个引例中的(10.1)和(10.4)式都是含未知函数及其导数的关系式,称它们为微分方程.

10.1.2　微分方程的概念

1. 微分方程及其阶

含有未知函数导数(或微分)的方程称为**微分方程**.微分方程中未知函数的导数(或微分)的最高阶数称为**微分方程的阶**.

如引例 1 中的方程(10.1)是一阶微分方程,引例 2 中的方程(10.4)是二阶微分方程.再如,

$$\frac{\mathrm{d}^3 y}{\mathrm{d}x^3} = a^3 y, \quad (y^{(4)})^6 = y'' + y'\sin x + y^5 - \tan x$$

分别为三阶和四阶微分方程.一阶和二阶微分方程的一般形式为

$$F(x, y, y') = 0, \quad F(x, y, y', y'') = 0.$$

一般地, n 阶微分方程的形式为

$$F(x, y, y', \cdots, y^{(n)}) = 0,$$

其中 x 是自变量, y 是 x 的函数, $y', y'', \cdots, y^{(n)}$ 依次是函数 $y = y(x)$ 对 x 的一阶、二阶、 $\cdots$, n 阶导数.

当微分方程中的未知函数为一元函数时,称此微分方程为**常微分方程**;当未知函数

为多元函数时,微分方程中含有未知函数的偏导数,此微分方程称为**偏微分方程**.本章只讨论常微分方程(简称**微分方程**).

2. 微分方程的解

如果一个函数代入微分方程后,能使方程成为恒等式,则这个函数称为该微分方程的解.如果微分方程的解中所含任意常数的个数等于微分方程的阶数,则称此解为微分方程的**通解**.确定了通解中的任意常数后,所得到的微分方程的解称为微分方程的**特解**.

引例 1 中,$y = x^2 + C$ 为一阶微分方程 $\dfrac{\mathrm{d}y}{\mathrm{d}x} = 2x$ 的通解,而 $y = x^2 + 1$ 是其特解.引例 2 中,$s = \dfrac{1}{2}gt^2 + C_1 t + C_2$ 为二阶微分方程 $\dfrac{\mathrm{d}^2 s}{\mathrm{d}t^2} = g$ 的通解,而 $s = \dfrac{1}{2}gt^2$ 是其特解.

注意 这里所说的任意常数是指它们不能通过合并而使得通解中的任意常数的个数减少.

3. 微分方程的初始条件

用于确定通解中的任意常数而得到特解的条件称为**初始条件**.

设微分方程中的未知函数为 $y = y(x)$,如果微分方程是一阶的,通常用来确定任意常数的初始条件是

$$y\big|_{x=x_0} = y_0,$$

其中 x_0, y_0 都是给定的值.

如果微分方程是二阶的,通常用来确定任意常数的初始条件是

$$y\big|_{x=x_0} = y_0, \quad y'\big|_{x=x_0} = y_1,$$

其中 x_0, y_0 和 y_1 都是给定的值.

求微分方程满足初始条件的解的问题称为**初值问题**.由此可知,一阶微分方程的初值问题为

$$\begin{cases} f(x,y,y') = 0, \\ y\big|_{x=x_0} = y_0 \end{cases},$$

二阶微分方程的初值问题为

$$\begin{cases} f(x,y,y',y'') = 0 \\ y\big|_{x=x_0} = y_0, \quad y'\big|_{x=x_0} = y_1 \end{cases}.$$

4. 微分方程的解的几何意义

微分方程的解的图形是一条曲线,称为微分方程的**积分曲线**.而其通解由于含有任意常数,则其图形是一族曲线,称为**积分曲线族**.微分方程的特解的图形则是这族曲线中符合条件的一条特定的曲线.例如,引例 1 中的初值问题的几何意义就是求满足微分方程(10.1)的通过点 $(1,2)$ 的积分曲线.

【例】 验证函数 $x = C_1 \cos kt + C_2 \sin kt$ 是微分方程

$$\frac{\mathrm{d}^2 x}{\mathrm{d}t^2} + k^2 x = 0 \,(k \neq 0)$$

的通解,并求该微分方程满足初始条件 $x\big|_{t=0} = A, \dfrac{\mathrm{d}x}{\mathrm{d}t}\Big|_{t=0} = 0$ 的特解.

证明　题设函数的一阶及二阶导数为

$$\frac{\mathrm{d}x}{\mathrm{d}t} = -C_1 k\sin kt + C_2 k\cos kt,$$

$$\frac{\mathrm{d}^2 x}{\mathrm{d}t^2} = -k^2 (C_1\cos kt + C_2\sin kt),$$

代入题设微分方程,得

$$-k^2 (C_1\cos kt + C_2\sin kt) + k^2 (C_1\cos kt + C_2\sin kt) \equiv 0.$$

故题设函数是题设微分方程的解. 又题设函数中含有两个相互独立的任意常数,而题设微分方程为二阶微分方程,根据通解的定义,题设函数是题设微分方程的通解.

将初始条件 $x\big|_{t=0} = A$ 代入通解 $x = C_1\cos kt + C_2\sin kt$ 中,可得

$$C_1 = A.$$

将初始条件 $\dfrac{\mathrm{d}x}{\mathrm{d}t}\Big|_{t=0} = 0$ 代入通解 $\dfrac{\mathrm{d}x}{\mathrm{d}t} = -C_1 k\sin kt + C_2 k\cos kt$ 中,可得

$$C_2 = 0.$$

故满足初始条件的特解为

$$x = A\cos kt.$$

习题 10-1

1. 下列等式中,哪些是微分方程;若是,指出它的阶数:

(1) $\dfrac{\mathrm{d}y}{\mathrm{d}x} = \dfrac{xy - y^2}{x^2 - 2xy} = \dfrac{\dfrac{y}{x} - \left(\dfrac{y}{x}\right)^2}{1 - 2\left(\dfrac{y}{x}\right)}$;

(2) $x(y')^2 - 5yy' + 3xy = 0$;

(3) $y'' = x^2 + y$;

(4) $y^2\mathrm{d}y = 3x\mathrm{d}x$.

2. 验证 $y = \sin(x + C)$ 是微分方程 $(y')^2 + y^2 - 1 = 0$ 的通解,并验证 $y = \pm 1$ 也是它的解.

3. 求积分曲线 $y = (C_1 + C_2 x)\mathrm{e}^{2x}$ 中满足 $y\big|_{x=0} = 0, y'\big|_{x=0} = 1$ 的曲线.

4. 验证 $y = C_1\mathrm{e}^{-x} + C_2\mathrm{e}^{3x}$ 是微分方程 $y'' - 2y' - 3y = 0$ 的通解,并求满足初始条件 $y\big|_{x=0} = 0, y'\big|_{x=0} = 2$ 的特解.

10.2　可分离变量的微分方程

我们知道,如果微分方程中未知函数的最高阶导数为一阶,则这样的微分方程称

为**一阶微分方程**,它的一般形式是 $F(x,y,y')=0$.本节及下两节我们将讨论几种一阶微分方程的常见解法.

10.2.1 可分离变量的微分方程

形如

$$\frac{\mathrm{d}y}{\mathrm{d}x}=f(x)g(y) \tag{10.8}$$

的一阶微分方程,叫做**可分离变量的微分方程**,其中 $f(x),g(y)$ 分别是 x,y 的连续函数.

它的解法是:把方程中的两个变量分离开来,使方程的一边只含有 y 的函数及 $\mathrm{d}y$,另一边只含有 x 的函数及 $\mathrm{d}x$,然后两边积分,从而求出微分方程的解.这种方法称为**分离变量法**.具体步骤是:

(1) 分离变量,得 $\dfrac{\mathrm{d}y}{g(y)}=f(x)\mathrm{d}x$ $(g(y)\neq 0)$;

(2) 两边积分,得 $\displaystyle\int\frac{\mathrm{d}y}{g(y)}=\int f(x)\mathrm{d}x$;

(3) 求积分,得 $G(y)=F(x)+C$,其中 C 是任意常数,$G(y),F(x)$ 分别是 $\dfrac{1}{g(y)}$ 和 $f(x)$ 的原函数.

【**例1**】 求微分方程 $\dfrac{\mathrm{d}y}{\mathrm{d}x}=2xy$ 的通解.

解 分离变量,得 $\qquad \dfrac{\mathrm{d}y}{y}=2x\mathrm{d}x \quad (y\neq 0)$,

两边积分,得 $\qquad\qquad\qquad \displaystyle\int\frac{\mathrm{d}y}{y}=\int 2x\mathrm{d}x$,

求积分,得 $\qquad\qquad\qquad \ln|y|=x^2+C'$,

即 $\qquad\qquad\qquad\qquad y=Ce^{x^2}$,($C$ 是任意常数).

【**例2**】 求满足初始条件 $y|_{x=1}=0$ 的微分方程 $\dfrac{\mathrm{d}y}{\mathrm{d}x}=10^{x+y}$ 的特解.

解 分离变量,得 $\qquad\qquad \dfrac{\mathrm{d}y}{10^y}=10^x\mathrm{d}x$,

两边积分,得 $\qquad\qquad \displaystyle\int\frac{\mathrm{d}y}{10^y}=\int 10^x\mathrm{d}x$,

求积分,得 $\qquad\qquad \dfrac{-10^{-y}}{\ln 10}=\dfrac{10^x}{\ln 10}+C'$,

即 $\qquad\qquad 10^x+10^{-y}=C$,($C$ 是任意常数).

【**例3**】 设一物体的温度为 100℃,将其放置在空气温度为 20℃ 的环境中冷却.试求物体的温度随时间 t 的变化规律.

解 根据冷却定律:物体温度的变化率与物体和当时空气温度之差成正比,设物体

的温度 T 与时间 t 的函数关系为 $T = T(t)$，则可建立起函数 $T(t)$ 满足的微分方程

$$\frac{\mathrm{d}T}{\mathrm{d}t} = -k(T-20),\qquad(10.9)$$

其中 $k(k>0)$ 为比例常数.

这就是物体冷却的数学模型.

根据题意，$T = T(t)$ 还需满足条件：

$$T\mid_{t=0} = 100\qquad(10.10)$$

对方程(10.9)分离变量，得 $\dfrac{\mathrm{d}T}{T-20} = -k\mathrm{d}t$，然后再两边积分，

$$\int \frac{1}{T-20}\,\mathrm{d}T = \int -k\mathrm{d}t\ ,$$

得 $\qquad\qquad\ln\mid T-20\mid = -kt + C_1$ （其中 C_1 为任意常数），

即 $\qquad\qquad T-20 = \pm\,\mathrm{e}^{-kt+C_1} = \pm\,\mathrm{e}^{C_1}\mathrm{e}^{-kt} = C\mathrm{e}^{-kt}$ （其中 $C = \pm\,\mathrm{e}^{C_1}$）.

从而 $T = 20 + C\mathrm{e}^{-kt}$. 再将条件(10.10)代入，得

$$C = 100 - 20 = 80,$$

于是，所求规律为

$$T = 20 + 80\mathrm{e}^{-kt}.$$

注意 物体冷却的数学模型在很多领域有广泛的应用. 例如，警方破案时，法医需要根据尸体当时的温度推断一个人死亡的时间，就可以利用这个模型来计算解决.

【例 4】 在一次谋杀发生后，尸体的温度按照牛顿冷却定律从原来的 $37℃$ 开始下降. 假设两个小时后尸体温度变为 $35℃$，并且假定周围空气的温度保持 $20℃$ 不变，试求出尸体温度 T 随时间 t 的变化规律. 又如果尸体被发现时的温度是 $30℃$，发现时是上午 10 点整，那么谋杀是何时发生的？

解 根据物体冷却的数学模型，有

$$\begin{cases} \dfrac{\mathrm{d}T}{\mathrm{d}t} = -k(T-20) \\ T(0) = 37 \end{cases},$$

其中 $k>0$，k 是常数.

分离变量并求解得 $T = 20 + C\mathrm{e}^{-kt}$，再将初始条件 $T(0) = 37$ 代入，得

$$C = 37 - 20 = 17.$$

为求出 k 值，根据两个小时后尸体温度为 $35℃$ 这一条件，有

$$35 = 20 + 17\mathrm{e}^{-k\cdot2},$$

求得 $k \approx 0.063$，于是温度函数为

$$T = 20 + 17\mathrm{e}^{-0.063t},$$

将 $T = 30$ 代入上式求解 t，有 $\dfrac{10}{17} = \mathrm{e}^{-0.063t}$，即得 $t \approx 8.4$ （小时）.

于是，可以判定谋杀发生在上午 10 点尸体被发现前的 8.4 小时（8 小时 24 分钟），所以谋杀是在凌晨 1 点 36 分发生的.

10. 2. 2 齐次型微分方程

形如

$$\frac{\mathrm{d}y}{\mathrm{d}x} = f(\frac{y}{x}) \tag{10.11}$$

的微分方程,称为**齐次型微分方程**.

例如,方程$(xy - y^2)\mathrm{d}x - (x^2 - 2xy)\mathrm{d}y = 0$是齐次型微分方程,因为方程可化为

$$\frac{\mathrm{d}y}{\mathrm{d}x} = \frac{xy - y^2}{x^2 - 2xy} = \frac{\frac{y}{x} - \left(\frac{y}{x}\right)^2}{1 - 2\left(\frac{y}{x}\right)}$$

在方程(10.11)中,引进新的未知函数$u = \frac{y}{x}$,则$y = xu$,$\frac{\mathrm{d}y}{\mathrm{d}x} = u + x\frac{\mathrm{d}u}{\mathrm{d}x}$,代入方程(10.11),得可分离变量方程

$$x\frac{\mathrm{d}u}{\mathrm{d}x} = f(u) - u,$$

即

$$\frac{\mathrm{d}u}{f(u) - u} = \frac{\mathrm{d}x}{x},$$

两边积分,得

$$\int \frac{\mathrm{d}u}{f(u) - u} = \int \frac{\mathrm{d}x}{x},$$

求出积分后,再用$\frac{y}{x}$代替u,即得所求齐次型微分方程的通解.

【例 5】 解微分方程$\dfrac{\mathrm{d}y}{\mathrm{d}x} = \dfrac{y^2}{xy - x^2}$.

解 原方程可化为

$$\frac{\mathrm{d}y}{\mathrm{d}x} = \frac{\left(\frac{y}{x}\right)^2}{\left(\frac{y}{x}\right) - 1},$$

它是齐次型微分方程. 令$u = \dfrac{y}{x}$,得

$$x\frac{\mathrm{d}u}{\mathrm{d}x} = \frac{u^2}{u - 1} - u = \frac{u}{u - 1},$$

分离变量,得

$$\frac{u - 1}{u}\mathrm{d}u = \frac{\mathrm{d}x}{x},$$

两边积分,得

$$\int \frac{u - 1}{u}\mathrm{d}u = \int \frac{\mathrm{d}x}{x},$$

$$u - \ln|u| = \ln|x| + C_1,$$

$$u = \ln|xu| + C_1,$$

即

$$xu = \pm\, \mathrm{e}^{u - C_1} = C\mathrm{e}^u, (C = \pm\, \mathrm{e}^{-C_1}).$$

将$u = \dfrac{y}{x}$代入上式得$y = C\mathrm{e}^{\frac{y}{x}}$,其中$C$为任意常数.

这就是所求微分方程的通解.

【例6】　求满足初始条件 $y|_{x=1}=1$ 的微分方程 $x^2y'+xy=y^2$ 的特解.

解　原方程可改写为　$y'=\left(\dfrac{y}{x}\right)^2-\dfrac{y}{x}$，则这是齐次型方程. 令 $\dfrac{y}{x}=u$,代入原方程,得

$$u+x\frac{\mathrm{d}u}{\mathrm{d}x}=u^2-u.$$

分离变量并积分,得

$$\int\frac{\mathrm{d}u}{u^2-2u}=\int\frac{\mathrm{d}x}{x},$$

即

$$\frac{1}{2}\ln\left|\frac{u-2}{u}\right|=\ln|x|+C_1,$$

其中 C_1 为任意常数. 即

$$\frac{u-2}{u}=Cx^2,$$

其中 $C=\pm\,\mathrm{e}^{2C_1}$.

将 $u=\dfrac{y}{x}$ 代入上式,得

$$\frac{y-2x}{y}=Cx^2.$$

又由 $y|_{x=1}=1$ 得 　　　　　　　$C=-1.$

故所求解为

$$\frac{y-2x}{y}=-x^2,$$

即

$$y=\frac{2x}{1+x^2}.$$

习题 10-2

1. 求下列微分方程的通解:

(1) $y'=\dfrac{1+y}{1+x}$;

(2) $y'=\dfrac{(1+y^2)x}{(1+x^2)y}$;

(3) $\mathrm{d}x+xy\mathrm{d}y=y^2\mathrm{d}x+y\mathrm{d}y$;

(4) $xy'+1=\mathrm{e}^y$;

(5) $x^2+xy'=3x+y'$;

(6) $axy'+2y=xyy'$（a 是常数）.

2. 求解下列微分方程:

(1) $y+xy'=yy'$,$x(1)=0$（提示:将原方程转换为 x 关于 y 的方程）;

(2) $x\dfrac{\mathrm{d}y}{\mathrm{d}x}+2\sqrt{xy}=y\ (x<0)$;

(3) $x(\ln x-\ln y)\mathrm{d}y-y\mathrm{d}x=0$;

3. 某林区现有木材 10 万立方米,如果在每一瞬间的木材的变化率与当时的木材数成正比,假设 10 年内该林区能有木材 20 万立方米,试确定木材数 p 与时间 t 的关系.

10.3　一阶线性微分方程

10.3.1　一阶线性微分方程

形如

$$\frac{\mathrm{d}y}{\mathrm{d}x} + P(x)y = Q(x) \tag{10.12}$$

的方程称为**一阶线性微分方程**,其中 $P(x)$ 和 $Q(x)$ 都是 x 的连续函数. 当 $Q(x) \equiv 0$ 时,方程(10.12)称为**一阶线性齐次微分方程**;当 $Q(x) \neq 0$ 时,方程(10.12)称为**一阶线性非齐次微分方程**.

我们先讨论一阶线性齐次微分方程

$$\frac{\mathrm{d}y}{\mathrm{d}x} + P(x)y = 0 \tag{10.13}$$

的通解.

显然,方程(10.13)是可分离的变量方程. 分离变量后,得

$$\frac{\mathrm{d}y}{y} = -P(x)\mathrm{d}x.$$

两边积分,得

$$\ln|y| = -\int P(x)\mathrm{d}x + C_1.$$

即

$$y = \mathrm{e}^{-\int P(x)\mathrm{d}x + \ln C} = C\mathrm{e}^{-\int P(x)\mathrm{d}x} \ (C = \pm \mathrm{e}^{C_1}). \tag{10.14}$$

这就是一阶线性齐次微分方程(10.13)的通解公式. 在用上式进行具体运算时,其中的不定积分 $\int P(x)\mathrm{d}x$ 只表示 $P(x)$ 的一个确定的原函数.

下面再讨论一阶线性非齐次微分方程(10.12)的解法.

一阶线性非齐次微分方程(10.12)可用常数变易法来解,就是将其相应的齐次方程(10.13)的通解中任意常数 C 用一个待定的函数 $C(x)$ 来代替,即

$$y = C(x)\mathrm{e}^{-\int P(x)\mathrm{d}x}. \tag{10.15}$$

只要求得函数 $C(x)$,就可求得方程(10.12)的通解.

由(10.15)式有 $\frac{\mathrm{d}y}{\mathrm{d}x} = C'(x)\mathrm{e}^{-\int P(x)\mathrm{d}x} - P(x)C(x)\mathrm{e}^{-\int P(x)\mathrm{d}x}$,代回方程(10.12)并整理,得 $C'(x) = Q(x)\mathrm{e}^{\int P(x)\mathrm{d}x}$,由此可得

$$C(x) = \int Q(x)\mathrm{e}^{\int P(x)\mathrm{d}x}\mathrm{d}x + C. \tag{10.16}$$

将上式代入(10.15)式,得

$$y = \mathrm{e}^{-\int P(x)\mathrm{d}x}\left(\int Q(x)\mathrm{e}^{\int P(x)\mathrm{d}x}\mathrm{d}x + C\right). \tag{10.17}$$

这就是一阶线性非齐次方程(10.12)的通解公式.其中各个不定积分都只表示对应被积函数的一个原函数.

公式(10.17)也可写成下面的形式：

$$y = \mathrm{e}^{-\int P(x)\mathrm{d}x}\int Q(x)\mathrm{e}^{\int P(x)\mathrm{d}x}\mathrm{d}x + C\mathrm{e}^{-\int P(x)\mathrm{d}x}. \tag{10.18}$$

其中(10.18)式右端第二项是与方程(10.12)对应的线性齐次方程(10.13)的通解,第一项是线性非齐次方程(10.12)的一个特解(在方程(10.12)的通解(10.17)中取 $C = 0$ 便得到这个特解).

由此可知：一阶线性非齐次方程的通解等于它的一个特解与对应的齐次方程的通解之和.

【例 1】 求方程 $\dfrac{\mathrm{d}y}{\mathrm{d}x} - \dfrac{2y}{x+1} = (x+1)^{\frac{5}{2}}$ 的通解.

解法 1（常数变易法）

这是一阶线性非齐次方程.先求对应的齐次方程的通解.整理得

$$\frac{\mathrm{d}y}{\mathrm{d}x} = \frac{2y}{x+1},$$

分离变量,有

$$\frac{\mathrm{d}y}{y} = \frac{2\mathrm{d}x}{x+1},$$

解方程,有

$$\ln|y| = 2\ln|x+1| + \ln|C|,$$

整理,得

$$y = C(x+1)^2.$$

将上式中的任意常数 C 换成函数 $C(x)$,即设原方程的通解为

$$y = C(x)(x+1)^2, \tag{10.19}$$

则有

$$\frac{\mathrm{d}y}{\mathrm{d}x} = C'(x)(x+1)^2 + 2C(x)(x+1).$$

将 y 和 $\dfrac{\mathrm{d}y}{\mathrm{d}x}$ 代入原方程并整理,得

$$C'(x) = (x+1)^{\frac{1}{2}}.$$

两边积分,得

$$C(x) = \frac{2}{3}(x+1)^{\frac{3}{2}} + C.$$

再代入(10.19)式,即得所求方程的通解

$$y = (x+1)^2\left[\frac{2}{3}(x+1)^{\frac{3}{2}} + C\right].$$

解法 2（公式法）

因为 $P(x) = -\dfrac{2}{x+1}$, $Q(x) = (x+1)^{\frac{5}{2}}$.代入公式(10.17),得

$$y = \mathrm{e}^{\int \frac{2}{x+1}\mathrm{d}x}\left[\int (x+1)^{\frac{5}{2}} \cdot \mathrm{e}^{\int \frac{-2}{x+1}\mathrm{d}x}\mathrm{d}x + C\right]$$

$$= e^{2\ln(x+1)}\left[\int (x+1)^{\frac{5}{2}} \cdot e^{-2\ln(x+1)}\,dx + C\right]$$

$$= (x+1)^2\left[\int \frac{(x+1)^{\frac{5}{2}}}{(x+1)^2}dx + C\right]$$

$$= (x+1)^2\left[\frac{2}{3}(x+1)^{\frac{3}{2}} + C\right].$$

【例 2】 求下列微分方程满足所给初始条件的特解.

$$x\ln x\,dy + (y - \ln x)\,dx = 0, \quad y\big|_{x=e} = 1.$$

解 将方程标准化为

$$y' + \frac{1}{x\ln x}y = \frac{1}{x},$$

于是

$$y = e^{-\int\frac{dx}{x\ln x}}\left(\int\frac{1}{x}e^{\int\frac{dx}{x\ln x}}dx + C\right) = e^{-\ln\ln x}\left(\int\frac{1}{x}e^{\ln\ln x}dx + C\right) = \frac{1}{\ln x}\left(\frac{1}{2}\ln^2 x + C\right).$$

由初始条件 $y\big|_{x=e} = 1$，得 $C = \frac{1}{2}$，故所求特解为

$$y = \frac{1}{2}\left(\ln x + \frac{1}{\ln x}\right).$$

【例 3】 求微分方程 $ydx + (x - y^3)dy = 0(y > 0)$ 的通解.

解 如果将上式改写为 $y' + \dfrac{y}{x - y^3} = 0$，则显然不是一阶线性微分方程. 但如果将原方程改写为

$$\frac{dx}{dy} + \frac{x - y^3}{y} = 0,$$

即

$$\frac{dx}{dy} + \frac{1}{y}x = y^2.$$

将 x 看作 y 的函数,则它是形如

$$x' + P(y)x = Q(y)$$

的一阶线性非齐次微分方程. 因为

$$\int P(y)dy = \int\frac{1}{y}dy = \ln y \quad (只取一个原函数),$$

$$\int Q(y)e^{\int P(y)dy}dy = \int y^2 \cdot ydy = \frac{1}{4}y^4,$$

于是,由一阶线性非齐次方程的通解公式得

$$x = e^{-\int P(y)dy}\left(\int Q(y)e^{\int P(y)dy}dy + C\right)$$

$$= \frac{1}{y}\left(\frac{1}{4}y^4 + C\right) = \frac{1}{4}y^3 + \frac{C}{y},$$

或

$$4xy = y^4 + C.$$

【例4】　设曲线积分 $\int_L \left[f(x) - \mathrm{e}^x \right] \sin y \mathrm{d}x - f(x) \cos y \mathrm{d}y$ 与路径无关,其中 $f(x)$ 具有一阶连续导数,且 $f(0) = 0$,求 $f(x)$.

解　由曲线积分与路径无关的充要条件得

$$\frac{\partial}{\partial x} \left[-f(x) \cos y \right] = \frac{\partial}{\partial y} \{ \left[f(x) - \mathrm{e}^x \right] \sin y \},$$

即 $f'(x) + f(x) = \mathrm{e}^x$,此方程为一阶线性微分方程,解得 $f(x) = \mathrm{e}^{-x} \left(\dfrac{1}{2} \mathrm{e}^{2x} + C \right)$. 又由 $f(0) = 0$,得 $C = -\dfrac{1}{2}$,故 $f(x) = \dfrac{\mathrm{e}^x - \mathrm{e}^{-x}}{2}$.

10.3.2　伯努利(Bernoulli) 方程

形如

$$\frac{\mathrm{d}y}{\mathrm{d}x} + p(x)y = q(x)y^n \quad (n \neq 0, 1) \tag{10.20}$$

的微分方程称为**伯努利方程**.

它的解法是:两边乘以 y^{-n},有

$$y^{-n} \frac{\mathrm{d}y}{\mathrm{d}x} + p(x)y^{1-n} = q(x),$$

即

$$\frac{1}{1-n} \cdot \frac{\mathrm{d}y^{1-n}}{\mathrm{d}x} + p(x)y^{1-n} = q(x),$$

或

$$\frac{\mathrm{d}y^{1-n}}{\mathrm{d}x} + (1-n)p(x)y^{1-n} = (1-n)q(x),$$

所以原方程的通解为

$$y^{1-n} = \mathrm{e}^{-\int (1-n)p(x)\mathrm{d}x} \left[\int (1-n)q(x) \mathrm{e}^{\int (1-n)p(x)\mathrm{d}x} \mathrm{d}x + C \right].$$

【例5】　求 $\dfrac{\mathrm{d}y}{\mathrm{d}x} = 6\dfrac{y}{x} - xy^2$ 的通解.

解　由题知这是 $n = 2$ 时的伯努利方程,令 $z = y^{-1}$,可得 $\dfrac{\mathrm{d}z}{\mathrm{d}x} = -y^{-2}\dfrac{\mathrm{d}y}{\mathrm{d}x}$,代入原方程,整理得 $\dfrac{\mathrm{d}z}{\mathrm{d}x} + \dfrac{6}{x}z = x$,这是一阶线性微分方程,它的通解为 $z = \dfrac{C}{x^6} + \dfrac{x^2}{8}$,代回原来的变量 y,得 $\dfrac{1}{y} = \dfrac{C}{x^6} + \dfrac{x^2}{8}$,即原方程的通解为 $\dfrac{x^6}{y} - \dfrac{x^8}{8} = C$. 此外,方程还有解 $y = 0$.

习题 10-3

1. 求解下列微分方程的解:

(1) $\dfrac{dy}{dx} - \dfrac{n}{x}y = e^x x^n$;

(2) $y' - y = e^x$;

(3) $\dfrac{dy}{dx} = y + \sin x$;

(4) $\dfrac{dy}{dx} + 3y = e^{3x}$;

(5) $(x - 2xy - y^2)dy + y^2 dx = 0$;

(6) $\dfrac{dy}{dx} = \dfrac{y}{2x - y^2}$;

(7) $\dfrac{dy}{dx} - y\tan x = \sec x$, 且满足 $y\big|_{x=0} = 0$;

(8) $\dfrac{dy}{dx} = \dfrac{1}{xy + x^3 y^3}$;

(9) $4xy' + y + x^2 y^4 = 0$;

(10) $ydx - xdy = x^2 ydy$;

(11) $xy'\ln x\sin y + \cos y(1 - x\cos y) = 0$.

2. 求下列微分方程的特解:

(1) $\begin{cases} xy' - \dfrac{1}{x+1}y = x, \\ y\big|_{x=1} = 1 \end{cases}$;

(2) $\begin{cases} 2x^3 yy' + 3x^2 y^2 + 7 = 0 \\ y\big|_{x=1} = 1 \end{cases}$.

3. 设 $y = e^x$ 是微分方程 $xy' + p(x)y = x$ 的一个解, 求此微分方程满足条件 $y\big|_{x=\ln 2} = 0$ 的特解.

10.4 全微分方程

10.4.1 全微分方程

一阶微分方程可改写成

$$P(x,y)dx + Q(x,y)dy = 0. \tag{10.21}$$

若存在一个可微函数 $u = u(x,y)$, 使得

$$du = P(x,y)dx + Q(x,y)dy.$$

则称(10.21)为**全微分方程**.

由此可知,方程(10.21)是全微分方程的充要条件为$\dfrac{\partial Q}{\partial x} = \dfrac{\partial P}{\partial y}$,即存在函数 $u = u(x,y)$,使得 $\mathrm{d}u = P(x,y)\mathrm{d}x + Q(x,y)\mathrm{d}y$ 的充要条件是$\dfrac{\partial Q}{\partial x} = \dfrac{\partial P}{\partial y}$.

10.4.2　全微分方程的解法

寻找原函数 $u = u(x,y)$,则全微分方程的通解为 $u(x,y) = C$.

寻找原函数 $u = u(x,y)$ 的方法(即曲线积分与路径无关时,寻找原函数的方法)有以下几种:

(1) 曲线积分法:$u(x,y) = \displaystyle\int_{(x_0,y_0)}^{(x,y)} P\mathrm{d}x + Q\mathrm{d}y = \int_{x_0}^{x} P(x,y_0)\mathrm{d}x + \int_{y_0}^{y} Q(x,y)\mathrm{d}y$.

(2) 分项组合法:将只含有 x,只含有 y 和既含 x 又含 y 的项分别放在一起,分别凑成三个微分,三个微分的和即 $u(x,y)$.

(3) 待定函数法:根据 $P(x,y)$ 先设出 $u(x,y)$,$u(x,y)$ 中含有未知函数项,再根据 $Q(x,y)$ 决定 $u(x,y)$ 中含有的未知函数项.

【**例 1**】　求解 $(3x^2 + 2xy^2)\mathrm{d}x + (2y + 2x^2 y)\mathrm{d}y = 0$.

解　因为$\dfrac{\partial Q}{\partial x} = 4xy = \dfrac{\partial P}{\partial y}$,所以该方程为全微分方程,下面寻求 $u(x,y)$.

法 1(曲线积分法)

$$\begin{aligned}u(x,y) &= \int_{(0,0)}^{(x,y)} (3x^2 + 2xy^2)\mathrm{d}x + (2y + 2x^2 y)\mathrm{d}y \\ &= \int_0^x (3x^2 + 2x \cdot 0^2)\mathrm{d}x + \int_0^y (2y + 2x^2 y)\mathrm{d}y \\ &= x^3 + y^2 + x^2 y^2,\end{aligned}$$

故通解为　　　　　　　　　　$x^3 + y^2 + x^2 y^2 = C$.

法 2(分项组合法)

原方程变形为　　$3x^2 \mathrm{d}x + 2y\mathrm{d}y + (2xy^2 \mathrm{d}x + 2x^2 y\mathrm{d}y) = 0$,

即　　　　　　　　　　$\mathrm{d}(x^3) + \mathrm{d}(y^2) + \mathrm{d}(x^2 y^2) = 0$,

即　　　　　　　　　　$\mathrm{d}(x^3 + y^2 + x^2 y^2) = 0$,

故通解为　　　　　　　　　　$x^3 + y^2 + x^2 y^2 = C$.

法 3(待定函数法)

因为 $P(x,y) = 3x^2 + 2xy^2$,即

$$\frac{\partial u(x,y)}{\partial x} = 3x^2 + 2xy^2,$$

所以,设　　　　　　$u(x,y) = x^3 + x^2 y^2 + R(y)$,

又 $Q(x,y) = 2y + 2x^2 y$,即

$$\frac{\partial u(x,y)}{\partial y} = 2y + 2x^2 y,$$

故 $$\frac{\partial R(y)}{\partial y} = 2y, \quad R(y) = y^2,$$

所以 $$u(x,y) = x^3 + x^2 y^2 + y^2.$$

原方程通解为 $$x^3 + y^2 + x^2 y^2 = C.$$

【例2】 求解微分方程 $\left(\cos x + \dfrac{1}{y}\right)\mathrm{d}x + \left(\dfrac{1}{y} - \dfrac{x}{y^2}\right)\mathrm{d}y = 0.$

解 因为 $\dfrac{\partial\left(\cos x + \dfrac{1}{y}\right)}{\partial y} = \dfrac{\partial\left(\dfrac{1}{y} - \dfrac{x}{y^2}\right)}{\partial x}$，故方程为全微分方程，把方程重新"分项

组合"，得到 $\cos x\mathrm{d}x + \dfrac{1}{y}\mathrm{d}y + \left(\dfrac{1}{y}\mathrm{d}x - \dfrac{x}{y^2}\mathrm{d}y\right) = 0$，即 $\mathrm{d}\sin x + \mathrm{d}\ln|y| + \dfrac{y\mathrm{d}x - x\mathrm{d}y}{y^2} = 0$，

或为 $\mathrm{d}(\sin x + \ln|y| + \dfrac{x}{y}) = 0$，于是方程的通解为 $\sin x + \ln|y| + \dfrac{x}{y} = C.$

习题 10-4

1. 判断下列方程是否为全微分方程：

(1) $\mathrm{e}^{x^2}(\mathrm{d}y + 2xy\mathrm{d}x) = 3x^2\mathrm{d}x$；

(2) $[2x - \ln(y+1)]\mathrm{d}x - \dfrac{x+y}{y+1}\mathrm{d}y = 0$；

(3) $(2xy^3 - 5x^4)\mathrm{d}x + 3x^2 y^2\mathrm{d}y = 0$；

(4) $y\mathrm{d}x + (y - x)\mathrm{d}y = 0$；

(5) $(y - 3x^2)\mathrm{d}x + (4y - x)\mathrm{d}y = 0.$

2. 求下列全微分方程的解：

(1) $(x^3 - y)\mathrm{d}x - x\mathrm{d}y = 0$；

(2) $(x + y\cos x)\mathrm{d}x + (\sin x)\mathrm{d}y = 0$；

(3) $y\mathrm{d}x - x\mathrm{d}y = x^2 y^2\mathrm{d}x + \mathrm{d}y$；

(4) $-x\mathrm{d}y + x^2\mathrm{d}x = y\mathrm{d}x - y^2\mathrm{d}y$；

(5) $(3x^2 + 6xy^2)\mathrm{d}x + (6x^2 y + 4y^3)\mathrm{d}y = 0$；

(6) $(x^3 - 3xy^2)\mathrm{d}x + (y^3 - 3x^2 y)\mathrm{d}y = 0$；

(7) $5x^4 y\mathrm{d}x + x^5\mathrm{d}y + x^3\mathrm{d}x = 0$；

(8) $(y\mathrm{e}^x - \mathrm{e}^{-y})\mathrm{d}x + (x\mathrm{e}^{-y} + \mathrm{e}^x)\mathrm{d}y = 0$；

(9) $\mathrm{e}^{x^2}(\mathrm{d}y + 2xy\mathrm{d}x) = 3x^2\mathrm{d}x$；

(10) $[2x - \ln(y+1)]\mathrm{d}x - \dfrac{x+y}{y+1}\mathrm{d}y = 0$；

(11) $(2xy^3 - 5x^4)\mathrm{d}x + 3x^2 y^2\mathrm{d}y = 0$；

(12) $(\mathrm{e}^x + y)\mathrm{d}x + (x - 2\sin y)\mathrm{d}y = 0$；

(13) $(\cos x - x\sin x)y\mathrm{d}x + (x\cos x - 2y)\mathrm{d}y = 0.$

10.5　可降阶的高阶微分方程

有一类高阶微分方程经过适当的变换后,可化为低阶微分方程(如二阶微分方程经过适当的变换后化为一阶微分方程),然后再利用求解低阶微分方程的方法来求解. 本节讨论三种特殊形式的二阶微分方程,它们有的可以通过积分求得;有的可经过适当的变量替换降为一阶微分方程,然后求解一阶微分方程,再将变量回代,从而求得所给二阶微分方程的解.

10.5.1　$y'' = f(x)$ 型

方程

$$y'' = f(x) \tag{10.22}$$

是最简单的二阶微分方程,它的特点是 y'' 仅是 x 的函数,只要把 y' 当作新的未知函数,就得到一个一阶微分方程,即

$$(y')' = f(x),$$

两边积分,得 $y' = \displaystyle\int f(x)\mathrm{d}x + C_1$,然后再两边积分,即连续积分两次,就能得到方程 (10.22) 的通解.

同理,对于方程

$$y^{(n)} = f(x) \tag{10.23}$$

只要连续积分 n 次,即可得到其含有 n 个任意常数的通解.

【例 1】　求方程 $y'' = \sin x$ 的通解.

解　因为 $y'' = \sin x$,则

$$y' = -\cos x + C_1,$$
$$y = -\sin x + C_1 x + C_2,$$

其中 C_1, C_2 为任意常数.

【例 2】　求方程 $\dfrac{\mathrm{d}^5 x}{\mathrm{d}t^5} - \dfrac{1}{t} \cdot \dfrac{\mathrm{d}^4 x}{\mathrm{d}t^4} = 0$ 的解.

解　令 $\dfrac{\mathrm{d}^4 x}{\mathrm{d}t^4} = y$,则方程化为

$$\frac{\mathrm{d}y}{\mathrm{d}t} - \frac{1}{t}y = 0.$$

这是一阶方程,解得 $y = Ct$,即 $\dfrac{\mathrm{d}^4 x}{\mathrm{d}t^4} = Ct$,于是

$$x = C_1 t^5 + C_2 t^3 + C_3 t^2 + C_4 t + C_5,$$

其中 $C_1, C_2, \cdots, C_5$ 为任意常数.

这就是原方程的通解.

10.5.2 $y'' = f(x, y')$ 型

方程
$$y'' = f(x, y') \qquad (10.24)$$
的特点是右边不显含未知函数 y. 如果设 $y' = p(x)$, 则
$$y'' = \frac{\mathrm{d}p}{\mathrm{d}x} = p',$$
因而方程(10.24)就变为
$$p' = f(x, p).$$
这是一个关于变量 x, p 的一阶微分方程, 可以用前几节所介绍的方法求解, 从而求得原方程的解.

【例3】 解微分方程 $y'' = \dfrac{1}{x} y' + x\mathrm{e}^x$.

解 所给方程不显含 y, 是 $y'' = f(x, y')$ 型的方程. 故设 $y' = p$, 代入方程并整理后, 有
$$p' - \frac{1}{x} p = x\mathrm{e}^x,$$
由一阶线性微分方程的公式, 得
$$p = \mathrm{e}^{-\int -\frac{1}{x}\mathrm{d}x} \left(\int (x\mathrm{e}^x) \mathrm{e}^{\int -\frac{1}{x}\mathrm{d}x} \mathrm{d}x + C \right),$$
即
$$p = y' = x(\mathrm{e}^x + C),$$
再积分, 得
$$y = x\mathrm{e}^x - \mathrm{e}^x + C_1 x^2 + C_2,$$
其中 C_1, C_2 为任意常数.

【例4】 求微分方程 $(1 + x^2) y'' = 2xy'$ 满足初始条件 $y|_{x=0} = 1, y'|_{x=0} = 3$ 的特解.

解 所给方程是 $y'' = f(x, y')$ 型的. 故设 $y' = p$, 代入方程并分离变量后, 有
$$\frac{\mathrm{d}p}{p} = \frac{2x}{1 + x^2}\mathrm{d}x,$$
两端积分, 得
$$\ln p = \ln(1 + x^2) + \ln C_1,$$
即
$$p = y' = C_1(1 + x^2).$$
由条件 $y'|_{x=0} = 3$ 得 $C_1 = 3$, 所以
$$y' = 3(1 + x^2),$$
再积分, 得
$$y = x^3 + 3x + C_2,$$
又由条件 $y|_{x=0} = 1$ 得 $C_2 = 1$, 于是所求的特解为
$$y = x^3 + 3x + 1.$$

注意 对于二阶微分方程的特解, 通常在积分后出现第一个任意常数时, 就用初始条件把它求出来, 这样可以简化后面的运算步骤. 如果求出通解后, 再用初始条件确定任意常数, 可能会使运算十分繁琐.

10.5.3　$y'' = f(y, y')$ 型

方程

$$y'' = f(y, y') \tag{10.25}$$

的特点是右边不显含自变量 x. 为了求出它的解, 我们令 $y' = p(y)$, 利用复合函数的求导法则, 把 y'' 化为对 y 的导数,

即

$$y'' = \frac{\mathrm{d}p}{\mathrm{d}x} = \frac{\mathrm{d}p}{\mathrm{d}y} \cdot \frac{\mathrm{d}y}{\mathrm{d}x} = p \frac{\mathrm{d}p}{\mathrm{d}y}.$$

于是方程 (10.25) 就变为

$$p \frac{\mathrm{d}p}{\mathrm{d}y} = f(y, p).$$

这是一个关于变量 y, p 的一阶微分方程. 设它的通解为

$$y' = p = \varphi(y, C_1),$$

分离变量并积分, 得方程 (10.25) 的通解

$$\int \frac{\mathrm{d}y}{\varphi(y, C_1)} = x + C_2.$$

【例 5】　求微分方程 $yy'' - (y')^2 = 0$ 的通解.

解　方程不显含自变量 x, 设 $y' = p(y)$, 则 $y'' = p \frac{\mathrm{d}p}{\mathrm{d}y}$, 代入方程, 得

$$yp \frac{\mathrm{d}p}{\mathrm{d}y} - p^2 = 0.$$

如果 $p \neq 0$, 那么约去 p 并分离变量, 得

$$\frac{\mathrm{d}p}{p} = \frac{\mathrm{d}y}{y}.$$

两端积分并进行化简, 得 $p = C_1 y$, 即 $y' = C_1 y$. 再一次分离变量并积分, 得

$$\ln y = C_1 x + \ln C_2$$

或

$$y = C_2 \mathrm{e}^{C_1 x}.$$

若 $p = 0$, 可得 $y = C$, 显然它也满足原方程. 但 $y = C$ 已被包含在解 $y = C_2 \mathrm{e}^{C_1 x}$ 中了 (令 $C_1 = 0$, 即可得到). 所以方程的通解为

$$y = C_2 \mathrm{e}^{C_1 x} \quad (C_1, C_2 \text{ 为任意常数}).$$

【例 6】　求微分方程 $y'' = \frac{3}{2} y^2$ 满足初始条件 $y|_{x=3} = 1, y'|_{x=3} = 1$ 的特解.

解　方程不显含自变量 x, 设 $y' = p(y)$, 则 $y'' = p \frac{\mathrm{d}p}{\mathrm{d}y}$, 代入方程, 得

$$p \frac{\mathrm{d}p}{\mathrm{d}y} = \frac{3}{2} y^2.$$

分离变量, 得

$$p \mathrm{d}p = \frac{3}{2} y^2 \mathrm{d}y.$$

两端积分并进行化简, 得 $p^2 = y^3 + C_1$, 即

$$(y')^2 = y^3 + C_1.$$

因为 $y|_{x=3}=1, y'|_{x=3}=1$，所以 $C_1=0$，即

$$(y')^2 = y^3, y' = y^{\frac{3}{2}}.$$

再一次分离变量并积分，得 $-2y^{-\frac{1}{2}} = x + C_2$，即

$$y = \frac{4}{(x+C_2)^2}.$$

因为 $y|_{x=3}=1, y'|_{x=3}=1$，所以 $C_2=-5$（舍 $C_2=-1$），故 $y=\dfrac{4}{(x-5)^2}$.

习题 10-5

1. 求下列微分方程的通解:

(1) $y'' + (y')^2 + 1 = 0$;

(2) $y''' = x + \cos x$;

(3) $(y')^2 + 2yy'' = 0$;

(4) $yy'' + (y')^2 = 0$;

(5) $(1+y)^2 y'' = 2y(y')^2$;

(6) $xy'' - y' + x^2 = 0$.

2. 求下列方程组的特解:

(1) $\begin{cases} y'' - (y')^2 = 0 \\ y|_{x=0} = 0, y'|_{x=0} = -1 \end{cases}$;

(2) $\begin{cases} (1-x^2)y'' - xy' = 0 \\ y|_{x=0} = 0, y'|_{x=0} = 1 \end{cases}$;

(3) $\begin{cases} y^{(4)} = e^x - 1 \\ y(0) = 2, y'(0) = y''(0) = y'''(0) = 1 \end{cases}$.

10.6   高阶线性微分方程解的结构

本节及下两节，我们将讨论在实际问题中应用较多的高阶线性微分方程. 讨论时以二阶方程为例，首先来明确线性微分方程解的结构，这对于探索这类方程的求解方法是十分有益的.

二阶线性微分方程的一般形式为

$$y'' + P(x)y' + Q(x)y = f(x), \tag{10.26}$$

当 $f(x) \neq 0$ 时，称(10.26)式为**二阶非齐次线性微分方程**. 当 $f(x) = 0$ 时，方程变为

$$y'' + P(x)y' + Q(x)y = 0, \tag{10.27}$$

称(10.27)式为**二阶齐次线性微分方程**.

定理 10.1　如果函数 $y_1(x)$ 与 $y_2(x)$ 是方程(10.27)的两个解，则
$$y = C_1 y_1(x) + C_2 y_2(x)$$
也是方程(10.27)的解，其中 C_1，C_2 是任意常数.

这个定理表明了齐次线性微分方程的解具有叠加性.

为了给出齐次线性微分方程的通解，下面先给出函数线性相关与线性无关的定义.

设 $y_1(x)$，$y_2(x)$ 为定义在区间 I 上的两个函数，如果存在两个不全为零的常数 k_1，k_2，使得当 $x \in I$ 时，有恒等式
$$k_1 y_1(x) + k_2 y_2(x) \equiv 0$$
成立，则称这两个函数在区间 I 上**线性相关**，否则称**线性无关**.

应用上述概念可知，判断两个函数相关与否，只要看它们的比是否为常数：如果比是常数，则线性相关；否则，线性无关.

定理 10.2　如果 $y_1(x)$ 与 $y_2(x)$ 是方程(10.27)的两个线性无关的特解，则
$$y = C_1 y_1(x) + C_2 y_2(x)$$
就是方程(10.27)的通解，其中 C_1，C_2 是任意常数.

定理 10.3　若 y_1^* 和 y_2^* 是非齐次线性微分方程(10.26)的任意两个解，则 $y_1^* - y_2^*$ 是对应齐次方程(10.27)的解.

定理 10.4　设 y^* 是方程(10.26)的一个特解，而 Y 是其对应的齐次方程(10.27)的通解，则
$$y = Y + y^* \tag{10.28}$$
就是二阶非齐次线性微分方程(10.26)的通解.

定理 10.5　设 y_1^* 与 y_2^* 分别是方程
$$y'' + P(x)y' + Q(x)y = f_1(x)$$
与
$$y'' + P(x)y' + Q(x)y = f_2(x)$$
的特解，则 $y_1^* + y_2^*$ 是方程
$$y'' + P(x)y' + Q(x)y = f_1(x) + f_2(x) \tag{10.29}$$
的特解.

【例】　设 y_1^*，y_2^*，y_3^* 是 $y'' + p(x)y' + q(x)y = f(x)(f(x) \neq 0)$ 的三个线性无关的解，证明：该方程的通解为 $y = C_1 y_1^* + C_2 y_2^* + C_3 y_3^*$，其中 $C_1 + C_2 + C_3 = 1$.

证明　记 $y_1 = y_1^* - y_3^*$，$y_2 = y_2^* - y_3^*$，则由定理 10.3 知，y_1 和 y_2 是原方程对应的齐次方程的两个解. 下面证明 y_1 和 y_2 线性无关，令
$$k_1 y_1 + k_2 y_2 \equiv 0,$$
则有
$$k_1 y_1^* + k_2 y_2^* - (k_1 + k_2)y_3^* \equiv 0.$$
由于 y_1^*，y_2^*，y_3^* 线性无关，所以只有 $k_1 = k_2 = 0$ 时，上式才能成立，即 y_1，y_2 线性无关. 故该方程的通解为
$$y = C_1 y_1 + C_2 y_2 + y_3^* = C_1 y_1^* + C_2 y_2^* + (1 - C_1 - C_2)y_3^*.$$
令 $C_3 = 1 - C_1 - C_2$，且 $C_1 + C_2 + C_3 = 1$，则

$$y = C_1 y_1^* + C_2 y_2^* + C_3 y_3^*.$$

习题 10-6

1. 已知 $x_1 = e^t \cos t, x_2 = 5e^t \cos t$ 是微分方程 $x'' - 2x' + 2x = 0$ 的两个特解，问 $x = c_1 e^t \cos t + 5c_2 e^t \cos t$ 是否是方程的通解，为什么？

2. 验证 $y_1 = e^{x^2}$ 及 $y_2 = xe^{x^2}$ 都是方程 $y'' - 4xy' + (4x^2 - 2)y = 0$ 的解，并写出该方程的通解.

3. 验证 $y = e^x$ 和 $y = e^{-x}$ 都是方程 $\dfrac{d^2 x}{dt^2} - x = 0$ 的解，并写出该方程的通解.

10.7　二阶常系数齐次线性微分方程

在二阶齐次线性微分方程

$$y'' + P(x)y' + Q(x)y = 0 \tag{10.30}$$

中，如果 y', y 的系数 $P(x), Q(x)$ 均为常数，即

$$y'' + py' + qy = 0, \tag{10.31}$$

其中 p, q 为常数，则称（10.31）为**二阶常系数齐次线性微分方程**. 下面根据上节的内容来讨论二阶常系数齐次线性微分方程的解法.

由上节内容可知，要求得微分方程（10.31）的通解，只需求出方程的两个线性无关的特解 y_1, y_2，则 $y = C_1 y_1 + C_2 y_2$ 就是方程（10.31）的通解.

我们知道，当 r 为常数时，指数函数 $y = e^{rx}$ 和它的各阶导数都只相差一个常数因子. 因此，我们可用 $y = e^{rx}$ 来尝试，看能否选择适当的 r 值，得到满足方程（10.31）的解. 为此，将 $y = e^{rx}$ 和它的一、二阶导数 $y' = re^{rx}, y'' = r^2 e^{rx}$ 代入方程（10.31），得

$$e^{rx}(r^2 + pr + q) = 0.$$

因为 $e^{rx} \neq 0$，所以上式要成立就必须有

$$r^2 + pr + q = 0. \tag{10.32}$$

也就是说，如果函数 $y = e^{rx}$ 是方程（10.31）的解，那么 r 必须满足方程（10.32）.

反之，若 r 是方程（10.32）的一个根，于是有

$$e^{rx}(r^2 + pr + q) = 0.$$

因此，e^{rx} 是方程（10.31）的一个特解.

方程（10.32）是以 r 为未知数的二次方程，我们把它称为微分方程（10.31）的**特征方程**，其中 r^2 和 r 的系数以及常数项恰好依次是微分方程（10.31）中 y''、y' 及 y 的系数，特征方程的根 r_1 和 r_2 称为方程（10.31）的**特征根**.

特征根是一个二次方程的根，它有下列三种不同的情形：

（1）特征根是两个不相等的实根（$p^2 - 4q > 0$）：

$$r_1 \neq r_2,$$

根据上面的讨论,则 $y_1 = e^{r_1 x}$ 和 $y_2 = e^{r_2 x}$ 是方程(10.31)的两个特解,且它们是线性无关的,所以方程(10.31)的通解为

$$y = C_1 e^{r_1 x} + C_2 e^{r_2 x}. \tag{10.33}$$

(2) 特征根是两个相等的实根($p^2 - 4q = 0$):

$$r_1 = r_2 = r,$$

因为 $r_1 = r_2$,所以只能得到方程(10.31)的一个特解 $y_1 = e^{rx}$. 可以证明 $y_2 = xe^{rx}$ 是方程(10.31)的另一个与 y_1 线性无关的特解. 所以方程(10.31)的通解为

$$y = C_1 e^{rx} + C_2 x e^{rx} = (C_1 + C_2 x) e^{rx}. \tag{10.34}$$

(3) 特征根是一对共轭复数根($p^2 - 4q < 0$):

$$r_1 = \alpha + i\beta, r_2 = \alpha - i\beta \quad (\alpha, \beta \text{是实数,且} \beta \neq 0).$$

我们可以证明,$y_1 = e^{\alpha x} \cos \beta x$ 和 $y_2 = e^{\alpha x} \sin \beta x$ 是方程(10.31)的两个线性无关的特解. 所以方程(10.31)的通解为

$$y = e^{\alpha x}(C_1 \cos \beta x + C_2 \sin \beta x). \tag{10.35}$$

归纳以上讨论,得到求二阶常系数齐次线性微分方程(10.31)的通解的步骤如下:

第一步:写出方程对应的特征方程 $r^2 + pr + q = 0$;

第二步:求出特征方程的两个根,即特征根 r_1 与 r_2;

第三步:根据两个特征根 r_1, r_2 的不同情况,按照下表写出微分方程(10.31)的通解.

特征方程 $r^2 + pr + q = 0$ 的两个根 r_1, r_2	微分方程 $y'' + py' + qy = 0$ 的通解
两个不相等的实根 r_1, r_2	$y = C_1 e^{r_1 x} + C_2 e^{r_2 x}$
两个相等的实根 $r_1 = r_2$	$y = (C_1 + C_2 x) e^{rx}$
一对共轭复根 $r_{1,2} = \alpha \pm \beta i$	$y = e^{\alpha x}(C_1 \cos \beta x + C_2 \sin \beta x)$

【例1】　求方程 $y'' - 3y' - 10y = 0$ 的通解.

解　此微分方程为二阶常系数齐次线性微分方程,其特征方程为

$$r^2 - 3r - 10 = 0,$$

其根为 $r_1 = -2, r_2 = 5$,是两个不相等的实根,因此方程的通解为

$$y = C_1 e^{-2x} + C_2 e^{5x}.$$

【例2】　求方程 $y'' + 4y' + 4y = 0$ 的满足初始条件 $y|_{x=0} = 1$ 和 $y'|_{x=0} = 0$ 的特解.

解　所给方程的特征方程为

$$r^2 + 4r + 4 = 0,$$

特征根为

$$r_1 = r_2 = -2,$$

方程的通解为

$$y = (C_1 + C_2 x) e^{-2x}.$$

为确定满足初始条件的特解,对 y 求导,得

$$y' = (C_2 - 2C_1 - 2C_2 x) e^{-2x}.$$

将初始条件 $y|_{x=0}=1$ 和 $y'|_{x=0}=0$ 代入以上两式,有

$$\begin{cases} C_1 = 1 \\ C_2 - 2C_1 = 0 \end{cases},$$

解得 $C_1=1,C_2=2$. 于是,原方程满足给定初始条件的特解为

$$y = (1+2x)e^{-2x}.$$

【例 3】 求方程 $y''-4y'+13y=0$ 的通解.

解 特征方程为 $\qquad r^2-4r+13=0,$

特征根为 $\qquad r_1=2+3i, r_2=2-3i,$

原方程的通解为 $y=e^{2x}(C_1\cos 3x+C_2\sin 3x)(C_1 \text{、} C_2$ 为任意常数$)$.

【例 4】 设 $y=e^x(C_1\sin x+C_2\cos x)(C_1,C_2$ 为任意常数) 为某二阶常系数齐次线性微分方程的通解,求该方程.

解 所求方程的特征根为

$$\lambda_{1,2}=1\pm i,$$

则其特征方程为 $\qquad \lambda^2-2\lambda+2=0,$

故所求方程为 $\qquad y''-2y'+2y=0.$

习题 10-7

1. 求下列方程的通解:

(1) $2y''-5y'+2y=0$;

(2) $\dfrac{d^2 y}{d^2 x}+\dfrac{dy}{dx}-6y=0$;

(3) $\dfrac{d^2 y}{d^2 x}+2\dfrac{dy}{dx}+6y=0$;

(4) $7\dfrac{d^2 y}{d^2 x}+\dfrac{dy}{dx}=0$;

(5) $\dfrac{d^2 y}{d^2 x}+ay=0$.

2. 求下列初值问题的解:

(1) $\begin{cases} y''-5y'+4y=0 \\ y(0)=5, y'(0)=8 \end{cases}$;

(2) $\begin{cases} y''-2y'+2y=0 \\ y(0)=1, y'(0)=3 \end{cases}$;

(3) $\begin{cases} \dfrac{d^2 y}{d^2 x}+2\dfrac{dy}{dx}+y=0 \\ y(0)=4, \dfrac{dy(0)}{dx}=2 \end{cases}$;

(4) $\begin{cases} \dfrac{d^2 y}{d^2 x}-8\dfrac{dy}{dx}+25y=0 \\ y(0)=0, \dfrac{dy(0)}{dx}=4 \end{cases}$.

3. 若某个二阶常系数线性齐次微分方程的通解为 $y=C_1 e^x+C_2 e^{-x}$,其中 C_1,C_2 为独立的任意常数,求该方程.

4. 若某个二阶常系数线性齐次微分方程的通解为 $y=C_1+C_2 x$,其中 C_1,C_2 为独立的任意常数,求该方程.

5. 若某个二阶常系数线性齐次微分方程的通解为 $y=(C_1+C_2 x)e^x$,其中 C_1,C_2

为独立的任意常数,求该方程.

6. 试验证 $y = \mathrm{e}^{-x}\sin x$ 是微分方程 $y'' + 2y' + 2y = 0$ 的一条在原点处与直线 $y = x$ 相切的积分曲线.

10.8　二阶常系数非齐次线性微分方程

二阶常系数非齐次线性微分方程的一般形式是

$$y'' + py' + qy = f(x), \tag{10.36}$$

其中 p,q 为常数.

根据线性微分方程解的结构定理可知,要求微分方程(10.36)的通解,只需求出它的一个特解和它对应的齐次方程的通解,两个解相加即方程(10.36)的通解.

例如,对于二阶非齐次线性微分方程 $y'' + 4y = x^2$,已知 $Y = C_1\sin 2x + C_2\cos 2x$ 是对应的齐次方程 $y'' + 4y = 0$ 的通解,又容易验证 $y^* = \dfrac{1}{4}x^2 - \dfrac{1}{8}$ 是所给非齐次方程的一个特解.因此,

$$y = C_1\sin 2x + C_2\cos 2x + \frac{1}{4}x^2 - \frac{1}{8}$$

是所给非齐次方程的通解.

由于上节已经讨论了二阶常系数齐次线性微分方程的通解的求法,这里只需要讨论求二阶常系数非齐次线性微分方程的一个特解 y^* 的方法.对于这个问题,我们只讨论 $f(x)$ 以下两种常见的情形.

10.8.1　$f(x) = P_n(x)\mathrm{e}^{\lambda x}$ 型

在这种类型中,$P_n(x)$ 是一个 n 次多项式,λ 为常数.这时,方程(10.36)变为

$$y'' + py' + qy = P_n(x)\mathrm{e}^{\lambda x}. \tag{10.37}$$

因为方程(10.37)的右边是一个 n 次多项式与一个指数函数 $\mathrm{e}^{\lambda x}$ 的乘积,可以证明方程(10.37)的一个特解也是一个多项式与指数函数的乘积,且特解具有以下形式:

$$y^* = x^k Q_n(x)\mathrm{e}^{\lambda x} \quad (k = 0,1,2)$$

其中:$Q_n(x)$ 是一个与 $P_n(x)$ 有相同次数的多项式;k 是一个整数.

其值的确定有以下规律:

(1) 当 λ 不是特征根时,$k = 0$;

(2) 当 λ 是特征根,但不是重根时,$k = 1$;

(3) 当 λ 是特征根,且为重根时,$k = 2$.

【例1】　下列方程具有什么形式的特解?

(1) $y'' + 5y' + 6y = \mathrm{e}^{3x}$;　　　　　　　(2) $y'' + 5y' + 6y = 3x\mathrm{e}^{-2x}$;

(3) $y'' + 2y' + y = -(3x^2 + 1)\mathrm{e}^{-x}$.

解　(1) 因 $\lambda = 3$ 不是特征方程 $r^2 + 5r + 6 = 0$ 的根,故 $k = 0$,又 $P_n(x) = 1$,故

方程具有的特解形式为

$$y^* = b_0 \mathrm{e}^{3x};$$

(2) 因 $\lambda = -2$ 是特征方程 $r^2 + 5r + 6 = 0$ 的单根,故 $k = 1$,又 $P_n(x) = x$,故方程具有的特解形式为

$$y^* = x(b_0 x + b_1)\mathrm{e}^{-2x};$$

(3) 因 $\lambda = -1$ 是特征方程 $r^2 + 2r + 1 = 0$ 的二重根,故 $k = 2$,又 $P_n(x) = 3x^2 + 1$,所以方程具有的特解形式为

$$y^* = x^2(b_0 x^2 + b_1 x + b_2)\mathrm{e}^{-x}.$$

【例 2】 求方程 $y'' - 2y' - 3y = 3x + 1$ 的一个特解.

解 方程右端的自由项为 $f(x) = P_n(x)\mathrm{e}^{\lambda x}$ 型,其中 $P_n(x) = 3x + 1, \lambda = 0$.

该方程对应的齐次方程的特征方程为 $r^2 - 2r - 3 = 0$,特征根为 $r_1 = -1, r_2 = 3$. 由于 $\lambda = 0$ 不是特征方程的根,$P_n(x) = 3x + 1$,所以特解可设为

$$y^* = b_0 x + b_1.$$

把它代入题设方程,得

$$-3b_0 x - 2b_0 - 3b_1 = 3x + 1,$$

比较系数,得

$$\begin{cases} -3b_0 = 3 \\ -2b_0 - 3b_1 = 1 \end{cases},$$

解得

$$\begin{cases} b_0 = -1 \\ b_1 = \dfrac{1}{3} \end{cases},$$

于是,所求特解为

$$y^* = -x + \frac{1}{3}.$$

【例 3】 求方程 $y'' - 3y' + 2y = x\mathrm{e}^{2x}$ 的通解.

解 方程对应的齐次方程的特征方程为 $r^2 - 3r + 2 = 0$,特征根为 $r_1 = 1, r_2 = 2$. 于是,该齐次方程的通解为

$$Y = C_1 \mathrm{e}^x + C_2 \mathrm{e}^{2x},$$

因 $\lambda = 2$ 是特征方程的单根,故可设方程的特解为 $y^* = x(b_0 x + b_1)\mathrm{e}^{2x}$. 代入题设方程,得 $2b_0 x + b_1 + 2b_0 = x$,比较等式两端同次幂的系数,得 $b_0 = \dfrac{1}{2}, b_1 = -1$. 于是,方程的一个特解为

$$y^* = x(\frac{1}{2}x - 1)\mathrm{e}^{2x}.$$

从而,所求题设方程的通解为

$$y = C_1 e^x + C_2 e^{2x} + x(\frac{1}{2}x - 1)e^{2x}.$$

【例 4】　求方程 $y'' + 6y' + 9y = 5xe^{-3x}$ 的通解.

解　该方程对应的齐次方程是

$$y'' + 6y' + 9y = 0.$$

它的特征方程为　　　　　　　　　$r^2 + 6y + 9 = 0,$

特征根是　　　　　　　　　　　　$r_1 = r_2 = -3,$

于是,对应的齐次方程的通解为

$$Y = (C_1 + C_2 x)e^{-3x}.$$

原方程中 $f(x) = 5xe^{-3x}$,其中 $P_n(x) = 5x$ 是一个一次多项式,$\lambda = -3$ 是特征方程的二重根,因此,取 $k = 2$. 故设原方程的特解为

$$y^* = x^2(b_0 x + b_1)e^{-3x}.$$

求 y^* 的导数,有

$$(y^*)' = e^{-3x}[-3b_0 x^3 + (3b_0 - 3b_1)x^2 + 2b_1 x],$$

$$(y^*)'' = e^{-3x}[9b_0 x^3 + (-18b_0 + 9b_1)x^2 + (6b_0 - 12b_1)x + 2b_1].$$

代入原方程,化简得

$$(6b_0 x + 2b_1)e^{-3x} = 5xe^{-3x}.$$

比较等式两边同类项的系数,有

$$\begin{cases} 6b_0 = 5 \\ 2b_1 = 0 \end{cases},$$

解得 $b_0 = \dfrac{5}{6}, b_1 = 0$. 因此,原方程的特解为

$$y^* = \frac{5}{6}x^3 e^{-3x}.$$

于是,原方程的通解为

$$y = y^* + Y = (\frac{5}{6}x^3 + C_2 x + C_1)e^{-3x}.$$

10.8.2　$f(x) = [P_l(x)\cos \omega x + P_n(x)\sin \omega x]e^{\lambda x}$ 型

可以证明,这时候方程(10.36)具有形如

$$y^* = x^k[Q_m(x)\cos \omega x + R_m(x)\sin \omega x]e^{\lambda x}$$

的特解,其中 $Q_m(x), R_m(x)$ 是 m 次多项式,$m = \max(l, n), k$ 值的确定如下:

(1) 当 $\lambda = \pm i\omega$ 不是特征根时,$k = 0$;

(2) 当 $\lambda = \pm i\omega$ 是特征根时,$k = 1$.

注意　当二阶微分方程的特征方程有复数根时,决不会出现重根,所以在这里与前一种情形不一样,k 不可能等于 2.

【例 5】　求方程 $y'' + y = x\cos 2x$ 的通解.

解 对应齐次方程为 $\qquad y'' + y = 0,$

特征方程为 $\qquad r^2 + 1 = 0,$

特征根为 $\qquad r_{1,2} = \pm i,$

故对应齐次方程的通解为

$$Y = C_1 \cos x + C_2 \sin x.$$

因为 $\lambda + i\omega = 2i$ 不是特征方程的根，故设特解为

$$y^* = (ax + b)\cos 2x + (cx + d)\sin 2x.$$

把上式代入所给方程，得

$$(-3ax - 3b + 4c)\cos 2x - (3cx + 3d + 4a)\sin 2x = x\cos 2x.$$

比较两端同类项的系数，得 $\qquad \begin{cases} -3a = 1 \\ -3b + 4c = 0 \\ -3c = 0 \\ -3d - 4a = 0 \end{cases},$

故 $a = -\dfrac{1}{3}, b = 0, c = 0, d = \dfrac{4}{9}.$ 故方程的一个特解为

$$y^* = -\frac{1}{3}x\cos 2x + \frac{4}{9}\sin 2x.$$

所求非齐次方程的通解为

$$y = C_1 \cos x + C_2 \sin x - \frac{1}{3}x\cos 2x + \frac{4}{9}\sin 2x.$$

习题 10-8

1. 求下列方程的通解：

(1) $s'' - a^2 s = t + 1;$

(2) $s'' + s' - 2s = 8\sin 2t;$

(3) $s'' + 6s' + 5s = e^{2t};$

(4) $y'' + 4y = \cos 2x;$

(5) $y'' - 4y = 2x + 3.$

2. 求微分方程 $y'' + ry = (1 + r)e^x$ 的一个特解.

3. 写出下列方程的一个特解应具有的形式：

(1) $y'' - y = e^x + 1;$

(2) $y'' - y = x^2;$

(3) $y'' - 5y' + 6y = xe^{-2x}.$

4. 求方程 $y'' + 2y' + y = \cos ix$ 的通解 （提示：$\cos ix = \dfrac{e^{-x} + e^x}{2}$).

小 结

教学目的

1. 理解微分方程的基本概念(包括微分方程的定义,微分方程的阶,微分方程的解、通解、特解,初值问题及积分曲线);

2. 熟练掌握几类一阶微分方程(包括可分离变量的微分方程、一阶线性微分方程、全微分方程)的求解方法.解决这类问题的关键是首先要判别出方程类型,然后根据不同类型的方程的不同解法给予求解.

3. 掌握几种可降阶微分方程的解法;

4. 了解线性微分方程解的性质及解的结构定理;

5. 掌握二阶线性常系数齐次和非齐次方程的解法.

教学重点

1. 几类一阶微分方程的求解方法;

2. 可降阶微分方程的解法;

3. 求线性常系数齐次和非齐次方程的特解和通解.

本章主要内容如下图所示.

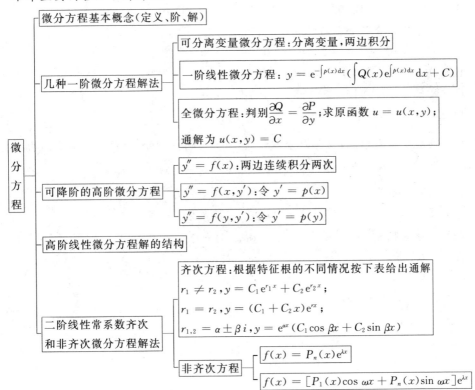

综合习题 10

1. 填空题

(1) 曲线在点 (x,y) 处的切线的斜率等于该点横坐标的平方,此曲线满足的微分方程是_____;

(2) 微分方程 $y\mathrm{d}x + x\mathrm{d}y = y^2\mathrm{d}y$ 的通解为_____;

(3) 若微分方程 $y'' + py' + qy = 0(p,q$ 均为实数$)$ 有特解 $y_1 = \mathrm{e}^{-x}$,$y_2 = \mathrm{e}^{3x}$,则 $p = $_____,$q = $_____;

(4) 微分方程 $y'' = \dfrac{9}{4}x$ 的通解是_____;

(5) 已知 $y = 1$,$y = x$,$y = x^2$ 是二阶非齐次线性微分方程 $y'' + p(x)y' + q(x)y = f(x)$ 的三个解,则该方程的通解是_____.

2. 选择题

(1) 已知函数 $y(x)$ 满足微分方程 $xy' = y\ln\dfrac{y}{x}$,且在 $x = 1$ 时,$y = \mathrm{e}^2$,则 $x = -1$ 时,$y = ($ $)$;

A. -1 B. 0 C. 1 D. e^{-1}

(2) 以下不是全微分方程的是($\quad$);

A. $(x^2 + y)\mathrm{d}x + (x - 2y)\mathrm{d}y = 0$

B. $(y - 3x^2)\mathrm{d}x - (4y - x)\mathrm{d}y = 0$

C. $3(2x^3 + 3xy^2)\mathrm{d}x + 2(2x^2y + y^2)\mathrm{d}y = 0$

D. $2x(y\mathrm{e}^{x^2} - 1)\mathrm{d}x + \mathrm{e}^{x^2}\mathrm{d}y = 0$

(3) 通过坐标系原点,且与微分方程 $\dfrac{\mathrm{d}y}{\mathrm{d}x} = x + 1$ 的一切积分曲线均垂直的曲线的方程是($\quad$);

A. $\mathrm{e}^{-y} = x + 1$ B. $\mathrm{e}^y + x + 1 = 0$

C. $\mathrm{e}^y = x + 1$ D. $2y = x^2 + 2x$

(4) 微分方程 $y'' + 4y' + 4y = \mathrm{e}^{-2x}\cos x$ 的一个特解形如($\quad$).

A. $\mathrm{e}^{-2x}(A\cos x + B\sin x)$ B. $x\mathrm{e}^{-2x}(A\cos x + B\sin x)$

C. $x\mathrm{e}^{-2x}\cos x$ D. $A\mathrm{e}^{-2x}\cos x$

3. 求解下列微分方程

(1) $y' + 2xy = x\mathrm{e}^{-x^2}$;

(2) $(x^2 + y)\mathrm{d}x - x\mathrm{d}y = 0$;

(3) $2xy^3\mathrm{d}x + (x^2y^2 - 1)\mathrm{d}y = 0$;

(4) $y'' - 2y' + y = x - 2$;

(5) $2x(y\mathrm{e}^{x^2} - 1)\mathrm{d}x + \mathrm{e}^{x^2}\mathrm{d}y = 0$;

(6) $\dfrac{\mathrm{d}y}{\mathrm{d}x} = \dfrac{1}{x+y}$　（提示：作变量代换，令 $x+y=u$）；

(7) $y'' + 6y' + 13y = 0$.

4. 求下列初值问题的解

(1) $\begin{cases} \dfrac{\mathrm{d}x}{y} + 2\dfrac{\mathrm{d}y}{x} = 0 \\ y\mid_{x=2} = 1 \end{cases}$；

(2) $\begin{cases} (x^2 + y^2)\mathrm{d}x = 2xy\,\mathrm{d}y \\ y\mid_{x=1} = 0 \end{cases}$；

(3) $\begin{cases} (1+x^2)y'' = 2xy' \\ y\mid_{x=0} = 1, y'\mid_{x=0} = 3 \end{cases}$；

(4) $\begin{cases} y'' + 3y' + 2y = 0 \\ y\mid_{x=0} = -1, y'\mid_{x=0} = 5 \end{cases}$；

(5) $\begin{cases} \dfrac{\mathrm{d}y}{\mathrm{d}x} - y\tan x = \sec x \\ y\mid_{x=0} = 0 \end{cases}$.

5. 解答题

(1) 验证 $y = \dfrac{\sin x}{x}$ 是微分方程 $xy' + y = \cos x$ 的解；

(2) 求 $y'' = x$ 经过点 $M(0,1)$ 且在此点与直线 $y = \dfrac{x}{2} + 1$ 相切的积分曲线；

(3) 求微分方程 $y'' - y = x$ 的一条积分曲线，使其在点 $(0,3)$ 处有水平切线；

(4) 已知 $f(\pi) = 1$，曲线积分 $\displaystyle\int_L \left[\sin x - f(x)\right]\dfrac{y}{x}\,\mathrm{d}x + f(x)\mathrm{d}y$ 与路径无关，求函数 $f(x)$；

(5) 设连续函数 $y(x)$ 满足方程 $y(x) = \displaystyle\int_0^x y(t)\mathrm{d}t + \mathrm{e}^x$，求 $y(x)$；

(6) 设函数 $f(x)$ 在 $[1, +\infty)$ 上连续. 若曲线 $y = f(x)$，直线 $x = 1$，$x = t$　$(t > 1)$ 与 x 轴所围成的平面图形绕 x 轴旋转一周所成的旋转体的体积为 $V(t) = \dfrac{\pi}{3}\left[t^2 f(t) - f(1)\right]$，试求 $y = f(x)$ 所满足的微分方程，并求该微分方程满足 $y\mid_{x=2} = \dfrac{2}{9}$ 的特解　（提示：$V(t) = \pi\displaystyle\int_1^t f^2(x)\mathrm{d}x = \dfrac{\pi}{3}\left[t^2 f(t) - f(1)\right]$，两端同时求导即可得方程）；

(7) 已知曲线积分 $\displaystyle\oint_L F(x,y)(y\sin x\,\mathrm{d}x - \cos x\,\mathrm{d}y)$ 与路径无关，其中 $F \in C^1$，$F(0,1) = 0$，求由 $F(x,y) = 0$ 确定的隐函数 $y = f(x)$；

(8^*) 试讨论 μ 为何值时，方程 $y'' + \mu y = 0$ 存在满足 $y(0) = y(1) = 0$ 的非零解.

习 题 答 案

第 7 章

习题 7-1

1. 4，$\sqrt{x}(x+y)+\dfrac{\sqrt{x}}{x+y}$.

2. $(x+y)^{xy}+(xy)^{2x}$.

3. (1) $\{(x,y)\mid x^2+2y-1>0\}$； (2) $\{(x,y)\mid x+y>0,x-y>0\}$；
   (3) $\{(x,y)\mid x\geqslant 0,x^2+y^2<1\}$；(4) $\{(x,y)\mid (x-1)^2+y^2\leqslant 1,x^2+y^2>1\}$.

4. (1) $\dfrac{1}{2}$； (2) 1； (3) 0； (4) 0.

5. 证 沿直线 $L_1:y=0,\displaystyle\lim_{\substack{x\to 0\\y=0}}\dfrac{x^2y}{x^4+y^2}=\lim_{x\to 0}\dfrac{x^2\cdot 0}{x^4+0}=0$，沿曲线 $L_2:y=x^2,\displaystyle\lim_{\substack{x\to 0\\y=x^2}}\dfrac{x^2y}{x^4+y^2}=\lim_{x\to 0}\dfrac{x^4}{x^4+x^4}=\dfrac{1}{2}$，
不存在.

6. 函数 $z=\dfrac{x+y}{x-y^2}$ 是多元初等函数，所以在其定义区域 $\{(x,y)\mid x-y^2\neq 0\}$ 内连续.

7. 略.

习题 7-2

1. (1) $\dfrac{\partial z}{\partial x}=y^3+3x^2y$， $\dfrac{\partial z}{\partial y}=3xy^2+x^3$；

   (2) $\dfrac{\partial z}{\partial x}=-\tan(x-2y)$， $\dfrac{\partial z}{\partial y}=2\tan(x-2y)$；

   (3) $\dfrac{\partial z}{\partial x}=2xy\cos(x^2y)+\dfrac{y}{x^2}\sin\dfrac{y}{x}$， $\dfrac{\partial z}{\partial y}=x^2\cos(x^2y)-\dfrac{1}{x}\sin\dfrac{y}{x}$；

   (4) $\dfrac{\partial u}{\partial s}=\dfrac{1}{t}-\dfrac{1}{s^2}$， $\dfrac{\partial u}{\partial t}=-\dfrac{s}{t^2}$；

   (5) $\dfrac{\partial z}{\partial x}=y^2(1+xy)^{y-1}$， $\dfrac{\partial z}{\partial y}=(1+xy)^y\left[\ln(1+xy)+\dfrac{xy}{1+xy}\right]$；

   (6) $\dfrac{\partial u}{\partial x}=\dfrac{y}{z}x^{\frac{y}{z}-1}$， $\dfrac{\partial u}{\partial y}=\dfrac{1}{z}x^{\frac{y}{z}}\ln x$， $\dfrac{\partial u}{\partial z}=-\dfrac{y}{z^2}x^{\frac{y}{z}}\ln x$.

2. 1， $\dfrac{1}{2}$.

3. 1， $\arcsin\left(\sqrt{\dfrac{1}{y}}-\dfrac{\sqrt{y-1}}{2y}\right)$.

4. 略.

5. (1) $\dfrac{\partial^2 z}{\partial x^2}=12x^2-4y^2$， $\dfrac{\partial^2 z}{\partial y^2}=12y^2-4x^2$， $\dfrac{\partial^2 z}{\partial x\partial y}=-8xy$；

   (2) $\dfrac{\partial^2 z}{\partial x^2}=\dfrac{2xy}{(x^2+y^2)^2}$， $\dfrac{\partial^2 z}{\partial y^2}=\dfrac{-2xy}{(x^2+y^2)^2}$， $\dfrac{\partial^2 z}{\partial x\partial y}=\dfrac{y^2-x^2}{(x^2+y^2)^2}$；

（3）$\dfrac{\partial^2 z}{\partial x^2}=y^x\ln^2 y$，$\dfrac{\partial^2 z}{\partial y^2}=x(x-1)y^{x-2}$，$\dfrac{\partial^2 z}{\partial x\partial y}=y^{x-1}(1+x\ln y)$.

6. 2，0.

7. $-\dfrac{1}{y^2}$.

8. 提示：利用函数 $r=\sqrt{x^2+y^2+z^2}$ 对变量 x,y,z 具有对称性.

9. $\dfrac{\pi}{6}$.

10. 略.

11. $f'_x(0,0)=\lim\limits_{x\to 0}\dfrac{\sqrt{|x\cdot 0|}-0}{x}=0$，类似地，$f'_y(0,0)=0$.

习题 7-3

1. $-0.119,-0.125$.

2. （1）$\left(y+\dfrac{1}{y}\right)\mathrm{d}x+x\left(1-\dfrac{1}{y^2}\right)\mathrm{d}y$；

   （2）$\dfrac{x}{x^2+y^2}\mathrm{d}x+\dfrac{y}{x^2+y^2}\mathrm{d}y$；

   （3）$\dfrac{4xy}{(x^2+y^2)^2}(y\mathrm{d}x-x\mathrm{d}y)$；

   （4）$\dfrac{-2x\sin x^2}{y}\mathrm{d}x-\dfrac{\cos x^2}{y^2}\mathrm{d}y$；

   （5）$-\dfrac{x}{\sqrt{(x^2+y^2+z^2)^3}}\mathrm{d}x-\dfrac{y}{\sqrt{(x^2+y^2+z^2)^3}}\mathrm{d}y-\dfrac{z}{\sqrt{(x^2+y^2+z^2)^3}}\mathrm{d}z$；

   （6）$\mathrm{d}x+\left(\dfrac{1}{2}\cos\dfrac{y}{2}+z\mathrm{e}^{yz}\right)\mathrm{d}y+y\mathrm{e}^{yz}\mathrm{d}z$.

3. $\dfrac{1}{25}(-3\mathrm{d}x-4\mathrm{d}y+5\mathrm{d}z)$.

4. 2.22.

习题 7-4

1. $\dfrac{\partial z}{\partial x}=3x^2\sin y\cos y(\cos y-\sin y)$，

   $\dfrac{\partial z}{\partial y}=x^3[-2\sin y\cos y(\cos y+\sin y)+\cos^3 y+\sin^3 y]$.

2. $\dfrac{\mathrm{d}z}{\mathrm{d}x}=\dfrac{\mathrm{e}^x(1+x)}{1+x^2\mathrm{e}^{2x}}$.

3. $\dfrac{\mathrm{d}z}{\mathrm{d}x}=\mathrm{e}^{x-2\sin x}(1-2\cos x)$.

4. （1）$\dfrac{\partial z}{\partial x}=2xf'_1+y\mathrm{e}^{xy}f'_2$，$\dfrac{\partial z}{\partial y}=-2yf'_1+x\mathrm{e}^{xy}f'_2$；

   （2）$\dfrac{\partial u}{\partial x}=(1+y+yz)f'$，$\dfrac{\partial u}{\partial y}=(x+xz)f'$，$\dfrac{\partial u}{\partial z}=xyf'$；

   （3）$\dfrac{\partial w}{\partial x}=\dfrac{1}{y}f'_1$，$\dfrac{\partial w}{\partial y}=\dfrac{-x}{y^2}f'_1+\dfrac{1}{z}f'_2$，$\dfrac{\partial w}{\partial z}=-\dfrac{y}{z^2}f'_2$.

5. $\mathrm{d}u=(2xf'_1+yf'_2+yzf'_3)\mathrm{d}x+(xf'_2+xzf'_3)\mathrm{d}y+xyf'_3\mathrm{d}z$.

6. $xy+z$.

7. (1) $\dfrac{\partial^2 z}{\partial x^2}=2f'+4x^2 f''$, $\quad\dfrac{\partial^2 z}{\partial x\partial y}=4xyf''$, $\dfrac{\partial^2 z}{\partial y^2}=2f'+4y^2 f''$;

(2) $\dfrac{\partial^2 z}{\partial x^2}=f''_{11}+\dfrac{2}{y}f''_{12}+\dfrac{1}{y^2}f''_{22}$, $\quad\dfrac{\partial^2 z}{\partial x\partial y}=-\dfrac{x}{y^2}(f''_{12}+\dfrac{1}{y}f''_{22})-\dfrac{1}{y^2}f'_2$,

$\qquad\dfrac{\partial^2 z}{\partial y^2}=\dfrac{2x}{y^3}f'_2+\dfrac{x^2}{y^4}f''_{22}$.

(3) $\dfrac{\partial^2 z}{\partial x^2}=2yf'_2+y^4 f''_{11}+4xy^3 f''_{12}+4x^2 y^2 f''_{22}$,

$\qquad\dfrac{\partial^2 z}{\partial x\partial y}=2yf'_1+2xf'_2+2xy^3 f''_{11}+2x^3 yf''_{22}+5x^2 y^2 f''_{12}$,

$\qquad\dfrac{\partial^2 z}{\partial y^2}=2xf'_1+4x^2 y^2 f''_{11}+4x^3 yf''_{12}+x^4 f''_{22}$.

8. $\dfrac{\partial^2 z}{\partial x\partial y}=yf''+y\varphi''+\varphi'$.

9. 略.

习题 7-5

1. (1) $\dfrac{y^2-\mathrm{e}^x}{\cos y-2xy}$; $\qquad\qquad$ (2) $-\dfrac{x+y}{y-x}$.

2. (1) $\dfrac{\partial z}{\partial x}=\dfrac{yz-\sqrt{xyz}}{\sqrt{xyz}-xy}$, $\quad\dfrac{\partial z}{\partial y}=\dfrac{xz-2\sqrt{xyz}}{\sqrt{xyz}-xy}$;

(2) $\dfrac{\partial z}{\partial x}=\dfrac{z}{x+z}$, $\quad\dfrac{\partial z}{\partial y}=\dfrac{z^2}{y(x+z)}$.

3. 略.

4. $\dfrac{\partial z}{\partial x}=\dfrac{f'_1+yzf'_2}{1-f'_1-xyf'_2}$, $\quad\dfrac{\partial x}{\partial y}=-\dfrac{f'_1+xzf'_2}{f'_1+yzf'_2}$, $\quad\dfrac{\partial y}{\partial z}=\dfrac{1-f'_1-xyf'_2}{f'_1+xzf'_2}$.

5. $\dfrac{\partial z}{\partial x}=\dfrac{x}{2-z}$, $\quad\dfrac{\partial^2 z}{\partial x^2}=\dfrac{(2-z)^2+x^2}{(2-z)^3}$.

6. $\dfrac{\partial z}{\partial x}=\dfrac{yz}{z^2-xy}$, $\quad\dfrac{\partial z}{\partial y}=\dfrac{xz}{z^2-xy}$, $\quad\dfrac{\partial^2 z}{\partial x\partial y}=\dfrac{z(z^4-2xyz^2-x^2 y^2)}{(z^2-xy)^3}$.

7. $\dfrac{\partial z}{\partial x}=\dfrac{1}{\mathrm{e}^z-1}$, $\quad\dfrac{\partial z}{\partial y}=\dfrac{1}{\mathrm{e}^z-1}$, $\quad\dfrac{\partial^2 z}{\partial x^2}=\dfrac{\partial^2 z}{\partial x\partial y}=\dfrac{\partial^2 z}{\partial y^2}=-\dfrac{\mathrm{e}^z}{(\mathrm{e}^z-1)^3}$.

8. $\dfrac{\mathrm{d}y}{\mathrm{d}x}=\dfrac{z-3x}{3y-2z}$, $\quad\dfrac{\mathrm{d}z}{\mathrm{d}x}=\dfrac{2x-y}{3y-2z}$.

9. $\dfrac{\partial x}{\partial u}=\dfrac{2xu+1}{2x^2-y}$, $\quad\dfrac{\partial y}{\partial u}=-\dfrac{2x+2yu}{2x^2-y}$.

10. $\dfrac{\partial u}{\partial x}=\dfrac{-2v}{4uv+1}$, $\quad\dfrac{\partial v}{\partial x}=\dfrac{1}{4uv+1}$, $\quad\dfrac{\partial u}{\partial y}=\dfrac{1}{4uv+1}$, $\quad\dfrac{\partial v}{\partial y}=\dfrac{2u}{4uv+1}$.

习题 7-6

1. (1) $\dfrac{x}{-1}=\dfrac{y-1}{0}=\dfrac{z-1}{1}$, $\quad x-z+1=0$;

(2) $\dfrac{x-\dfrac{1}{2}}{1}=\dfrac{y-2}{-4}=\dfrac{z-1}{8}$, $\quad 2x-8y+16z-1=0$;

(3) $\dfrac{x-1}{1}=\dfrac{y+2}{0}=\dfrac{z-1}{-1}$, $\quad x-z=0$.

2. (1) $x+2y+3z=14$, $\quad\dfrac{x-1}{1}=\dfrac{y-2}{2}=\dfrac{z-3}{3}$;

(2) $x+2y-z+5=0$，　$\dfrac{x-2}{1}=\dfrac{y+3}{2}=\dfrac{z-1}{-1}$；

(3) $x-y+2z-\dfrac{\pi}{2}=0$，　$\dfrac{x-1}{1}=\dfrac{y-1}{-1}=\dfrac{z-\dfrac{\pi}{4}}{2}$．

3. $M_1(1,-1,1)$ 或 $M_2\left(\dfrac{1}{3},-\dfrac{1}{9},\dfrac{1}{27}\right)$．

4. $(-3,-1,3)$，　$\dfrac{x+3}{1}=\dfrac{y+1}{3}=\dfrac{z-3}{1}$．

5. $\lambda=\pm 2$．

6. $x+4y+6z=21$ 及 $x+4y+6z=-21$．

7. 略．

习题 7-7

1. (1) $\dfrac{7}{5}$；　(2) $1+2\sqrt{3}$；　(3) 5；　(4) $\dfrac{\sqrt{2(a^2+b^2)}}{ab}$．

2. (1) $(16,18)$；　(2) $(5,4,3)$；　(3) $\left(-\dfrac{\sqrt{2}}{4},\dfrac{\sqrt{2}}{4},0\right)$．

3. $\left(\dfrac{1}{2},0,\dfrac{1}{2}\right)$，　$\dfrac{\sqrt{2}}{2}$．

4. 沿 $\mathrm{grad}\,z\big|_{(1,1)}=(-4,-6)$ 方向．

习题 7-8

1. (1) 极大值 $f(2,-2)=8$；　　　　　　(2) 极小值 $f\left(1,\dfrac{1}{2}\right)=4$．

2. 最大值，最小值．

3. (1) 极小值 $z\big|_{\left(\frac{3}{2},\frac{3}{2}\right)}=\dfrac{11}{2}$；

　(2) 极大值 $u\big|_{\left(\frac{1}{3},-\frac{2}{3},\frac{2}{3}\right)}=3$，极小值 $u\big|_{\left(-\frac{1}{3},\frac{2}{3},-\frac{2}{3}\right)}=-3$．

4. 当 $x=6,y=4,z=2$ 时，u 取得最大值 $u_{\max}=6\,912$．

5. 边长均为 $\dfrac{2a}{\sqrt{3}}$．

6. 在点 $\left(\dfrac{-1-\sqrt{3}}{2},\dfrac{-1-\sqrt{3}}{2},2+\sqrt{3}\right)$ 处取到最长距离为 $\sqrt{9+5\sqrt{3}}$，

　在点 $\left(\dfrac{-1+\sqrt{3}}{2},\dfrac{-1+\sqrt{3}}{2},2-\sqrt{3}\right)$ 处取到最短距离为 $\sqrt{9-5\sqrt{3}}$．

7. 在切点 $\left(\dfrac{a}{\sqrt{3}},\dfrac{b}{\sqrt{3}},\dfrac{c}{\sqrt{3}}\right)$ 处，四面体的体积最小，且 $V_{\min}=\dfrac{\sqrt{3}}{2}abc$．

提示：先求出以椭球面上一点 $P(x_0,y_0,z_0)$ 为切点的切平面方程

$$\dfrac{x\cdot x_0}{a^2}+\dfrac{y\cdot y_0}{b^2}+\dfrac{z\cdot z_0}{c^2}=1.$$

该切平面与三个坐标面所围成的四面体的体积为

$$V=\dfrac{1}{6}xyz=\dfrac{a^2b^2c^2}{6x_0y_0z_0},$$

只要求 $V=\dfrac{1}{6}xyz=\dfrac{a^2b^2c^2}{6x_0y_0z_0}$ 在条件 $\dfrac{x_0^2}{a^2}+\dfrac{y_0^2}{b^2}+\dfrac{z_0^2}{c^2}=1$ 下的最小值．为简单起见，取函数

$$u=\ln x_0 y_0 z_0=\ln x_0+\ln y_0+\ln z_0,$$

则当 u 取到最大值时, V 取到最小值.

综合习题7

1.(1) B; (2) D; (3) B; (4) C; (5) C; (6) D; (7) B; (8) B.

2.(1)1; (2)$\frac{1}{6}dx+\frac{1}{3}dy$; (3)(1,0); (4)$\frac{2}{3}$; (5)1.

3. $\{(x,y)\mid 0<x^2+y^2<1,y^2\leqslant 4x\}$, $\dfrac{\sqrt{2}}{\ln \dfrac{3}{4}}$.

4. 提示: $\left|\dfrac{xy^2}{x^2+y^2}\right|=\left|\dfrac{xy}{x^2+y^2}y\right|\leqslant \dfrac{1}{2}|y|$.

5. $e^x\varphi_1+y\varphi_2+f-\dfrac{y}{x}f'$.

6. $f'_x+\cos xf'_y-f'_z\cdot\dfrac{1}{\varphi_3}(2x\varphi'_1+e^{\sin x}\cos x\varphi'_2)$.

7. $xe^{2y}f''_{11}+e^y f''_{13}+xe^y f''_{12}+f''_{23}+e^y f'_1$, $f''_{12}+xe^y f''_{13}+e^y f'_3+e^y f''_{32}+xe^{2y}f''_{33}$.

8. $\dfrac{\partial z}{\partial x}=(v\cos v-u\sin v)e^{-u}$, $\dfrac{\partial z}{\partial y}=(u\cos v+v\sin v)e^{-u}$.

9. $(1,-2,3)$.

10. 略.

第8章

习题8-1

1. $I_1\leqslant I_2\leqslant I_3$.

2. (1) $0\leqslant \iint\limits_{D}\sin^2 x\sin^2 yd\sigma\leqslant \pi^2$;

(2) $0\leqslant \iint\limits_{D}(x^2+y^2)d\sigma\leqslant 48\pi$;

(3) $36\pi\leqslant \iint\limits_{D}(x^2+4y^2+9)d\sigma\leqslant 100\pi$.

3. (1) $\dfrac{2}{3}\pi R^3$; (2) 2.

4. $\pi f(0,0)$.

习题8-2

1.(1) $\int_0^1 dx\int_{x^3}^{x}f(x,y)dy$; (2) $\int_0^1 dy\int_{e^y}^{e}f(x,y)dx$; (3) $\int_0^1 dy\int_{\sqrt{y}}^{3-2y}f(x,y)dx$;

(4) $\int_0^1 dy\int_{\arcsin y}^{\pi-\arcsin y}f(x,y)dx+\int_{-1}^0 dy\int_{\pi-\arcsin y}^{2\pi+\arcsin y}f(x,y)dx$.

2.(1) $\dfrac{1}{24}$; (2) 0; (3)$14a^4$; (4)-2; (5) $\dfrac{49}{72}$.

3.(1) 2; (2) $\dfrac{4}{3}$; (3) $\dfrac{1}{3}(\sqrt{2}-1)$.

4.(1) $\dfrac{\pi}{12}R^3$; (2) $\dfrac{3}{64}\pi^2$; (3) $-6\pi^2$; (4) $\dfrac{4}{3}[\sqrt{2}+\ln(1+\sqrt{2})]a^3$;

(5) $\dfrac{41}{2}\pi$; (6) $\pi(\ln4-1)$.

5. $xy + \dfrac{1}{8}$.

6. $-\dfrac{2}{5}$.

习题 8-3

1. (1) $\iiint\limits_{\Omega} f(x,y,z)\mathrm{d}x\mathrm{d}y\mathrm{d}z = \int_{-1}^{1}\mathrm{d}y\int_{1}^{2}\mathrm{d}z\int_{-\sqrt{1-y^2}}^{\sqrt{1-y^2}}f(x,y,z)\mathrm{d}x$;

(2) $\iiint\limits_{\Omega} f(x,y,z)\mathrm{d}x\mathrm{d}y\mathrm{d}z = \int_{-1}^{1}\mathrm{d}x\int_{-\sqrt{1-x^2}}^{\sqrt{1-x^2}}\mathrm{d}y\int_{1}^{2}f(x,y,z)\mathrm{d}z$;

(3) $\iiint\limits_{\Omega} f(x,y,z)\mathrm{d}x\mathrm{d}y\mathrm{d}z = \int_{-1}^{1}\mathrm{d}x\int_{1}^{2}\mathrm{d}z\int_{-\sqrt{1-x^2}}^{\sqrt{1-x^2}}f(x,y,z)\mathrm{d}y$;

(4) $\iiint\limits_{\Omega} f(x,y,z)\mathrm{d}x\mathrm{d}y\mathrm{d}z = \int_{-1}^{1}\mathrm{d}x\int_{x^2}^{1}\mathrm{d}y\int_{0}^{x^2+y^2}f(x,y,z)\mathrm{d}z$;

(5) $\iiint\limits_{\Omega} f(x,y,z)\mathrm{d}x\mathrm{d}y\mathrm{d}z = \int_{-1}^{0}\mathrm{d}x\int_{-1-x}^{0}\mathrm{d}y\int_{-1-x-y}^{0}f(x,y,z)\mathrm{d}z$;

(6) $\iiint\limits_{\Omega} f(x,y,z)\mathrm{d}x\mathrm{d}y\mathrm{d}z = \int_{-\frac{1}{2}}^{\frac{1}{2}}\mathrm{d}x\int_{-\sqrt{1-4x^2}}^{\sqrt{1-4x^2}}\mathrm{d}y\int_{3x^2+y^2}^{1-x^2}f(x,y,z)\mathrm{d}z$.

2. $\iiint\limits_{\Omega} f(x,y,z)\mathrm{d}V = \int_{0}^{2\pi}\mathrm{d}\theta\int_{0}^{1}r\mathrm{d}r\int_{r^2}^{4}f(r\cos\theta,r\sin\theta,z)\mathrm{d}z + \int_{0}^{2\pi}\mathrm{d}\theta\int_{1}^{4}r\mathrm{d}r\int_{r^2}^{4}f(r\cos\theta,r\sin\theta,z)\mathrm{d}z$.

3. $I = \int_{0}^{2\pi}\mathrm{d}\theta\int_{0}^{1}r\mathrm{d}r\int_{1-\sqrt{1-r^2}}^{1+\sqrt{1-r^2}}f(r\cos\theta,r\sin\theta,z)\mathrm{d}z$.

4. $\iiint\limits_{\Omega} f(x,y,z)\mathrm{d}x\mathrm{d}y\mathrm{d}z = \int_{0}^{2\pi}\mathrm{d}\theta\int_{0}^{\frac{\pi}{2}}\sin\varphi\mathrm{d}\varphi\int_{a}^{A}f(r\sin\varphi\cos\theta,r\sin\varphi\sin\theta,r\cos\varphi)r^2\mathrm{d}z$.

5. (1) 0;　(2) $-\dfrac{9}{8}$;　(3) $\dfrac{\pi^2}{16}-\dfrac{1}{2}$;　(4) $\dfrac{14}{15}\pi$.

6. (1) $\dfrac{1}{8}$;　(2) $\dfrac{22}{15}\pi$.

7. (1) $\dfrac{4}{15}\pi(A^5-a^5)$;　(2) $(2-\sqrt{2})\pi$.

8. (1) $2\pi\left(\dfrac{2\sqrt{2}}{3}-\dfrac{5}{6}\right)$;　(2) $\dfrac{40}{3}$.

9. $\dfrac{2\pi}{3}h^3 t + 2\pi h t f(t^2)$.

习题 8-4

1. (1) $\dfrac{\pi}{2}$;　(2) $\dfrac{1}{6}$;　(3) $\dfrac{63}{2}\pi$.

2. (1) $\dfrac{1}{6}(5\sqrt{5}-1)\pi$;　(2) $16R^2$;　(3) $\dfrac{2}{3}(2\sqrt{2}-1)\pi$.

3. $k\pi R^4$（k 为比例系数）.

4. (1) $\left(\dfrac{4R}{3\pi},\dfrac{4R}{3\pi}\right)$;　(2) $\left(0,\dfrac{28}{9\pi}\right)$;　(3) $\left(\dfrac{7}{6},0\right)$;　(4) $\left(0,0,\dfrac{4}{9}\right)$.

5. $\left(0,0,\dfrac{2}{5}a\right)$.

6. $\dfrac{8}{15}MR$.

综合习题 8

1. (1) B;　(2) C;　(3) A;　(4) D.

2. (1) $\iint\limits_{\substack{0\leqslant x\leqslant 1\\ 0\leqslant y\leqslant 1}} e^{x^2+y^2}\,\mathrm{d}\sigma$;　(2) $\dfrac{\pi}{2}H^4$;　(3) 0.

第 9 章

习题 9-1

1. (1) $\dfrac{a^3}{2}$;　(2) $\dfrac{4}{3}(2\sqrt{2}-1)$;　(3) $2a^2$; (4) $\dfrac{256}{15}a^3$;

　(5) $2+\sqrt{2}$;　(6) $\dfrac{2}{3}\pi\sqrt{a^2+k^2}(3a^2+4k^2\pi^2)$.

2. $2a^2$.

3. (1) $\left(0,\dfrac{2}{\pi}a\right)$;　(2) $\dfrac{1}{2}\pi a^3$.

习题 9-2

1. (1) $\dfrac{34}{3}$;　(2) 11;　(3) 14;　(4) $\dfrac{32}{3}$.

2. (1) $-\dfrac{4}{3}a^3$;　(2) 0.

3. (1) πa^2;　(2) 13;　(3) 2.

4. $-\dfrac{8}{15}$.

习题 9-3

1. (1) $\dfrac{\pi}{2}a^4$;　(2) $-2\pi ab$;　(3) -16.

2. (1) $\dfrac{3}{8}\pi a^2$;　(2) πab.

3. (1) x^2y+C;

　(2) $(x^2+y^2)^2+C$;

　(3) $\dfrac{1}{2}\ln(x^2+y^2)+C$.

4. (1) -2;　(2) $\dfrac{26}{3}$;　(3) 2π.

5. (1) 4;　(2) $-\dfrac{3}{2}$.

习题 9-4

1. (1) $\dfrac{13}{3}\pi$;　(2) $\dfrac{149}{30}\pi$;　(3) $\dfrac{111}{10}\pi$.

2. $\dfrac{\pi}{2}(\sqrt{5}-1)$.

3. πa^3.

4. $\dfrac{2\pi}{15}(6\sqrt{3}+1)$.

习题 9-5

1. (1) $\dfrac{2\pi}{105}R^7$；   (2) $\dfrac{\pi}{5}R^5$；   (3) $2\pi e^2$；   (4) 1；   (5) $\dfrac{1}{8}$.

2. $\dfrac{\pi}{3}h^3$.

3. $2\pi a^3$.

习题 9-6

1. (1) $\text{div}A = 2x + 2y + 2z\,\text{div}$；   (2)$A = 2x$；   (3) $\text{div}A = 6$；   (4) $\text{div}A = 0(r \neq 0)$.

2. (1) $\dfrac{2}{5}\pi a^5$；   (2) $2\pi R^3$；   (3) $\dfrac{\pi}{6}$.

3. 略.

4. (1) $\left(2 - \dfrac{a^2}{6}\right)a^3$；   (2) 108π.

综合习题 9

1. (1) C；   (2) B；   (3) D；   (4) C；   (5) C.

2. (1) $\dfrac{3}{2}\pi$；   (2) $20a$；   (3) 0.

第 10 章

习题 10-1

1. (1) 是；   (2) 是,一阶；   (3) 是,二阶；   (4) 是,一阶.

2. 略.

3. $y = xe^{2x}$.

4. $y = -\dfrac{1}{2}e^{-x} + \dfrac{1}{2}e^{3x}$.

习题 10-2

1. (1) $y = C(x+1) - 1$；

(2) $y^2 = C(1 + x^2) - 1$；

(3) $y^2 = C(x-1)^2 + 1$；

(4) $e^y = Cxe^y + 1$；

(5) $y = -\dfrac{1}{2}x^2 + 2x + 2\ln|x-1| + C$；

(6) $Ce^y = x^2|y|^a$.

2. (1) $y = x[\ln(-x) + C]^2 \ (\ln(-x) + C > 0)$；

(2) $1 + \ln\dfrac{y}{x} = Cy$；

(3) $x^{-1} = \dfrac{1}{1+y}(C + \ln|1+y|)$.

3. $p = 10 \times 2^{\frac{t}{10}}$.

习题 10-3

1. (1) $x = Cy^2 e^{\frac{1}{y}} + y^2$ 和 $y = 0$；

(2) $y = xe^x + Ce^x$；

(3) $y=Ce^x-\dfrac{1}{2}(\sin x+\cos x)$;

(4) $y=Ce^{-3x}+\dfrac{1}{5}e^{2x}$;

(5) $y=x^n(e^x+C)$;

(6) $x=y^2(C-\ln|y|)$;

(7) $y=\dfrac{x}{\cos x}$;

(8) $(1-x^2+x^2y^2)e^{y^2}=Cx^2$;

(9) $y^{-3}=Cx^{\frac{3}{4}}+\dfrac{3}{5}x^2$;

(10) $C=\dfrac{y}{x}+\dfrac{y^2}{2}$;

(11) $(x+C)\cos y=\ln x$ (提示:令 $z=\cos y$,即可将原方程化为伯努利方程).

2. (1) $y=\dfrac{x}{x+1}+\dfrac{x^2}{x+1}+\dfrac{x}{x+1}\ln|x|$;

(2) $y=\sqrt{\dfrac{8-7x}{x^3}}$.

3. $y=-e-\dfrac{1}{2}e^{e^{-x}}e^x+e^x$.

习题 10-4

1. (1) 是; (2) 是; (3) 是; (4) 否; (5) 否.

2. (1) $x(x^3-4y)=C$;

(2) $x^2+2y\sin x=C$;

(3) $\dfrac{x}{y}=\dfrac{x^3}{3}-\dfrac{1}{y}+C$;

(4) $\dfrac{x^3}{3}+\dfrac{y^3}{3}-xy=C$;

(5) $x^3+3x^2y^2+y^4=C$;

(6) $x^4+y^4-6x^2y^2=C$;

(7) $x^5y+\dfrac{1}{4}x^4=C$;

(8) $ye^x-xe^{-y}=C$;

(9) $ye^{x^2}-x^3=C$;

(10) $x^2-y-(x-1)\ln(y+1)=C$;

(11) $y^3x^2=x^5+C$;

(12) $e^x+xy+2\cos y=C$;

(13) $xy\cos x-y^2=C$.

习题 10-5

1. (1) $y=\ln|\cos(x+C_1)|+C_2$;

(2) $y=\dfrac{1}{24}x^4-\sin x+\dfrac{1}{2}C_1x^2+C_2x+C_3$;

(3) $y^3=\dfrac{9}{4}(C_1x+C_2)^2$;

(4) $y^2=C_1x+C_2$;

(5) $\arctan y = C_1 x + C_2$；

(6) $y = -\dfrac{x^3}{3} + C_1 x^2 + C_2$．

2. (1) $y = -\ln|1+x|$；

  (2) $y = \arcsin x$；

  (3) $y = e^x - \dfrac{1}{24}x^4 + 1$．

习题 10-6

1. 不是，因为 x_1 和 x_2 线性相关．

2. 通解是 $y = C_1 e^x + C_2 x e^x$．

3. 通解是 $y = C_1 e^x + C_2 e^{-x}$．

习题 10-7

1. (1) $y = C_1 e^{2x} + C_2 e^{+x}$；

  (2) $y = C_1 e^{-3x} + C_2 e^{2x}$；

  (3) $y = C_1 e^{-x} \cos\sqrt{5}x + C_2 e^{-x} \sin\sqrt{5}x$；

  (4) $y = C_1 + C_2 e^{-\frac{1}{7}x}$；

  (5) $y = \begin{cases} C_1 \cos\sqrt{a}x + C_2 \sin\sqrt{a}x & (a>0) \\ C_1 + C_2 x & (a=0) \\ C_1 e^{\sqrt{-a}x} + C_2 e^{-\sqrt{-a}x} & (a<0) \end{cases}$．

2. (1) $y = 4e^x + e^{4x}$；

  (2) $y = e^x \cos x + 2e^x \sin x$；

  (3) $y = 4e^{-x} + 6x e^{-x}$；

  (4) $y = \dfrac{4}{3} e^{4x} \sin 3x$．

3. $y'' - y = 0$．

4. $y'' = 0$．

5. $y'' - 2y' + y = 0$．

6. 略．

习题 10-8

1. (1) $s = \begin{cases} C_1 e^{-at} + C_2 e^{at} - \dfrac{1}{a^2}(t+1) & (a \neq 0)； \\ C_1 + C_2 t + \dfrac{1}{6} t^2 (t+3) & (a=0) \end{cases}$

  (2) $s = C_1 e^t + C_2 e^{-2t} - \dfrac{2}{5}\cos 2t - \dfrac{6}{5}\sin 2t$；

  (3) $s = C_1 e^{-t} + C_2 e^{-5t} + \dfrac{1}{21} e^{2t}$；

  (4) $y = C_1 \cos 2x + \left(C_2 + \dfrac{1}{2}x\right)\sin 2x$；

  (5) $y = C_1 e^{2x} + C_2 e^{-2x} - \dfrac{1}{2}x - \dfrac{3}{4}$．

2. $y = e^x$．

3. (1) $Ax e^x + B$；

(2) $x(Ax^2+Bx+C)$；

(3) $(Ax+B)e^{-2x}$.

4. $y=C_1e^{-x}+C_2xe^{-x}+\dfrac{1}{8}e^x+\dfrac{1}{4}x^2e^{-x}$.

综合习题 10

1. (1) $\dfrac{dy}{dx}=x^2$；

(2) $xy=\dfrac{1}{3}y^3+C$；

(3) $p=-2$，$q=-3$；

(4) $y=\dfrac{3}{8}x^3+C_1x+C_2$；

(5) $C_1(1-x^2)+C_2(x-x^2)+x^2$.

2. (1) A；(2) C；(3) A；(4) A.

3. (1) $y=e^{-x^2}\left(C+\dfrac{x^2}{2}\right)$；

(2) $x-\dfrac{y}{x}=C$；

(3) $x^2y+\dfrac{1}{y}=C$；

(4) $y=C_1e^x+C_2xe^x+x$；

(5) $ye^{x^2}-x^2=C$；

(6) $y-\ln|x+y+1|=C$；

(7) $e^{-3x}(C_1\cos 2x+C_2\sin 2x)$.

4. (1) $y^2=-\dfrac{1}{2}x^2+3$；

(2) $x^2-y^2=x$；

(3) $y=x^3+3x+1$；

(4) $y=e^{-2x}-2e^{-x}$；

(5) $y=\dfrac{x}{\cos x}$.

5. (1) 略；

(2) $y=\dfrac{x^3}{6}+\dfrac{x}{2}+1$；

(3) $y=2e^x+e^{-x}-x$；

(4) $f(x)=-\dfrac{1+\cos x}{x}$；

(5) $y(x)=e^x(x+1)$；

(6) $y=f(x)$ 所满足的微分方程是 $x^2y'+2xy=3y^2$；，特解是 $y-x=-x^3y$；

(7) $y=\dfrac{1}{\cos x}=\sec x$；

(8*) 当 $\mu\leqslant 0$ 时,原方程无满足条件的非零解；当 $\mu>0,\mu=n^2\pi^2(n=\pm1,\pm2,\cdots)$ 时,原方程存在满足条件的非零解.